ODD
COUPLES

Extraordinary Differences
Between the Sexes
in the Animal Kingdom

不匹配的一对
动物王国的性别文化

Daphne J. Fairbairn

[美] 达芙妮·费尔贝恩 著

徐洛浩 李芳 译

上海文化出版社

目　录

第一章

引言

　　作为生物学家，我早年的研究时光是在加拿大南部的森林里度过的。在那里，我愉快地游荡，观察那些生活在森林底层碎石间的小型鼠，记录它们生存、繁殖以及活动的特征。我的研究对象是大耳朵、黑眼睛的鹿鼠，它们经常在乡村小屋中捣乱，因为比起在野外冒险，它们显然更乐意居住在相对安全、能够持续获得食物并且有人气的地方。我之所以从事这样的研究主要动机是想确定，在一个特定群体中造成鹿鼠的个体数量一段时间内波动的原因是什么，或者从更一般的含义上说，是想回答是什么决定一个动物群体大小变化的这样一个问题。这是（并依然是）一个美好的目标，我满怀信心开始这项研究。因为我相信，在学术逻辑上这是合理的。尽管如此，正如大部分的野外生物学家一样，我之所以选择这种类型的研究，部分原因是大部分时间我能够在大自然中度过，而不是站在实验台前，或是弯着腰看显微镜。我总是对野外的生命分外着迷，而我在树林间观察鹿鼠如何度过一生的研究，便如同一张通行证。

我用小金属盒子捕获了我的实验对象，这些小金属盒子是我和助手特意沿着鹿鼠常走的路径，或靠近它们巢穴的地方设置的。为了引诱鹿鼠进入盒子，我们在每一个盒子里放入了一把营养丰富的种子、一大份花生酱和一大团棉絮，使鹿鼠难以抗拒地溜入这个暖和的巢穴。这些盒子都安装了活动门，一旦有鹿鼠进入，门就会关上，这样我们就能够活捉鹿鼠，直到再次释放都不会对其造成伤害。当我们第一次捕捉到一只鹿鼠的时候，我们会将一个带有数字的金属标签戴在它的耳朵上（类似一种个性化耳环），这样当我们再次捕捉到它时便能认出它。我们的盒子对鹿鼠是有"磁性"的，我们捉了上百只鹿鼠，还能对其中的许多进行终生追踪。为了获取更多关于它们的个体信息，我还将它们带回实验室，待上数个夜晚（它们是夜行鼠），对它们进行一系列的行为测试，然后才放回野外的捕捉处。通过这些，我得以熟识它们中的许多个体，而每当我在凉爽的早晨看到我的老朋友从捕捉盒中一跃而出时，总是感到分外欣喜。一旦一只鹿鼠从我的研究区域消失，我将回过头来翻阅所有的捕获记录，以勾画出其一生的历程。我能够推断它大概是在哪里出生的，在它的一生中去过哪些地方，以及它活了多久。假如这只鹿鼠是雌性，我还能说出她什么时候做好了交配的准备，她怀孕及分娩的时间和频率，以及她照料幼崽的时间长短。关于雄鼠的繁殖信息，我记录得比较粗略，但我至少能够判断它们什么时候准备交配。

尽管我的研究表面上看是为了预测群体数量，但当我真正了解我研究的鹿鼠后，我越来越被鹿鼠个体间的显著差异所吸引——特别是群体中雄性和雌性在生存方式上的差异。比如，雌性面临着许多与怀胎及泌乳有关的风险，许多雌性个体还会因为寒冷、降雨天气或食物匮乏等原因死亡或失去幼崽。相比之下，雄性往往忽略他们的后代，交配季节则用于寻找潜在的配偶，并对其他雄性做出具有攻击性的行为。它们最大的危险大概就是被更强大的竞争对手所取代吧。尽管雌雄两性的个体数量有着相似的季节性浮动，但对我来说十分明确的是，这种群体大小变化的相似性掩盖了两性之间深刻而有趣的差异。于是，这一发现为我指明了未来的科研方向，也是这本书的写作动机之所在。

自鹿鼠的研究之后，我走上了一条漫长的科研道路。我现在所提出的问题，是关于动物特性的进化及其适应意义，而不是关于群体的大小及其个体数量。在我成为鱼类生物学家多年之后，又用了几十年的时间研究各种昆虫、蜘蛛，这些经历拓展了我对温血哺乳动物之外的动物界的认识。尽管如此，雄性和雌性鹿鼠间的显著差异依然是一个永恒的主题。在自然界中，我已多次发现雄性和雌性的生活是如此不同。动物的性别影响它们的形态、生活史、行为与生态环境，并且这个准则放在整个动物界均成立。我在鹿鼠那里所观察到的雄性与雌性的差异，比起许多其他分支中两性差异更加明显的物种来说，逊色不少。事实上，在那些物种里，若不是观察到雄性和雌性正在交配，或是从同一窝卵里孵化出来，你永远都不会认出它们属于同一个物种。在这本书里，我将探讨为什么性别差异在动物中是如此普遍与重要，特别是，为什么在某些分支中，雄性与雌性表现出超乎寻常的差异。

我将对动物界中存在的性别差异进行审视，以此来回答这个问题，特别是针对那些具有极端两性差异的物种。这些超乎寻常的物种是极佳的例子，因为它们清楚地表明了两性繁殖功能的分化，而雌性和雄性都将这种分化发展到了极致。其中的一个极端是，雄性是强壮的独裁者，守护由体形小得多的配偶组成的雌群，并对抗来自雄性竞争对手的持续挑战；而另一个极端是，雌性是体形巨大的凶猛独居者，而它们的配偶是几乎只能够产生精子的雄性寄生者。我的目的就是揭示处于这两个极端的物种中雌雄两性的生活方式，并解释这种极端的差异是如何进化的[1]。

作为一名进化生物学家，我将自然地运用达尔文的方法论以理解性别差异。这种方法论的基本假设是，性别差异是一种适应，而这种适应将提高雌雄两性各自的繁殖成功率。进化性适应的衡量标准是达尔文适合度，在此则意味着所产生的后代的数量，抑或说传递给后代的基因的数量。因此，当我在问为什么雌雄有别时，我其实是在问，两性的达尔文**适合度**是如何因性别差异而各自提高的。存活，特别是存活到性成熟，对两性来说都是适合度的一个重要因素，但这并不是能留下后代的唯一决定因素。卵或后代的数量与质量，是雌性适合度的关键因素，而对雄性来说，则相应为受精的卵或所产下的后代的数量与质量。这些主要的适合度因素可以细分到更加具体的方面，比如在生命周期中度过某一段特别困难的时期，躲避某一捕猎者，或是成功地捕到某一种猎物。显而易见，假如某些性状是适应性的，那么至少它将提高物种某些方面的适合度。正是这个性状，或至少是这个性状的特定价值，是**自然选择**[2]所青睐的一个信号。而这里与主题有关的推论是，我们预期雄性典型的性状，将提高雄性的适合度。同样，雌性典型的性状，也应当提高其适合度。换句话说，我们能够预期，性状的两性分化是分别适应于两个性别的。

在性别差异的研究中，有一种类型的（自然）选择获得了特别的关注，那就是对获取配偶的成功率的选择。达尔文将这种选择称为**性选择**，并且论证了次级性别特征——尤其是在雄性中——的进化意义 [3, 4]。他运用大量证据说明，在许多物种里，雄性为了成功获得交配机会而演化出适应性，并且雄性许多夸大的性状，例如惊艳的羽毛、强壮的角、求偶的鸣叫与行为等，都可以理解为性选择的结果。与此相反，他认为对于雌性而言，性选择的重要性可能要小得多，尽管他揣测雄性的配偶选择可能已经影响了人类女性的次级性别特征。

达尔文在《人类的由来及性选择》一书中详尽地讨论了性别差异的进化，而之后 140 多年的时间里，大批的行为生态学家和进化生物学家为此补充了证据，明确了性别特异的选择在产生性别差异上的重要性。如今，性选择的概念已经扩展到雄性在交配时及交配之后为获得受精成功的竞争（比如，在交配期间的求偶行为，在雌性生殖道中不同雄性精子的竞争，以及雌性对精子使用的优先选择）。另外，也有不断增加的证据表明，作用于雌性的性选择，比达尔文所设想的要更为重要 [5]。不过，这些扩展都是建立在达尔文的原始概念之上。他认为性别差异是适应性的，并且是由雌雄两套性状的不同选择而造成，这一观点已被大量的理论与实际研究 [6] 所支持，并且成了我在下面章节所做的探索的理论基础。

透过达尔文的视角，我将探讨为什么动物的雄性与雌性在多个方面表现出差异：在形态性状上，包括体形大小、形状和颜色；在行为性状上，包括攻击性、迁徙与扩散的特征；在生态学性状上，包括食物、栖息的地点和时间；在生活史上，包括成熟的年龄与获得的配偶数量。在下一章，我将总结性地描述动物界雌性与雄性繁殖角色的本质，并以此来回答这个问题。这样的概述，将为第三章到第十章中关于具有极端两性差异的物种的探讨奠定基础。我将举证的例子涵盖了从象海豹和美鳍亮丽鲷（它们硕大而好斗的雄性，守护体形相对较小的雌群）到深海鮟鱇鱼（其雌性为硕大而凶猛的捕猎者，而雄性则为永久性定居于配偶腹部的微型寄居者）。我还将描述圆状网蜘蛛，其小个雄性在与巨型配偶交配时当场身亡；以及远海章鱼，其微小的雄性附着于漂游的水母上，寻找比自己大 4 万倍的配偶。我所举出的最极端的例子是海洋管状蠕虫和掘穴藤壶，其成体雌性固定地附着于某处，而成群的侏儒雄性则永久地居住于配偶体内和体表。

在每一章，我将探讨为何雌性与雄性如此迥然相异，而两性之间的巨大差距如何可能是有益的。在第十一章，我将以更广的视角，考察在整个动物界中性别差异的模式。我将探讨为什么这些特征会存在。例如，为什么我们总是能通过体形大小和外形差异区分出性别？为什么雌性通常更大，并且巨型雌性与侏儒雄性的组合要普遍得多，而不是相反？为什么身体颜色的差异只局限于极少数的动物分支，为何以及何时发生？是否雄性更可能拥有亮丽色彩，而雌性则色彩暗淡而更具保护性？在所有这些章节，我的焦点将不限于性选择、动物性交，以及为什么雄性经常拥有雌性所没有的装饰和武器（尽管所有这些肯定会被讨论到）。我将描述动物界超乎寻常的物种，并调研其多样化。这样，我将在最广的含义上，探讨成为雄性或者雌性到底意味着什么，并且将尽可能生动地说明，繁殖功能的分工对动物生活几乎所有方面的影响到底有多大。

第二章和第十一章为我在性别差异方面的探究提供了重要的背景知识，但这本书的主体是从第三章到第十章，对 8 个物种（有时是亲缘相近的物种的集合）的描述。每一章都提供了性别角色明显分化的独特而精妙的例子，而这 8 个例子一起，则形成了动物极端性别差异的全面概观。当然，这也不过是有限的例子而已。在性别差异的极端现象中，雌性和雄性几乎到了很难被认作同一个物种的程度。人们可以在至少 11 个门[7]中的许多物种中发现性别差异。从如此海量的候选者中挑选出 8 个例子是一项艰巨的任务。虽然我承认在我的选择过程中有一些偏好，甚至有一些主观的冲动（我发现有些物种更加有趣而已），但我确实使用了一套客观的标准以缩小选择范围。我的首要标准是，两个性别必须呈现体重上的极端差异。这是因为体重是所有动物都具备的属性，因此我可以利用雌雄体重的比率客观地衡量性别二态性[8]的程度，比如象海豹和章鱼的分化程度就很高。并且体重与动物的许多生物学及生态学的性状紧密相关，包括生理（代谢速率，体温的产生与耗散，运动的能耗）、形态（支撑骨的强度，头角的相对大小）、行为（最大速度与加速度）、生活史（成熟年龄，寿命，后代的数量）及生态学（巢区大小，扩散距离，群体密度）等方面的性状[9]。于是，两性显著的体重分化（体形的性别二态性）一致性地反映出其他许多方面的性别差异 10。反过来说，生活史、行为、生态学性状或形态上的巨大性别差异，极少出现于体重没有两性分化的物种里。这样，极端的体形大小二态性提供了一个客观的、可量化的、通用的指标，可以反映雌雄生活的多方面，甚至可能是所有方面的、类似的极端差异。

　　搜寻最大的体形大小性别二态性，并以此来缩小候选范围之后，我将候选物种进一步限定于那些在科学文献中对两性的生态学性状、生活史及行为具有完备记录的物种。有可能的话，那些记录是从出生一直追踪到死亡的，并对两性皆如此。这样我便能够追溯两性完整的生命周期，并且能够将成体迥然相异的特征差异与早期发育的历程相联系起来。

　　我的最后一个限定是，我所选择的例子应当能反映尽可能多的动物多样性。而 8 个名额的限制使之成为一个过高的要求。虽然只有不到 4% 的现存动物是脊椎类，但我们对脊椎动物性别差异的认识远超过千姿百态的无脊椎动物，因此我可以轻易地只围绕脊椎动物进行论述。而事实上，我选择的物种涵盖了 1 种哺乳类、1 种鸟类、2 种鱼类，以及 4 种无脊椎动物，而后者（所选的 4 种无脊椎动物）只代表了 30 个门中的 3 个：软体动物、环节动物和节肢动物。鉴于节肢动物囊括了超过 78% 的现存动物，我选取了其中两个纲的物种应该是合理的：蛛形纲的蜘蛛和颚足纲的藤壶。虽然这 8 个物种无法涵盖性别差异的全部类型，但它们确实代表了两个极端：从雄性的平均体重是雌性的 13 倍，到雌性的体重是雄性的 50 万倍。

　　这本书提供了许多信息，那些已经掌握我所表述的概念的生物学家，对此是感兴趣的。然而，我希望我对超乎寻常的动物的描述，以及对动物界性别差异的特征的总结，也能被那些非生物学家所阅读和玩味，他们可能仅仅对动物多样性或是人类性别差异的生物学根源感兴趣（我将只在本书的最后简要地讨论人类的性别差异，但我所描述的主要原理与趋势，在人类中与在动物中同样适用）。为了更好地服务于知识背景与兴趣方向迥异的潜在读者，对文中有上标符号的词句，我将在本书的后面附上注释。这些注释包括支持文中各种陈述的科学文献的索引、技术性数据的来源，以及额外的解释、细节信息或是超出本书主题的说明。为了迁就非专家的读者，我尽可能地避免使用生物学术语。文中第一次出现的术语将以粗体的形式呈现，并列在本书后面的术语表中以便查阅。为了使正文保持叙述的风格，同时为了让普通读者更为顺畅地阅读，除书中的主要角色外，我将以俗名取代拉丁名。相应的拉丁名可以在附录 A 中找到，以俗名的首字母的顺利排列。另外我将罗列主要的动物分支（门及其包括的纲）于表格中，并以首字母的顺序而不是根据它们的进化亲缘关系排序。这样可以使读者更容易地检索到某一个门或纲，即便他们并不了解那个分支的进化历史。对于这样的学术上的离经叛道的做法，我将向对此感到不适的业内同行表示歉意。

第二章

性别差异的根源

为何雌雄有别

对**动物**来说，两性分化似乎是成功的，而要理解其所以然，我们需要知道什么是神奇的性别两极分化，即将生殖的功能分化成雄性的与雌性的。有一些动物可以进行无性生殖，并且许多是雌雄同体，即同一种个体既有雄性功能又有雌性功能；但绝大部分的动物个体都只有一种生殖功能。生殖功能的这种分工，称作**雌雄异体**，在不同的动物，比如哺乳类、昆虫、蛔虫和蛤类中占主导地位，并且明显是大部分动物生殖功能分工的普遍模式。这发生于动物 31 个门中的 26 个中，并且在其中的 17 个门中是主要或是仅有的生殖策略，其中包括节肢动物门（目前为止最大的门，包含昆虫、蜘蛛、甲壳动物及其近亲）和我们所归属的脊索动物门[1]。相比之下，5 个非雌雄异体的门都很小，在现存动物物种中总共只占不到 0.16%。这种对雌雄异体的普遍性估算无疑是比较粗略的，但这已经足以说明，对大部分动物类群而言，性别的分离是最主要的生殖策略。简言之，绝大部分的动物要么是雄性，要么是雌性，至少在成体阶段如此。

令人称奇的是，尽管雌雄异体是大多数动物的特征，决定性别的生物学机制却是多种多样的[2]。举一个简单的例子，看看人类的性别是怎么决定的。我们的性别在母亲怀孕的瞬间便已经决定了，即精子和卵子结合形成胚胎第一个细胞的时候。影响新生命性别的基因遍布于人类的 23 对染色体上，然而其中的一对被形象地称作"性染色体"，是性别决定的关键。组成"这对"的染色体有两种形式，称作 X 和 Y。女性拥有两条 X 染色体，而男性拥有一条 X 染色体和一条 Y 染色体。这意味着，我们生物学意义上的性别取决于由父亲遗传而来的性染色是哪一条。如果使卵子受精的精子带有 Y 染色体，胚胎将在受精大约 7 周后开始向雄性分化，那时 Y 染色体上的一个基因（叫作"SRY"——Y 染色体性别决定基因）将激发睾丸组织发育的生化反应链。在没有 Y 染色体性别决定基因的情况下，卵巢组织将在受精后的大约第 12 周开始分化，而胎儿将发育成女性[3]。

类似于我们的 XX/XY 性染色体的这种系统，也存在于许多其他的动物分支中，包括许多蠕虫[4]、昆虫、甲壳动物及除鸟类之外的大部分脊椎动物。不过，非常清楚的是，Y 染色体并非总是必要的，因为在这些类群里的某些物种完全缺失 Y 染色体。在这些系统中，性染色体记为 XX/XO，性别是由 X 染色体的数量决定的：两条 X 染色体决定雌性，而一条 X 染色体决定雄性。而在其他的分支，性染色体的机制是相反的，即两条相同的性染色体形成雄性，若不同则为雌性。这被称为 ZZ/ZW 系统，见于大部分鸟类、蝴蝶、蜗牛和蛏蝓，也偶尔见于鱼类和爬行类。如同 Y 染色体，W 染色体有时缺失，这样导致雌性只有一条 Z 染色体，而雄性有两条[5]。还有些动物缺少性染色体，而使用其他的遗传信号决定性别。例如，在蚂蚁、蜜蜂、黄蜂，以及一些甲虫和轮虫中，未受精的卵子发育成雄性，而受精的卵子发育成雌性[6]。甚至在一些物种中，性别是由在不同染色体上的一系列不同基因决定的[7]。

比遗传机制多样性更神奇的是，一些具有极端性别差异的物种，实际上并没有两性间的明显的遗传差异。在这些物种中，性别特异的发育途径，显然是在某个关键的发育阶段由环境或社会因素引发的[8]。一种栖息海底的蠕虫，叫作绿匙蠕虫，便是一个很好的例子。绿匙蠕虫的性别取决于幼虫刚要开始成熟时其所栖息的基质。假如一个幼虫栖息于海底的一片空地，那它将变态发育成一个雌性，并且成长为一个巨大的囊状的固着不动的蠕虫，长有一个细细的管状长嘴以捕获食物。而在另一种情况下，假如这个幼虫刚好落于一个雌性上，那么它基本总是变态发育成一个体形微小的雄性，并由雌性的管状长嘴进入其体内，在雌性的子宫里设立一个车间，自此在车间里不停地生产精子以度过剩下的短暂生命。神奇的是，雄性和雌雄具有相同的一套基因，却发展成了动物界性别两极分化最极端的例子之一。

从这个简要的回顾中，我们可以明显地发现，动物已经进化出许多不同的方式以产生其物种的雄性和雌性。在其中的一些物种中，有一系列的基因只见于一种性别，而不存在于另一个性别；而在另外的一些物种中，雄性和雌性拥有相同的基因组。假如说存在一种通用的性别分化的途径，那不会是性别特异的基因，而是基因表达的性别特异的模式[9]。雄性和雌性的两套性状从相同的基因组发育而来，这让我乐于将其类比于同一个钢琴家在同一架钢琴上弹奏出两支不同的奏鸣曲。相同的音调（基因）存在于两种情况下，但在两支奏鸣曲中它们被演奏（表达）于不同的时间，持续的时长也不同。这样的结果便是两支显著不同的曲子（雄性和雌性的两套性状）。对决定性别的最初的引发，仅仅是这本或那本曲谱的开篇，或者也许只是最初的几个音符的弹奏。甚至拥有性染色体的物种，虽然依靠性染色体上的基因启动级联反应从而导致性别分化，但其应答的基因却遍布于整个基因组。由此而产生的性别特异的基因表达模式作用于整个机体，包括生殖的和非生殖的器官与组织，产生两性间的根本性差异，涉及几乎其生物学的所有方面，包括生化与生理、形态与行为等。性别特异的基因表达的时序，也影响生命事件的时序，造成两性间的生长轨迹、成熟年龄甚至寿命上的差异。

相同的基因组产生雄性和雌性两套不同的性状，对这一问题来说，尽管性别特异的基因表达模式似乎可能是一个直接答案，然而这些表达模式的组织机制，在一定程度上仍是一个谜。我们清楚的是，动物不仅仅是一些从父母遗传而来的基因的产物。在每一个新的个体中，这些基因与被称为组蛋白的绑定蛋白和诸如激素等调控因子相结合，而后者可影响基因的表达模式。在有些情况下，一个基因的表达取决于其来源于父母中的哪一方。例如，尽管父方和母方的基因能同时传递给后代，但可能只有来自母方的那个基因才被表达。阐明这些类似的效应（称为"表观效应"），以及它们如何能产生整合性与适应性的性状，是进化遗传学中最激动人心的研究领域，而关于这些效应是如何在不同动物分支中相协调的，我们还有太多未知的东西[10]。

虽然雌雄异体是动物界普遍的形式，然而仍然悬而未决的疑问是：为何如此。具有雄性和雌性的分化有何特殊之处？假如所有的动物都以相同的方式产生雄性和雌性，我们也许可以推测雌雄异体之所以普遍，只不过是因为所有现存动物从一个共同的雌雄异体的祖先那里继承了这样的发育程式，而我们基本上满足于这样的解释。虽然所有动物的共同祖先为雌雄异体的猜测可能是真的[11]，但我们同样清楚的是，在现代类群里，性别决定的生物学机制在随后的进化历史中曾多次变换——这使雌雄异体是固定的祖先模式而导致现存动物为雌雄异体这一解释显得不太可能。相反，性别决定机制的多样性告诉我们，雄性和雌性的性别角色的特化，一定是持续地被选择的。因为这样的话，尽管性别的生物学决定因素改变了，雌雄异体还是能够保持或重新进化。这个结论将我们引回那个根本的问题：为何具有性别的分化在动物界看起来如此成功？为了回答这个问题，我们需要考虑每一种性别实际上在做什么，以及两种性别是如何互动，以把其基因传递给子孙后代。

动物性别的必要性在于，每一种性别产生相应的**生殖细胞**，或者说配子，以承载它们染色体的一份副本。就定义来看，雄性产生更小的、更具运动性的生殖细胞（精子），而雌性产生更大的、更富含营养的生殖细胞（卵子），且后者是无法独立运动的。含有双倍染色体（二倍体）的新的个体，是通过卵子和精子细胞核相结合而产生的。与此相应的，大多数雄性动物的根本性生殖功能在于，产生大量特化的精子以寻找卵子，并使之受精。例如，雄性大西洋大马哈鱼和大西洋鳕鱼在每次射精过程中，可以释放大约 1900 亿个精子，而人类男性只能产生 1 亿~3 亿个精子。通过一次性释放数量巨大的精子，雄性至少可以增加部分精子成功到达卵子的概率。数量巨大的精子对水生动物来说尤为重要，因为雄性将精子释放在水中，精液会被快速稀释。假如释放精子的雄性正与其他雄性直接竞争以使同一个雌性卵子受精，比如在鲑鱼和鳕鱼中，能够释放海量精子的优势将更明显[12]。

对雄性来说，解决稀释问题，并减少精子竞争的一个途径是，将他们的精子释放于雌性的生殖道中，这样她的卵子就可以在产出或释放之前受精。为此，体内受精的机制已经在许多不同的动物分支中演化出来，并且已经在至少 21 个门[13]中被发现。然而，体内受精给雄性自己带来了挑战，包括需要一个特化的交媾器官，以及一套社会化互动本领以使得雄性能劝诱或恐吓，或者两者兼用，以确保交媾成功。再者，虽然能极大地减轻稀释问题，体内受精却很少能让雄性免于精子竞争。在许多物种里，雌性在其繁殖期的大段时间里，不只与一个雄性交配，并且能够储存来自多个雄性的精子。在这些物种里，精子竞争会在雌性的生殖道中发生，这种情景正类似于在自由释放精子的物种中，雄性需要通过排放含有大量精子的精液以获益[14]。

不同雄性的精子竞争所造成的影响，不仅仅来自精子的数量。在一些物种里，会深化出复杂的精子形态——巨大的精子，甚至精子二态性的演化时有发生。比如在精子二态性这种情况里，一种形态的精子被特化以清除雄性对手的精子，而另一种形态的精子才用来使卵子受精。雄性甚至还演化出多种辅助的方式，为他们的精子助一臂之力。他们可以使用他们的阴茎，以物理的方式去除或者摧毁之前的雄性所留下的精子（许多雄性灯芯蜻蛉和甲虫甚至有特化的钩状物或刷状物来完成这个任务）。他们也可能在精液中混入化学物质，以改变雌性的行为和生理，以便增加他们精子使她的卵子受精的可能性。比如，小个的雄性果蝇闻名于科学界，因为他们有能力使用化学方法操控雌性，能使她延后与其他雄性果蝇的交配，同时促使她排放更多卵子。这种狡猾的诡计的最终结果便是，迫使这个雌性在再次交配前，从当下的配偶那里使卵子受精。雄性还演化出了另一个方法，可以在交媾的时候讨好，或相反——刺激雌性，以促使她倾向于储存并使用他们的精子[15]。

雄性为了寻求与雌性交配的机会、使其卵子受精，相互之间的竞争则更为明显。我们都熟悉的一些物种，雄性试图通过身体上的竞争，以取代竞争对手，或是保护繁殖期的雌性以避开其他雄性。对雄性来说，典型的情景是去威胁或肢体上挑战对方，来防护一个单身的、生育力旺盛的雌性（如在圆蛛中）；或者更常见的，保护一群繁殖期的雌性（如在狮子、洛矶山羊和象海豹中）。当雄性通过这样的方式直接竞争的时候，那些整体上更大或有更大的防卫器官的往往具有优势。因此，这些物种里的雄性往往比雌性更大，并且拥有各种雄性特有的防卫器官。对于后者，比较熟悉的例子包括鹿角、在某些雄性哺乳类中增大的犬齿；雄性大马哈鱼的长长的、钩状的颌；昆虫的多种多样的触角；公鸡或其他野禽的距*等。另一个非常常见的雄性策略是，专注于吸引雌性。在许多物种里，雌性活跃地挑选她们的配偶，而雄性则通过将自己展示给雌性以期待被选中。雄性所使用的这种炫耀的类型，在一定程度上取决于他们的炫耀所处的媒介（即在空中、在地面或是在水中），也取决于雌性的感官接受能力。不过在所有情况下，这些炫耀都是为了吸引雌性的注意而量身打造，并且通常具有多样的感官形式。比如，炫耀的雄鸟非常典型地使用多彩的羽毛、洪亮的鸣叫和编排的舞蹈或飞行，或所有这些的结合；雄性蟹类、昆虫、鱼类和哺乳类通常在视觉与听觉的炫耀中，掺杂化学感应的引诱剂。在这些雄性通过间接的竞争方式以吸引雌性的物种里，雄性外表通常更加艳丽，而雌性通常保持极为不显眼的外表以避免捕食者的注意。在许多物种里，雄性同时使用这两种策略，这样他们很可能既比他们的配偶大，又比她们耀眼。一个熟悉的例子便是院子里的公鸡。他们有大的体形、长腿、锐利的距、鲜亮的鸡冠、艳丽的羽毛、凶猛的性情和洪亮的鸣声，这些特征既反映了他们的双重繁殖策略，也体现了那样的繁殖策略是如何导致这些雄性特征的[16]。

许多其他雄性获取配偶的方式并不是那么常见，尽管如此，它们在多个动物类群中仍独立演化出来。雄性可以试图通过提供食物作为礼物，或是为幼崽或后代提供安全巢穴，以诱使雌性与他们交配。一些雄性甚至帮助雌性抚养后代，或是更罕见的，他们可能对

---

*　雄鸡、雉等的腿的后面突出像脚趾的部分。——编者注

此承担全部责任。如此，他们往往能够一次性抚养由不同雌性产下的许多后代。例如，许多在湖泊、河床或是在浅海底部产卵的鱼类中，雄鱼会建造多个巢穴，诱使一些雌鱼在其中产卵，而这种情况并不罕见[17]。这些雄鱼会为了防护巢穴去抵御其他雄性和捕猎者，他们甚至可能清理鱼卵、为巢穴通风，以提供富氧的水流。棘鱼和蓝鳃太阳鱼便是采用这种策略的两个熟悉的例子。鱼类的父本抚育在海马和尖嘴鱼中达到极致，他们中的许多物种拥有一个雄性腹部孵化器或孵化袋，可将鱼卵置于此，并提供养分，直至孵化。在许多滨鸟（雉鸻、瓣蹼鹬和矶鹞）和平胸鸟类（美洲鸵、鸵鸟、鸸鹋和食火鸡）的物种里，雄鸟同样充当单亲抚育者的角色。在许多热带蛙类中，是雄蛙守卫着卵；而在一些箭毒蛙里，体贴周到的雄蛙甚至把刚刚孵化的蝌蚪背负在背上，载着蝌蚪从较小的孵化池到较大的淡水溪流中，让它们在那里发育成成体。雄性的父本抚养同样存在于一些昆虫中，比如在某些水蝽类物种里，雌虫在雄虫的背上产卵，让他们背着受精卵直到孵化。海蜘蛛（不是真正的蜘蛛，是一种奇怪的长腿节肢动物门海蜘蛛亚门的动物）同样由雄性负责后代的抚养，这些雄性常常从许多雌性那里拿来一整窝的卵，铺放于他们被称为携卵足的特化附属器官上。

尽管上述父本抚养的例子存在于一些不同的动物类群中，但这从来不是一种常用的策略。在绝大多数物种里，父亲的参与在完成射精或交配之后便结束了。因此，实现受精成了雄性形态、生活史和繁殖行为等许多方面的驱动力。我已经描述了雄性实现受精的三种典型的方式：在配偶的竞争中击败其他雄性，被正在挑选配偶的雌性选择，以及一旦实现交媾，保证他们的精子在与其他雄性的精子的竞争中获得成功。在许多物种里，雄性使用所有这些技巧，尽管在程度上有所不同。（在第三、第四和第五章里的例子很好地阐明了雄性竞争和雌性选择的相互作用。）然而，对雄性来说，一个更鲜为人知的挑战在于，找到雌性，尤其当她们稀少而分散广泛的时候。对那些群体密度小以及没有形成交配或社交聚群的物种来说，找不到配偶的风险尤其高。（不幸的是这些物种并不是很好的深入研究的对象。）许多发现于公海或是深海海床的物种，便符合这种描述。这些物种里的雄性极少面临来自其他雄性的竞争的风险，却有着极大的无法找到一个雌性的风险，于是他们有了一些特化的性质，以增强他们搜寻配偶的能力。他们的体形变小、流动性强，并且具有夸张的感应器官，让他们能够感知远处的雌性[18]。由于雌性同样面临着找不到配偶的风险，她们有着特殊的远距离吸引雄性的能力，并往往使用化学引诱剂信息素，或是**生物体发光**，或是两者兼用，且当一个雄性出现的时候，她们并不会太挑剔。正如我们将在第六到第十章里看到的那样，这些物种的性别二态性变得最为夸张，雄性有时只有雌性的几万分之一那么大，并且两性在结构上是如此不同，以至于很难将雄性和雌性划归为同一个物种。

当雄性专注于确保受精的时候，雌性则采取分外不同的策略，以最大化她们的繁殖成功率。雌性根本的繁殖角色是，孕育质量优良的卵子从而为胚胎的发育提供养料和保护。由于在重量上一个典型的卵子比精子大好几个数量级，相比雄性产生的精子数量来说，雌性只产生相对来说极少的卵子。就人类而言，卵子比精子大 8.5 万倍，一个正常女人一生所产生的成熟卵子只有不到 500 个，而男人却能产生几万亿个精子 [19]。

为了体会一个能提供充分营养的卵子的好处，请想一想你可能在早饭时吃的鸡蛋 [20]。营养丰富的大蛋黄的大鸡蛋，它们不仅仅是绝佳的食物，它们也孵化最大并且最健康的雏鸡。雏鸡在刚孵化出来时的体重，主要取决于鸡蛋刚产下时的重量——正常情况下，刚出壳的雏鸡体重是鸡蛋重量的 62%~78%。这意味着大的鸡蛋孵化出的雏鸡体形更大。由大的鸡蛋孵化出的雏鸡在孵化出来后长得也更快，因此鸡蛋大小的有益效应随着雏鸡的生长而逐渐累加。鸡蛋的重量每增加 1 克，将相应地使雏鸡在六到八周大时（正是在它们要悲伤地成为烤鸡而结束生命的时候）的体重增加 2~13 克。研究人员在更多样的动物物种里，包括鸟类、蜥蜴、两栖类、鱼类、昆虫和海胆，通过后代质量的不同测量指标（比如体形大小、生长速率、存活率和生理及行为表现），记录了蛋的大小的类似的正效应。

鉴于鸡蛋大小对后代质量的正效应，你可能认为所有雌性将产生巨大的卵子，但事实显然并非如此。虽然大的卵子有它的优势，但许多动物的雌性却产生小得令人惊奇的卵子。其中的一个原因是，对于给定的一批或一窝卵，卵子的大小倾向于与卵子的数量成负相关。生产更大的、质量更好的卵子，通常便意味着更少的卵子数量，至少在同一个产卵期内如此。雌性在整个动物界的繁殖策略的变化范围，反映了卵子大小和卵子数量的权衡 [21]。在这个范围的一端，雌性一次只产一个卵子。新西兰的雌性几维鸟就是使用这种策略的最极端的例子。她们产下一个重达约 400 克的巨大的鸟蛋，大约是雌鸟体重的 25%，按照体重比重来算，这是所有鸟蛋中最大的 [22]。由于几维鸟在几乎没有捕猎者的环境中进化而来，加之父母双方或其中一方孵化巨型鸟蛋大约八十天，并在孵化后保护雏鸟大约两周，几维鸟已经做到了每次成功地繁育一个后代。得益于它们的体形、温和的环境以及亲本的抚养，几维鸟单个的后代存活到成体的概率相当高。

　　而在这个范围的另一端，雌性会产生一大窝的微小卵子，并被完全忽视。北大西洋鳕鱼为这种策略提供了一个很好的例子 [23]。通常情况下，雌鳕鱼排出 50 万 ~100 万个卵子，每一个只有 1.6 毫克（0.0016 克），大约是雌鳕鱼平均体重的 0.00008%。而整个批次的卵子大约是雌鳕鱼体重的 25%；因此假设产生卵子具有相似的能耗，那么几维鸟和鳕鱼为它们的卵子分配了相同份额的资源。它们只不过在卵子数量和卵子大小上做出了不同的权衡。鳕鱼需要产生数量很大的微小鱼卵，因为它们后代所面临的挑战和几维鸟的后代是极为不同的。鳕鱼在海洋中产下它们的精子和卵子，而受精卵则漂浮到水域表面，在浮游生物间游荡。正如其他动物一样，孵化出来时的体形大小、生长速率、觅食能力及幼鱼的存活率，都与卵的大小成正比。并且鱼卵比它们维持漂浮所需的尺寸小，因此有人会认为雌鱼应当产更大的鱼卵。之所以并非如此的原因在于，几乎所有的鱼卵或幼鱼都会在成熟前被吃掉，因此在雌鱼百万个潜在的后代中，只有极少数能够长到成体。对鳕鱼来说，其成功的策略便是产生数量众多的鱼卵，即便只有很小的存活率，但其中仍有一部分能成功地活到成体阶段。对产生数量如此之多的卵子的物种来说，每一个卵子不得不变得很小。

不管是产生少量个大的还是大量个小的后代，通常情况下雌性都要奉献出自身很大比例的能量和资源。对雌性贡献的一个衡量指标，是产下的一窝有多大，或是幼体在出生时的体重占母亲体重的比例[24]。在雌鱼中这个比例平均为 12%，并可以高达 31%。相比之下，雄鱼平均只将它们体重的 3.7% 贡献给生殖组织和精子。在哺乳动物中，对最大的物种来说，幼崽的体重占不到母亲体重的 2%，而在最小的物种里，这一数值则大于 33%；相比之下，在雄性里，即便是最小的物种也只贡献了不到 2% 的体重给睾丸和精子。总体来看，脊椎动物中的冠军应当归属雌性蛇类，其一窝幼蛇体重的比例平均来说占母亲体重的 31%，而在有些类群可超过 60%。不过，和节肢动物相比，比如昆虫、蜘蛛、水蚤和蟹类，这些令人惊艳的数值依然显得无足轻重，因为它们的后代的体重所占比例往往超过50%，并且可高达 75%。相比之下，动物界的雄性冠军是结节灌丛蟋蟀，其睾丸的重量可高达成年蟋蟀体重的 14%。[25]

对绝大多数的动物物种来说，母亲对后代的照料在她分娩或是产卵后便结束了。然而，即便抛弃了她们的卵子或初生儿，雌性常常在有利于后代存活和生长的时间，将它们安置于适合的地点，试图以此提高它们的存活率。例如，只有在水温、潮汐和水流都适合卵子受精和幼体成长与发育的时候，海洋环境中产卵的雌性才会产卵。类似地，对于在其他基质上产卵的雌性，她们会寻找合适的地点为卵子提供保护，为刚孵化的幼儿提供喂养的条件。比如，在许多以植物为食的昆虫中，母亲会花费大量的时间寻找特定地点来产卵。在确定一株合适的植物后，雌虫只在植物的一个特定的部位产卵，比如在正在发育的花的内部、靠近正在生长的枝尖，或是受到保护的叶子朝下的一面。在每一种情况下，雌性选择的位置都能满足它的后代对食物的需求。为了完成这样复杂的任务，雌性演化出特化的感官能力，以探测植物的化学信号。她们也可能拥有特化的适应性形态特征，可以切开柔软的植物组织，或是在树木上钻孔，以将虫卵产在里面。这样，即便在没有明显的母本抚养的物种里，母亲都很有可能在行为、形态和感官上发生特化，以提高她们的后代在孵化或出生后的成活率。

在有些物种中，母亲在后代出生或产卵之后仍持续给予照顾，这些母亲具有更明显的特化的特征。哺乳动物便是出生后母本抚养的极端代表，即母亲们能用来自她们乳腺的母乳为她们的幼体提供养分。这种能耗代价是巨大的。正在泌乳的雌性的日常能量消耗，通常比非繁殖期的需求增加 100%~200%，比怀孕本身的消耗高出 20%~120%。[26] 大多数哺乳动物的母亲还会抚抱她们的后代，以协助体温调节、防御捕食者，以及帮助它们完成从哺乳到摄食的过渡。而这些，它们极少能从父亲那里获取协助，并且父亲更像是一个威胁者，而不是帮助者（在 90% 以上的哺乳动物里，父亲的缺勤是标准行为，甚至在一些物种里，雄性会欣然地吃掉种群里的幼年个体。）[27]。在大部分鸟类里，虽然雄鸟也倾向于比雄性哺乳动物提供更多的帮助，但相对于哺乳动物，鸟类的母本抚养时间同样有所延长。在超过九成的鸟类里，雄鸟会参与筑巢、孵蛋、喂养后代，或是保卫鸟巢或后代，但他们极少是主要的或唯一的抚养者[28]。通过携带食物到鸟巢以喂养后代，鸟类的日常能量消耗平均增加30%到50%，而一般在雌鸟中这样的消耗更大，因为她们所提供的食物比自己食用的还多。[26] 尽管雌鸟缺乏雌性哺乳类明显的母本特化（乳腺），她们通常色彩暗淡，极少发声，并在有鸟蛋和雏鸟存在的情况下倾向于让自己保持隐蔽性，而所有的这些适应特征都能减少鸟蛋和后代被捕食的风险。

哺乳类和鸟类似乎主导了我们对动物特征的认识，然而它们分别只有4800和9900个物种，合计只构成了现存动物物种的1%。这两个小的脊椎动物类群对后代抚养的重视，造成了我们对动物一般认识的偏见。除它们之外，极少有其他动物能将抚养延续到产卵和分娩之后，即便有，通常也只不过局限于保卫或孵化它们的卵或蛋，直到孵化出来[29]。比如，许多雌性软体动物、藤壶和水蚤，在它们的外套腔里孵化卵；而雌性蟹类、龙虾、河虾和桡脚类常常在它们特化的腹部附属结构中装着它们的卵。在一些其他的无脊椎动物里，包括一些苔藓虫和海蛇尾，雌性在她们体腔特化的孵化袋中孵化她们的卵。在大部分情况下，后代在孵化或孵化之后，很快便不再需要母亲的抚养；但是，在极少数的情况下，雌性继续在幼体阶段照顾抚养她们的幼崽。在无脊椎动物中最为熟知的例子，便是聚群白蚁和膜翅类（蚂蚁、黄蜂和蜜蜂），它们的幼虫被不育的雌性工蚁或工蜂照料和喂养，直到这些幼虫变态发育为成体[30]。这些便是关于雌性繁殖角色的所有情况了，即有时这种角色会延伸到产卵之外，比如保护后代，而有时则为后代提供营养，直到它们能独立寻找食物。尽管在一些分支中雄性也有相同的情况，但在受精卵阶段之外的亲本抚养主要是雌性的特征。这是雌性对个体卵子更大的初始投资的一个合理补充。

透过以上的对雌性与雄性繁殖角色的描述，我们不难理解为何雄性或雌性的功能的特化，会造成它们许多生物学特征上的性别差异。不仅在外形与行为上有所不同，雄性和雌性常常具有不同的生长速率，在不同的年龄和体形达到性成熟，有不同的理论寿命，并且在不同的地点花费不同的时间。这些差异之所以存在，是因为雌性为最大化她们产生后代的成功率而拥有的性状，并不等同于雄性为达到这一相同目的而拥有的性状。比如，雌性为了给她们正在发育的卵或胚胎提供一个场所，常常比雄性拥有更大、更厚实的身体。类似地，由于她们必须存活足够长时间产卵或抚养幼崽，而雄性只需活到交配为止，因此雌性比起雄性在交配后能活得更久。我在第六、七、九和第十章所描述的黄金花园蛛、毯子章鱼、食骨蠕虫和掘穴藤壶，都是拥有这种性别特征的极端例子。此外，它们都有雌性巨大而长寿、雄性微小而短命等特征。我将在第八章描述的巨型海鬼鱼（一种深海鮟鱇鱼）具有差不多相同的特征，只是侏儒雄性海鬼鱼通过成为其配偶的寄生者，而成功地延长了他们的寿命。这5个例子中的超乎寻常的性别差异，看起来着实离奇，不仅是因为它们确实很极端，也因为它们与我们日常的经验如此不同。我们更熟悉的物种中，雄性通常是更大、更炫耀的一方，他们具有明显的适应性特征以吸引雌性，或驱逐雄性对手，或兼而为之。尽管在动物中并不常见，但这普遍见于大部分鸟类和哺乳类，以及我们大部分的家养动物里[31]。这种情况，在我将在第三、四和第五章里所要描述的象海豹、大鸨和美鳍亮丽鲷中发展到了极端。在这些物种里，雄性比他们的配偶成熟的年龄更晚、体形更大，其中部分原因是性选择倾向于大而凶猛的雄性。然而正如我们将看到的，性选择远非故事的全部，作用于雌性的选择同样很重要。从所有这8个例子中所呈现出来的信息是：在每一个物种里，两性都做到了独特的适应，以演好它们各自的繁殖角色。而只有当我们了解了两性各自的生命历程，我们才有希望真正理解它们之间的差异。

第三章

象海豹

眷群、等级制和巨型雄性

2003 年 1 月初的一个阴沉沉的日子，我和我的丈夫德里克以及女儿瑞比一起，在加利福尼亚的沿海高速公路上，第一次见到了象海豹。当时我们正沿着海岸线，一路欣赏着壮观的悬崖峭壁和海景，还有蒙特利湾到圣巴巴拉那无尽的田野风光。中途从大瑟尔悬崖高处到康塞普逊北部平缓的海边山丘，需要经过一个平滑弯道。车子在浅滩悬崖边缘曲折前进时，突然间，在悬崖下的沙滩上，蒙蒙细雨中，一只象海豹冒了出来。看到这不可思议的景象，我们赶紧在路边停下，带着相机和双筒望远镜从车里出来，原来我们旁边正是一群处于繁殖期的北部象海豹。接下来的几个小时，我们观察了那些巨大的雄象海豹、略小的雌象海豹，以及刚出生在沙滩上爬行的小象海豹，并且拍了很多照片。成群的雄象海豹涌向沙滩，又被已驻扎在那里的同伴拦击，粗暴地驱逐回岸边。这些雄象海豹尽管身躯庞大笨拙，但移动速度却令我们吃惊。而那些虽然没有被驱逐，但在混乱中险些被撞上的无助的小象海豹们则让人担心。有好几次，大型的雄象海豹们面对面时，会通过象鼻互相发出洪亮而急促的响声，摇摆头与颈，并倾斜自己的身体用犬齿去戳戮对方。他们因此而受伤、流血，胸脯和颈部的伤口处清楚地暴露出淡红色的鲸脂。在此期间，雌象海豹杂乱无章却泰然自若地在沙滩上躺着，黑色的小象海豹躺在她们身边。偶尔会有雄象海豹冲向雌象海豹，抬头，并用他大而灵活的象鼻发出响声，试图博取她的注意，而被打扰到的雌象海豹总是回以懊恼的呼叫。而因那些大而笨拙的雄象海豹受到威胁的，却似乎总是小象海豹。我们也确实观察到，在雄象海豹向雌象海豹献殷勤，或是驱赶其他雄象海豹的时候，有些小象海豹被推倒、踩踏。幸运的是，这些小象海豹都能活下来。我们也看到有些小象海豹毫无生命迹象地独自躺着，被他们的母亲所遗弃，不知道他们是否是那些追逐和对抗的受害者。

从进化观点来看，在二十一世纪的加利福尼亚州现代化高速公路旁，有着一群正在繁殖的象海豹，简直就是一个奇迹。北部象海豹在十九世纪八十年代因猎杀而将近灭绝，只有一个残遗数量不到100只的繁殖群体，存留在加利福尼亚半岛海岸线旁的瓜达卢普岛上。幸运的是，这个群体受到了保护，它们不仅没有灭绝，反而得益于群体规模小，被保护得很好，群体数量不断扩大，并迁徙到其他聚居地去。在过去的一个世纪里，北部象海豹总的群体在不断变大、扩散，并重新定居于从墨西哥到加拿大的原有聚居地。我们所处的地点，正好是加州圣西蒙海岸线彼德拉斯布兰卡斯灯塔南部的多沙的一系列小海湾中的一处[1]。1990年第一批象海豹来到这个聚居地。而第一批在这里出生的小象海豹是在1992年的1月。到2003年我们在那里探访的时候，那里象海豹的数量已经有大约1万只了（叫作"群栖地"），其中有超过2000只的新生小象海豹。而北部象海豹群体的总数已经超过15万只。我在2010年的1月再度拜访了那个地方，那时，该群栖地的象海豹群的象海豹数量已经增加到1.5万只，每年有超过4000只小象海豹出生。这个海滩比2003年的时候变得更加拥挤和混乱，这明显表明了这种巨型动物恢复良好。当前，全球北部象海豹的数量估计已达17万只，在世界自然保护联盟（IUCN）濒危动物红名单中被列为"可最低关注"[2]。

象海豹属于真海豹或无耳海豹科（海豹科），并且由于它们与其余海豹物种具有足够的区分度，而归属于它们自己的属——象海豹属。北部象海豹的拉丁学名是 *Mirounga angustirostris*，而它们的姊妹物种南部象海豹，拉丁学名是 *M. leonina*。南部象海豹是这两个物种里数量更多的，在全世界的群体数量估计在65万只左右[3]。它们的群栖地分布于亚南极区零星的岛屿，以及阿根廷南部的大陆上。南部象海豹的群体中大约有一半是繁衍于南大西洋南佐治亚的一个偏远岛屿上，在南纬约54°距合恩角东部1900千米的地方。这两种象海豹是现存的鳍足类动物中最大的，且性别二态性最显著的（表3.1，图3.1）。南部象海豹的雄性比它们的表亲——北部象海豹——个头大很多，而两者的雌性却拥有大小相当的体形。因此，南部象海豹无疑成了鳍足类中体形大小二态性的冠军，甚至在所有哺乳类中也是如此；它们的成熟雄性通常比雌性重7~8倍[4]。除去雄性体形

表 3.1　南部象海豹与北部象海豹的特征

	南部象海豹 *Mirounga leonina*			北部象海豹 *M. angustirostris*			数据来源
	雄性	雌性	合计	雄性	雌性	合计	
体重（千克）							
出生	46	40	41~43		38	38	1~5
断奶	130	123	131			119~200	2, 4, 6, 7
繁殖期成年	1500~3510	400~600		1704~2275	488~700		1, 2, 4, 5, 7~11
最大值	3700~4000	900		2300~2700	710		2, 7, 10, 11
繁殖期体重比率（雄性/雌性）			7~8			3~4	2, 5, 7, 9
体长（米）							
繁殖期成年	4.7~4.9	2.7		3.8~4.5	2.6~3.1		2, 5, 8, 11, 12
最大值	6.2	2.8		4.2~5	2.8		2, 8, 11
繁殖期体长比率（雄性/雌性）			1.6~1.8			1.4~1.5	2, 5, 9
年龄							
断奶（天）			18~23			24~28	2, 4, 5, 14~16
性成熟（年）	5	3		5	3		1, 2, 5, 8, 17~19
第一次交配（年）	9~10	3		6~9	3		1, 2, 12, 13, 18
第一次生产（年）	10~11	4		7~10	4		1, 2, 8, 12, 13, 17, 18

	南部象海豹 Mirounga leonina			北部象海豹 M. angustirostris			数据来源
	雄性	雌性	合计	雄性	雌性	合计	
最大寿命（年）	20	23		14	17~20		2, 5, 8, 13, 15
交配系统							
每个繁殖地的成体的个数	43~165	275~1436		350~500	1000~2000		7, 10, 15, 17, 19~21
每个繁殖地雌群的个数			10~77			9~15	7, 15, 18, 20, 22, 23
最大的雌群大小			1350			350	7, 23
成熟个体的性别比率（雄性/雌性）			7~15			3~4	7, 10, 17, 19, 20
在岸上繁殖的天数	49~68	27~28		91~100	25~34		1, 7, 8, 10, 15, 22
繁殖期所失去的体重比例	0.29~0.34	0.34~0.36		0.36	0.35~0.36		2, 4, 6, 7, 10, 16
繁殖期所失去的最大体重比例	0.52	0.42		0.46	0.41		4, 7, 10
小象海豹在繁殖季的存活率			0.84~0.98			0.60~0.87	4
海中的生活							
繁殖季后觅食洄游的天数		62~72		120~122	66~73		1, 8, 16, 21, 24, 25

31

	南部象海豹 Mirounga leonina			北部象海豹 M. angustirostris			数据来源
	雄性	雌性	合计	雄性	雌性	合计	
繁殖季后觅食洄游的距离（千米）		1400		最远 7500	最远 4900		21, 27
脱毛后觅食洄游的天数		255		122	243		8, 21, 24
脱毛后觅食洄游的距离（千米）		2800		最远 11100	3900–6800		14, 21, 26
觅食模式	海底为主	海面为主		海底为主	海面为主		24, 25, 28

数据来源：1. Fedak et al.（1994）；2. Deutsch et al.（1994）；3. Boyd et al.（1994）；4. Arnblom et al.（1997）；5. Bininda-Emonds and Gittleman（2000）；6. Crocker et al.（2001）；7. Deutsch et al.（1990）；8. Le Bœuf and Laws（1994a）；9. Alexander et al.（1979）；10. Galimberti et al.（2007）；11. Bonner（1994）；12. Clinton（1994）；13. Le Bœuf and Reiter（1988）；14. Le Bœuf et al.（1994）；15. Fabiani et al.（2006）；16. McDonald and Crocker（2006）；17. Haley et al.（1994）；18. Sydeman and Nur（1994）；19. Galimberti et al.（2000a）；20. Carlini et al.（2006）；21. Pistorius et al.（2008）；22. Modig（1966）；23. Galimberti et al.（2002）；24. Le Bœuf et al.（2000）；25. McConnell et al.（1992）；26. Stewart and de Long（1994）；27. Le Bœuf（1994）；28. Lewis et al.（2006）。

注：如果没有特别说明，数值均为群体平均值。表中的数值范围指的是不同研究所报道的数值的范围。

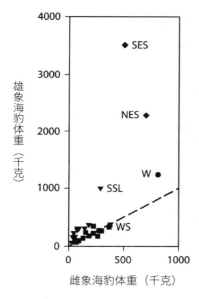

图 3.1 鳍足类的雄性与雌性的身体大小（体重）表明了雄性象海豹的极端体形大小。每个点表示在单个物种点雄性和雌性点平均体重：◆象海豹，■其他海豹科动物（*Phocidae*），▼海狗科动物（*Otaridae*），●象海豹科动物（*Obobenidae*）。SES，南部象海豹；NES，北部象海豹；SSL，斯特勒海狮；W，象海豹科动物（*walrus*）；WS，威德尔海豹。虚线是雌雄体重相等时的线。数据来自：Bininda-Emonds and Gittleman (2000)。

大小的明显差异，这两种象海豹实际上非常相似，而大部分我对它们行为、生活史和生态学的叙述，对二者同样适用（表 3.1）[5]。

我那两次去彼德拉斯布兰卡斯的聚居地拜访的时候，恰好是一年中雌象海豹分娩、雄象海豹寻找配偶的季节。尽管两种性别的象海豹居住于同一个群栖地，除去交媾的短暂片刻之外，他们几乎并不共处。从雌象海豹的角度来看，群栖地可以提供一个分娩和繁育幼崽的安全场所。[6] 当雌象海豹返回到群栖地生下第一只幼崽时，她们至少有三岁，其中多数已经有四岁大。大部分雌象海豹会返回到她们出生地 100 米之内的地点，并在之后的每年返回到海滩的相同区域。[7] 一旦返回海滩的雌象海豹从水中涌出，她们倾向于向已经有其他雌象海豹到达的地点挪去，而不是再找一个孤立的地方分娩。结果可想而知，甚至在一片相对来说构造一致的海滩上，雌性象海豹形成了被生物学家称为"眷群"的群类聚集。而在眷群内部，雌性之间的距离，根据发声、追逐和刺、咬来确立，以便让每个雌象海豹在一小片海滩上紧挨着她的周围区域，建立一种统治地位。更大更老、有更多在海滩繁殖经验的雌象海豹，在争夺空间上更有优势，并且更倾向于在眷群的中央，而不是在它的边缘，找到一个位置。随着更多雌象海豹的到来，眷群的规模不断扩大，而在顶峰季节时，数十甚至上百的雌象海豹能一起躺在聚集地。一个眷群通常只占据海滩的一个区域或一个地带，而一个繁衍的群体通常由好多个分散的眷群组成。

这样，雌象海豹便将自己安置于一个熟悉而拥挤的海难，每只雌象海豹只占据一小片区域，并被好斗而不爱交际的邻居们围绕。她们在陆地上无法觅食，直到大约一个月后小象海豹断奶，她们才会返回海里。在这样的斋期，她们为维持自身以及喂养她们的幼崽所需要的能量，主要来自她们过去一年的觅食期在海洋里所积累的脂肪和蛋白质。她们在开始斋戒时丰满而肥重，而在返回大海之前，她们会失去大约35%的体重。由此无不惊奇的是，她们在上岸后的5~6天内，便赶紧奔赴目标，完成分娩。小象海豹的喂养需要3~4周的时间，每天体重的增长接近4千克，而到断奶时他们的体重会翻三倍。一旦小象海豹出生，母亲便要么在休息，要么在喂养幼崽，常常躺在幼崽身边无所事事，直到她们返回海洋时将他们遗弃。这种"母本倦怠"是象海豹繁殖策略的关键一环。由于母亲在这段时间内不吃不喝，她们在外部活动上所消耗的能量，将危及她们的长期适合度，比如耗尽其自身的能储，或是降低喂养给幼崽的乳汁的质量或数量。在断奶后的 5~10 个星期里，小象海豹自身也要断食，而在这段时间内，他们还要长出防水的皮毛，在群栖地附近的浅海中自学游泳、潜水。在他们能够独自下海觅食之前，从母亲的营养丰富的乳汁中所获得的额外脂肪，对他们安全度过这一段关键时期来说至关重要。因此母亲和幼崽会躺在一起，尽可能减少能量消耗，除非有什么东西的闯入干扰了他们的平静。这种极端地保存能量的策略，解释了为何象海豹幼崽不会嬉戏。不像其他大部分的哺乳类幼崽，哺乳期间的象海豹幼崽并不会因玩耍与探索的活动而耗费能量。

减少能量消耗，以及尽快返回到海里捕食的需求，解释了为何母亲要在小象海豹做好独立觅食准备之前很久，便停止哺乳。母亲通常在停止哺乳前的 3~5 天进入**发情期**（能够生育）。在随后的几天里，她们将多次交配，然后，在上岸后不到 5 周的时间内，她们将突然抛弃幼崽。通常，她们只是径直地越过海滩而去，留下必定是十分困惑与孤独的小象海豹，在她身后的海滩上凄惨地哀号，而母亲则再也不会回到她的孩子身边。

于是，这样的循环将极有规律地重复着，即从海洋返回到群栖地——到达群栖地一周内分娩并哺育 3~4 周——然后抛弃孩子而返回到海洋中。第一次生小孩的雌象海豹大约 3~4 岁，中间会隔上一年，再开始分娩第二个孩子；不过大部分的雌象海豹每年都会繁育，直到去世（图 3.2 的上图）。双胞胎是极罕见的[8]，因此雌性几乎所有繁殖成功率上的变化，均由于繁殖年限，以及幼崽存活率上的差异。繁殖成功率最低的，是那些根本无法生育后代的雌性（图 3.2 的下图），而目前为止，这种失败的最常见原因是，雌性无法存活到生育的年龄。超过六成的雌象海豹会在第一次生育前死亡，而存活到生育年龄的可能性，随着首次生育年龄的增长而降低（图 3.3）。这对所有生物体是一个共同的问题：等待生育的时间越长，则在生育前便死亡的可能性越高，因为疾病、天敌和意外事故都可能会危及生命。因此对雌性来说，尽早生育是有利的；而实际上，雌象海豹比雄象海豹提前一年或两年达到性成熟，并在性成熟后便尽可能早地开始交配。由于雄象海豹在更晚的年龄成熟，并直到之后的几年后才开始交配（详见后文），雌象海豹比雄象海豹获得第一个后代的时间要早 4~7 年（图 3.2、图 3.3、表 3.1）。

由于每年只能生育一胎，一只雌象海豹的繁殖成功，很大程度上取决于她成功给每一个幼崽断奶的能力。当海滩因风暴和涨潮被淹没时，小象海豹的死亡率会很高。在南部象海豹的群体中，象海豹出生在冰块或积雪覆盖着的海滩上的小象海豹经常会挨饿，因为他们会沉到由自己的体温造成的融化洞中，而无法接近他们的母亲以获得喂养。许多小象海豹死亡的原因，仅仅因他们与母亲分离而最终饿死，或是被笨重的雄象海豹踩踏致死。象海豹孤儿偶尔会被不是他们生母的雌象海豹领养，但大多数雌象海豹凶恶地拒绝接受没有血缘关系的小象海豹，甚至可能杀死他们。鉴于分离的危险，对雌象海豹来说，把幼崽紧紧守护在身边是有利的，而这也正是通常的策略。母亲与幼崽成天躺在一起，紧紧挨

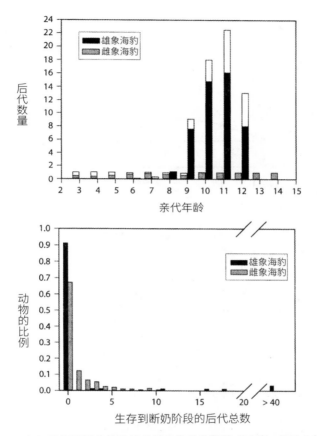

图 3.2　在加州努埃沃岛的雌雄北部象海豹的繁殖成功率。图 3.2 的上图显示的是在每个年龄的父母所产生的后代的平均数量。对雌性来说，空心柱长代表新出生的幼崽数量，灰色柱长代表成功断奶的幼崽数量。对雄性来说，空心柱长代表其授精的雌性数量，而黑色柱长代表其成功断奶的后代个数。图 3.2 的下图是雄性和雌性的终生繁殖率的频率分布，衡量标准为其一生中已知的成功断奶的后代的总数量。数据来源于 Le Boeuf and Reiter (1988)，其中雄性出生于 1964~1967 年，雌性出生于 1974~1975 年。

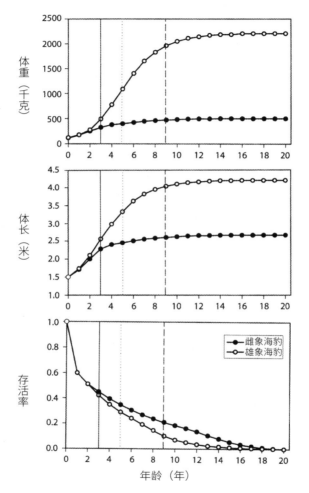

图 3.3　每个年龄阶段来自南乔治亚岛南部象海豹生存率、身体长度以及体重大小的估计值。存活率指的是存活到该年龄阶段的群体的比例。竖线表示雌性（SF）与雄性（SM）达到性成熟时的平均年龄，以及雄性第一次交配的年龄（MM）。数据来源于 Boyd et al. (1994)。

着，任由小象海豹间歇地哺乳。一旦有什么事物打破了这种平和状态，两者都会厉声号叫，直到他们重新团聚，然后重新开始他们的慵懒的昏睡。

于是对一只成年雌象海豹来说，在群栖地的生活主要包括：在严格限定的一个海滩区域内躺着，哺育她的幼崽，以及节省尽可能多的能量。然而，群栖地是一个非常拥挤的地方，雌象海豹争抢着以维持她们狭小的个人空间的时候，偶尔会与其他雌性发生争斗。体形较大的雌象海豹常常能在靠近眷群中央的位置，从体形较小的雌象海豹那里夺取最好的区域。假如一只雌象海豹被驱逐到这个群体的边缘地带，那她可能将面临饥渴的雄象海豹的骚扰，并且这种骚扰可以逃脱雄象海豹首领的注意。另外，当后来者试图加入这个群栖地并建立她们个人空间的时候，她也会面临着更多的雌性间的对抗。所有这些社会性的交往都消耗能量，并造成母亲与幼崽分离的风险。在这样的社会环境中，年轻而经验不足的雌象海豹会遭受很多不利的影响。她们被更大更老的雌象海豹所排挤、支配，对幼崽悲伤的呼喊做出更积极的回应，因而在与幼崽的交流上耗费更多能量。年亲的母亲还必须分配一部分能量用于自身的生长，因为在大多数的哺乳类动物中，雌性在开始生育的时候并未达到她们最大成年体形（图 3.3）。于是最终的结果是，比起更老更大的雌象海豹，年轻雌象海豹更有可能处于眷群中的不利位置，她们不得不花费更多的能量用于社会性交往，面临着更大的与幼崽分离的风险，与此同时她们用于产生乳汁的能量更少。[9] 所以年轻母亲抚养后代到断乳期的成功率更小（图 3.3 的最上）[10]，就并不令人奇怪了。

年轻母亲比体形更大的年长者消耗掉更多的自身储存的能量，并在离开群栖地时身体条件更差。因此她们在繁殖季节后继续存活的可能性更小[11]，并且就算能存活，她们能在来年继续分娩的可能性也更小。显而易见，雌象海豹在比较年轻时便开始生育第一个幼崽，会有许多不利因素。这种早育的不利因素或"代价"，为雌性首次生育的年龄设置了下限。大多数雌象海豹在她们三岁的时候便开始交配，在四岁的时候分娩第一胎幼崽，因为一般而言，这是早育的代价能被有利因素所抵消的最早的年龄，而其中的有利因素来自首次生育的存活率的上升与雌性一生中更多潜在的生育季节的机会之间的权衡。

离开繁衍的群栖地后，雌象海豹将游过几百甚至上千英里直到公海的区域，以在深海中捕食。在进食两到三个月后，她们将返回到海滩换毛，而这还需要一个月的时间，躺在岸边、禁食，并依靠储存起来的脂肪存活。为维持这一绝食期，雌象海豹要依赖于在生育后的觅食之中所获得的能量的存储。虽然她们在离开繁衍的群栖地之前便交配，但形成的胚胎直到换毛绝食期之后才开始植入，因而象海豹直到雌象海豹重新返回海里觅食之后，她的能量才开始转移到生育上。第二次的觅食旅程将历时八个月，并直到她们再次返回到繁衍的海滩分娩时才结束，之后再开始新的循环。

在这样的海中觅食——上岸换毛——再次海中觅食的完整的循环过程中，雌象海豹与雄象海豹一直分开生活。雌雄两性在海里都是完全水生的，并且他们超过九成的时间在水下度过，在追捕猎物时还可以潜到超过1000米的深度。然而，雌象海豹和雄象海豹在海洋中的不同区域觅食，且他们使用的觅食策略也不同[12]。雌象海豹倾向于在远离海岸线的深海区域寻找食物，其捕食的对象主要是**远洋（公海）的海鱼、鱿鱼和生活于 400 米深度以下的章鱼**。相比之下，雄象海豹倾向于在海岸线边缘的浅海觅食，而他们潜水的特征说明，他们会潜水到底部，并捕获**底栖（栖息底部）**的动物，特别是盲鳗和鳐鱼。尽管雌雄象海豹都会返回到海滩换毛，但雄象海豹在繁殖后的觅食旅程中，停留在海里的时间更长，当他们出发去换毛的时候，几乎所有的雌象海豹已经完成了换毛，且已经返回到公海觅食。

雌象海豹与雄象海豹仅有的真正的生活交集，是当他们在繁衍群栖地的时候。两者都要来到群栖地交配，而实质上他们之间的所有的社交行为，都围绕着这个目的。然而对于雌象海豹来说，交配是一个次级的目标，至少从一个现实的角度来说是如此。在考虑怀上下一个孩子之前，雌象海豹必须分娩并抚养当下的小象海豹。她们在岸上超过八成的时间里是无法生育的，并且不接受雄象海豹。尽管如此，她们一天中仍会多次被饥渴的雄象海豹纠缠，他们企图交配，而不顾雌象海豹抗议的呼喊与离开的意愿。[13] 直到接近哺乳期末期，当雌象海豹进入发情期的时候，她们才开始怀上第二年的胎儿，而在这几天里，她们将多次交配，不过通常是与眷群中占统治地位的雄性。在她们离开群栖地返回深海的途中，她们也有可能被外围的雄象海豹强行拦截交配，而这样的交配看起来是一个不得不付出的代价，因为她们必须经过的通道埋伏着伺机等候的雄象海豹。

而对雄象海豹来说，群栖地的生活是完全不同的。[14] 他们在后代抚养上并没有付出任何时间与精力。在这个眷群中，雌象海豹所生出的小象海豹是去年交配的产物，而不太可能是这里的雄象海豹的后代，虽然他们今年可能已经强大到足够获得交配的机会。就他们自身的达尔文适合度而言，照料这些幼崽对他们而言并没有益处，因此他们可以完全忽略这些幼崽。这些雄象海豹所真正关心的，是如何与尽可能多的雌象海豹交配，并与此同时，阻止其他雄性与这些雌象海豹交配。为了达到这一目的，雄象海豹所采取的措施在很大程度上取决于可育雌象海豹的分布。由于雌象海豹每年相互间紧密地聚集在同一地方，并在她们进入发情期的前几周内，在眷群中保持相对静止，因此雄象海豹可以轻易地定位并保卫一大群潜在的配偶。似乎是为了让事情变得更方便，随着繁衍季节的延续，新的雌象海豹持续地加入眷群，不断为雄象海豹补充新的交配对象。在这样一个体系中，成功的关键显然在于成为这个眷群的雄性首领，并把其他雄性排除在外。而这也正是雄象海豹试图在做的。

　　垄断一个眷群的策略，虽然看似简单，但在执行上却极度困难。对雄象海豹来说，通往成功之路是漫长而艰辛的，极少数的雄象海豹在他们的一生中甚至只成功交配了一次。在加州努埃沃州立保护区，生物学家伯尼·勒波夫和乔安妮·雷特对北部象海豹群栖地进行了长年研究，他们对91只小象海豹做了标记，一直跟踪他们，直到他们死亡，结果发现，其中的83只终其一生都没有交配过（图3.2）。他们中只有19只曾存活到了性成熟的年龄，所以，正如在雌性中一样，存活到生殖系统成熟是适合度的一个关键要素。能达到这个阶段的雄性远少于雌性（在努埃沃州立保护区，21% 之于 35%，见图 3.3 以了解南佐治亚岛上的南部象海豹。），这主要是由于雄性比雌性晚两年发育成熟。雌性会刚达到性成熟便交配，几乎总是在到达繁衍海滩中的第一时期便生下小象海豹；而雄象海豹则几乎无法如愿以偿地交配，除非他们在繁衍海滩上已经连续等待了好几年。于是，雄象海豹若是希望获得后代，他们必须比雌性存活得更久（表 3.1）。甚至在这些少数能存活足够长时间从而获得交配机会的雄性中间，繁殖的成功率也是极不平衡的（图 3.2）[15]。在勒波夫和雷特的研究中有 3 只最成功的雄象海豹，其一生中分别拥有 93 个、82 个和 41 个后代，而他们成功的繁殖季节分别多达 7 个、3 个和 4 个。考虑到除他们之外没有别的雄性拥有超过 20 个以上的后代，并且 91% 的雄象海豹从未交配过，由此可见雄性间的不平等是格外显著的。

对雄象海豹来说，这样的赌注显然是很大的。他们可能根本不会获得任何繁殖成效，然而一旦成功，那将是非常辉煌的。关键之处在于，他得成为一个大规模眷群的雄性首领，那是一种社会地位，生物学家将之称为"群主"或"雄性首领"，或"阿尔法雄性"。眷群首领垄断了绝大部分的交配权，因而可以获得相当高的繁殖成功率。对一个雄性首领来说，控制一个多达 50~100 个雌象海豹的眷群，并成功地让这个眷群内 80% 之上的雌象海豹受精，这样的情况并不罕见。在更大的眷群里，次级的与周边的雄象海豹可以分享到相对更多的交配机会，但雄性首领依然很可能使超过四分之三的雌象海豹受孕[16]。在马尔维纳斯群岛的海狮岛上的一项针对南部象海豹的研究，为拥有一个眷群所带来的优势提供了极好的例子 [17]。在跨越两个繁殖季的时间里，研究人员观察交配行为，并利用微卫星遗传标记以确定群体中小象海豹的亲缘关系。他们发现眷群首领获得了 94% 的交配机会，并成为 90% 的新生小象海豹的父亲。眷群首领的后代的个数范围在 18~125 个，而非眷群首领的雄象海豹的后代却只有 0~6 个。在群栖地的所有雄象海豹中，72% 的雄象海豹从来没有被观察到交配过，没有留下过后代。由于一些雄性象海豹可以一直占据眷群达数个繁殖季节（对南部象海豹来说最多有六年），假若转化成终生繁殖成功率的话，正如在勒波夫和雷特对北部象海豹的研究中那样，能成功留有后代的雄象海豹非常少。

　　眷群首领通常是更大更老的雄象海豹，具有多年在繁衍海滩上与其他雄性打交道的经验。雄象海豹在第一只雌象海豹从海中爬向沙滩之前，便开始陆续登陆到繁衍海滩上。他们缓缓前进，并开始威胁对方，用前部鳍状肢让自己站立起来、将头往后摆、通过长鼻子吹气以发出一长串低沉而快速的声响（更长的象鼻可发出更低沉、更咄咄逼人的声音） [18]。这些炫耀行为非常有效地展示了体形和力量。雄象海豹以一对一的方式挑战对方，通常较小个的雄性会被击退，尤其是当他是后来者，而另一个雄象海豹已经占据了海滩的那个区域。然而，炫耀行为确实会升级成直接的争斗：雄象海豹会扑向对方，摇摆着头部，试图用巨大的犬齿戳戮对方。他们厚厚的颈部可以承受这样的戳戮，但大部分雄象海豹在繁殖季的最后会流血、受伤。在大部分雌性开始到达的时候，雄象海豹已经建立起了他们之间的优势等级，而占优势地位的雄象海豹可以控制陆续到来的雌象海豹的聚群。南部雄象海豹还能真正地把雌象海豹群集在一起组成眷群，而北部雄象海豹似乎只能被动地接受雌象海豹到来时所形成的眷群。总的来说，对两个物种而言，能够保持对眷群的控制，意味着能够威慑其他雄象海豹，而不在于胁迫雌象海豹。雌象海豹是可以从这样的行为中受益的，因为这样可以减少他们被其他雄象海豹侵扰的次数，这也是为什么她们倾向于更靠近雄性首领的中央位置。

雄象海豹在这样的行为对抗中的成功，造成了雄性优势地位随年龄而增长的结果（图3.4）。更老的雄象海豹发动那样的对抗更频繁，同时也更频繁地获胜。他们也更多地仅靠吼声便解决冲突，而避免了代价更大的争斗和驱赶。更老的雄性更容易成功的原因主要在于，他们体形更大[19]。体形大小表明了力量和惯性，而这二者能为身体性对抗增加获胜的筹码；更大的雄象海豹也可能因他们更低的体重特异的代谢速率（即大的动物比小的动物每单位体重所消耗的能量更少）而具有体能上的优势。体能上的优势，使得更大的雄象海豹能在海中觅食时储存更多的能量，并能在繁衍的海滩上保持更长时间的绝食期。并且比起更小的竞争对手来说，他们能够将相对更多的体能用于交配，以及争取统治权的活动。出于更大体形的优势，雄性象海豹在青春期后将持续生长很多年（图3.3），而已性成熟但还未达到完全的成年体形的（常被称为"接近成年的"）雄性象海豹，甚至可以说极少参与到对统治权的争斗。他们在眷群的周围晃荡，等待眷群的雄性首领注意力分散，或是雌性离开眷群的时候，企图偷偷地争取交配，不过极少获得成功。不仅仅是因

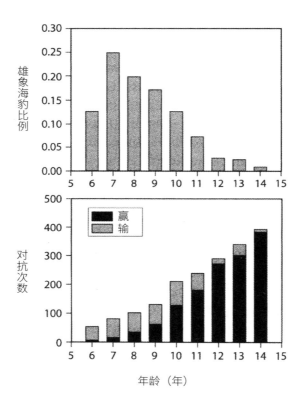

图 3.4 在群栖地的雄性南部象海豹的年龄分布（上图）与每个年龄的雄性对抗的赢和输的平均次数（下图）。数据来源于 Sanvito et al. (2008)，并且根据海狮岛和福兰克群岛 8 个繁殖季的数据而取平均值。

为他们被更大更老的雄象海豹所恐吓，他们还有不得不将体能用于生长的劣势。这意味着，比起更老的雄象海豹，他们来到繁衍的海滩时体脂比例更小，因而无法维持很长的绝食期，而那些试图去交配的，则要付出额外代价，包括随后的存活率和繁殖成功率的降低[20]。

于是，成为一只成功的雄象海豹的关键在于：活得足够久，长得足够大，以成为一个眷群的统治者。即便做不到，一个雄象海豹也可以通过在优势等级上将自己提升到一个足够高的位置，以成为一个大的眷群内的次级首领，以获得部分的繁殖成就。而前提是，在这样的眷群中雄性首领无法做到保护全部的雌象海豹。而第三个策略是在边缘游荡的雄性中获得优势地位，以便试图拦截离开眷群的雌象海豹。然而，由于这些雌象海豹已经在眷群中完成交配，故这些交配不太可能让这些雄象海豹成为父亲。因而从长远角度看，在边缘地带获取统治权对雄性来说并非一个最佳的策略，而大多数属于这个类别的雄象海豹比眷群中的雄性首领更年轻、体形更小。

由于优势等级的顺位是繁殖成就的最好预测，而身体大小是优势等级最主要的决定因素，故对雄象海豹而言，快速生长是有益的，并能够持续生长到足够大以竞争交配权。这也正是他们在做的。南部象海豹的雄性在出生时便比雌性大（表3.1），而南部和北部的象海豹的雄性都比雌性长得快，尤其是在两岁之后（图3.3）[21]。他们还能在雌性生长到顶峰后，依然持续生长很久。南部雄象海豹之所以比北部雄象海豹拥有更大的成年体形，主要是由于他们能够持续生长到十二岁，而北部雄象海豹生长的顶峰是在八岁或九岁。当年轻的雌象海豹将体能用于生产一年一个的小象海豹时，年轻的雄象海豹则把他们的体能主要用于持续的生长[22]。当他们逐渐变老变大时，他们每次造访繁衍群栖地的停留时间也逐渐变长，并逐渐开始参与一对一的雄性统治权的斗争。随着他们的生长速度的减慢，他们最终能够积累足够多的脂肪，以支持在漫长繁殖季中极度激烈的与繁殖相关的活动。这些更老的雄象海豹更早地到达群栖地，并且可能一直停留在那里，直到所有的雌象海豹离去。他们超过其他雄性的巨大繁殖优势，不仅出于他们获得统治地位的能力，也由于在整个漫长的繁殖季，随着雌象海豹的到来与离去，能够始终维持他们的地位的能力。极少有雄象海豹能够存活足够长的时间，长得足够大，以获得崇高的地位，不过一旦能达到这点，他们所获得的达尔文适合度的回报是极大的。

与雌象海豹同幼崽躺在海滩上的生活相比，雄象海豹的生活方式可谓截然不同。雄象海豹力争从身体上威慑其他雄性，努力使尽可能多的雌象海豹受孕的生活态度，注定要与雌象海豹发生冲突，而后者的主要生活目标是在她们分娩和抚养后代的同时，要保存体能。实际上，群栖地确实充满了性别冲突。当雌象海豹刚来到群栖地的时候，她们已经怀孕很久，显然是无法再受孕的。尽管如此，她们在从水中出来，爬向眷群相对安全地带的路上，处于边缘的雄象海豹常常试图骑到她们身上。在雌象海豹于繁殖季末尾离开群栖地，并试图返回到海中的时候，这样的夹击变得更加可怕。到这个时候她们已经非常虚弱、饥饿，她们在漫长的绝食期内已经失掉了大约 35% 的体重，并且她们已经不需要更多的交配，因为她们在眷群内已经交配多次。尽管如此，这些饥渴的雄象海豹群集于正在离开的雌象海豹的周围，为谁能第一个接近她而争斗，却全然不顾雌象海豹明显的抗议。在努埃沃州立保护区的群栖地，研究人员莎拉·梅尼卡和伯尼·勒波夫[23] 观察到，几乎所有离开的雌象海豹都会被骑上，并且大部分会在到达深水区前被强迫交配。她们在穿越沙滩和潮间带时，有一些会被骑上多达五次。这些交配的企图常常是极度带有攻击性的。雌象海豹会遭到头部的猛击、颈部的戳戮，并且严重到有时造成肋骨的破裂、头部的伤害、器官的损坏，以及内出血。在梅尼卡和勒波夫所观察到的 17 起雌象海豹的死亡案例中，有 11 只是在她们试图爬向海洋时，因雄象海豹的交配企图而发生冲突而最终受伤致死。大多数的雌象海豹并不会在这样的交配企图中丧生（梅尼卡和勒波夫在超过二十年的观测中估计死亡率在千分之一），但故意伤害而并不立即致死的比例很可能显著高于此。

雌象海豹在处于眷群之内时，经受较少的极端性侵扰，但尽管如此，她们必须要忍受雄性首领多次交配的尝试。研究者菲利普·加林韦蒂及其同事观察了位于海狮岛的南部象海豹的雌雄间对抗达多个繁殖季，并且报道称，雄象海豹是如此渴求交配，以至于他们试图与死亡的雌性，或是幼小的雌性，甚至其他海豹物种的雌性交配[24]。在与眷群内的雌象海豹相互接触的时候，他们持续不断地展现带有攻击性的行为，例如推搡、驱逐与戳戮，并且通过将他们的胸脯贴向雌象海豹的背部，或是用他们的胸脯猛击雌象海豹的方式，侵略性地将她们聚集在一起。眷群中的雌象海豹每天要经受这样的侵略性对抗两到三次，并且这些对抗中差不多有四分之三发生在雌性进入发情期之前。北部象海豹的眷群雄性首领很少尝试群集雌象海豹，但他们也多次尝试交配。在这两个物种中，这些交配企图都远不是温柔的求爱。雄象海豹看起并不能从远处通过视觉或嗅觉得到线索，来评估雌象海豹的生育状况（即是否可生育）。不过，雄象海豹以直接的方式来评估雌性的可接受性——通过接近她、站立起来、将她推倒、戳戮她的颈部，并试图交媾。雌象海豹几乎总是通过大声吼叫、移动离开、摇晃后肢，甚至是戳戮，以反抗这样的对待。不过，她们在发情期时这样的行为较不激烈，而这也正是雄性首领所想要的。比起南部雌象海豹，北部雌象海豹的对抗行为显得有一些不太明显，实际上，在进入发情期的时候她们可能会表现出一种被称为"**脊柱前弯**（*lordosis*）"的接受态的姿势。当雌象海豹的反抗足够激烈的时候，雄性首领往往会停下来、从她们的身上下来、离开，放弃交媾。然而，强迫性的交媾也确实会发生。处于眷群边缘的雌象海豹会格外地遭受次级的和周边的雄象海豹的侵扰。在这些情况下，她们响亮的抵抗吼声会吸引雄性首领的注意，而后者会扑腾而来，试图阻止交配的发生，即便常常冒着伤害到雌象海豹和她幼崽的更大的风险[25]。

　　显而易见，不管是雌性还是雄性，在群栖地的生活可并非浪漫如天国。两性间的对抗是凶恶而残暴的。大部分雄象海豹得不到足够的性交，而雌象海豹却身不由己地忍受过多她们不想要或不需要的性交。雌象海豹和雄象海豹都为并没有导致受孕的交配尝试，付出宝贵的体能。对雌象海豹而言，过多的性交上的对抗为她及其幼崽带来了受伤的风险。在雄象海豹的饥渴与雌象海豹的抵抗之间的混战中，母亲与幼崽也可能会被分开，假如他们无法找到对方的话，那么幼崽几乎必然面临死亡。在雄象海豹相互驱逐与打斗以垄断交配机会的时候，所有象海豹都有受伤的风险，不管是在一个眷群内部，还是在那些游荡于外圈，企图在途中拦截进出海里的雌性的雄象海豹间。而雄象海豹与雌象海豹之间的巨大体形差异，增加了雌象海豹和小象海豹的危险。

鉴于行动笨拙的雄性的凶恶与莽撞，繁衍群栖地中象海豹的死亡率却并不是那么高，还真是令人感到惊讶的。事实上，大部分小象海豹与几乎所有的成年象海豹，都可以存活至繁殖季的结束（表3.1）。这里值得欣喜之处在于，雌雄象海豹都因禁食而不得不吝惜于体能，因此他们在群栖地的大部分时间里都四处躺着休息。南部雄象海豹将他们 85% 的时间用于休息，而雌象海豹 89% 的时间都在休息。对北部象海豹的估计则与之相似，或更高一点：雄象海豹于 85%~95% 的时间里在休息，而雌性有 92%~95% 的时间在休息 [26]。在繁殖季的巅峰时期，在大部分雌象海豹已经来到岸上并分娩，而两性之间的从属关系已经在社会阶层中稳妥确立好的时候，群栖地在大部分时间里展现出一幅慵懒的画面：一排排的象海豹趴在沙滩上，一动不动。这种脆弱的平和，因雌雄两性保存体能的需要而加强，也使得大多数的小象海豹得以哺乳、成长与存活，尽管有粗莽而凶恶的雄象海豹围绕在他们身旁。成年象海豹间带有攻击性的对抗看似凶残，但一般只造成较小的伤害，主要是戳戮的伤口，并较少是致死的。大多数的成年象海豹的死亡发生在海洋中，在那里他们面临着其他的危险，比如被鲨鱼和虎鲸猎食。

如此，我们已经将雄性与雌性象海豹完整的生活周期过了一遍。可以肯定的是，他们有许多相同之处。两者都在海中觅食，一年中上岸两次：一次为换毛，一次为繁殖。他们共享相同的用于繁殖与换毛的海滩，为了繁殖的目的，他们将在相同的时间占据海滩。然而，在这种一般的行为框架内，这两个性别的象海豹已经演化出相当不同的生活史。他们有不同的生长速率，在第一次生育时具有截然相异的年龄与身体大小。他们在海洋的不同区域进食，使用不同的觅食技巧，并捕食不同的猎物。甚至当他们在繁衍海滩上生活在一起时，雄象海豹与雌象海豹有着不同的首要目标（雌象海豹将分娩与抚养她们的幼崽，然后怀上明年的胎儿；雄象海豹则将尽可能多地与雌象海豹交配），并生活在分离的、性别特异的社会阶层中。雌象海豹第一次交配的年龄在 2~4 岁，每年只生一个幼崽，并尽可能延续其生育年份，以此来促成其后代数量的最大化（达尔文适合度的一个指标）。这可以实现繁殖成功的稳定累加，而其主要的限制因素在于生殖的年限。雄象海豹则采取一种完全不同的途径。他们的达尔文适合度依赖于，他们同其他雄性竞争以获得可生育的雌象海豹的成功率，而这种竞争的成功率则主要依赖于其体形大小。他们很有可能在性成熟之后许多年里不得不放弃交配。而他们之中超过九成，不会留下任何后代。只有很少数的个体能存活足够长，长得足够大，以成为眷群的雄性首领，而一旦如此，他们的成功将是非常辉煌的，可以留下的后代，比最成功的雌象海豹还要多上 10 倍。这种交配系统是在已知的脊椎动物——或者就我所知——应是所有动物里，一夫多妻的最极端的例子[27]。这是一个雄性竞争的非此即彼、成王败寇的世界，而巨大体形的回报是如此之大，以至于雄象海豹的体形增长到远大于他们的目（鳍足类）里的任何哺乳动物，并远大于他们的雌象海豹的最大体形[28]。

　　而对雌象海豹而言，她们必须与硕大而好斗的雄象海豹共存，而那些雄象海豹极具伤害她们及其幼崽的危险性。就我们所知，雄象海豹能为雌象海豹提供的，也只有精子（以及他们的精子所包含的基因），和一定程度上使她们免受其他雄性骚扰的保护。另外，由于他们巨大的体形与极快的生长速率，他们对资源的需求超过他们所应有的配额[29]，故当他们与雌象海豹共享一片觅食区域时[30]，他们将成为雌象海豹主要的生态学上的竞争者。雌象海豹间也有优势等级，并正如在雄象海豹中一样，更大更老的雌象海豹将获得一些繁殖优势。然而比起雄性，雌象海豹的体形大小对于繁殖成功的影响较为微弱，而其较大体形的优势可以被两方面的因素所抵消：一是早龄生殖的助益；二是将更多的体能偏向于怀胎与泌乳，而不是生长。因此，尽管面临着与硕大而凶恶的雄象海豹共存所带来的危险和代价，雌象海豹仍然比雄象海豹更早地停止生长，而她们所达到的最大体形也比雄象海豹小很多。雄象海豹与雌象海豹繁殖策略差异的最明显的表现在于，他们具有哺乳动物中最极端的两性间的身体大小二态性，并且也是动物界"雄性更大"的两性间身体大小二态性的最极端的例子之一。这样的雌雄间的身体大小的差异，与其他几项同样令人惊异的差异相关联，包括生殖发育的时间表、迁徙到海洋的觅食区域的距离与方向、用以觅食的潜水的特征与捕食的类型，以及在繁衍群栖地的社交活动的类型与频率。在他们的成年阶段，雄象海豹与雌象海豹确实迥然不同。

　　类似的基于眷群的一夫多妻交配策略，同样能在其他许多大型哺乳动物中发现，尽管并不会像象海豹一样那么极端。比较显著的例子包括海狮与海狗中的许多物种，他们属于另一个海狮的科（海狮科，*Otaridae*），代表了这类交配的一个独立的进化起源[31]。许多有蹄类动物（鹿、绵羊、野牛和羚羊）同样演化出了基于眷群的繁衍系统，正如许多灵长类物种那样。这些物种与象海豹的平行进化常常是令人震惊的[32]。这些系统能形成的关键之处在于，雄性能够垄断交配机会，因为可生育的雌性群聚，或群集在一起，被大而好斗的雄性所守卫；而其标志性的性状，是显著的性别间体重二态性：雄性通常更大，并且具有雄性特有的武器装备，比如（牛、羊等动物的）角、（鹿的）角枝、獠牙，以及增大的犬齿。雄性需要胜过竞争对手，这样的选择（**性选择**）无疑是雄性比雌性大如此之多的主要原因[33]。但我们必须谨慎，不能忽略掉同样作用于雌性的选择。雌象海豹通常生活于她们自己的优势等级中，并从增大的体形中获得优势，但是当在整个象海豹群体中，比起体形巨大的雄性所能获得的潜在优势，雌性因更大体形而带来的益处显得较为微不足道。这主要是由于在每次的繁殖中，雌性只生下一个或两个后代，而她们需要通过连续多个繁殖季，每次生下一个高质量后代，而不是增加每个繁殖季的后代个数，来最大化她们一生的后代数量。这种策略的最终效果是，比起雄性，雌性于更早的年龄、更小的体形开始生育，且她们将更多的体能用于后代的生育，而不是自身的生长，因此她们在整个成年阶段体形始终比雄性小。象海豹是这种性别差异特征最极端的一个例子，但它们的独特性只在于它们性别二态性的程度，以及它们在生态与地理上的分离的范围。类似的特征也出现在许多大型哺乳动物中，只是程度更小而已。并且正如我们将在下面几个章节中所能看到的那样，在一夫多妻的其他动物类群（**分类单元**）里，也能看到性别差异的迹象。

第四章

大鸨

惊艳的雄鸟与挑剔的雌鸟

在广袤的温带欧亚大陆，大鸨（学名：*Otis Tarda*）是开阔连绵的草原与农田上的标志性鸟类[1]。它们是一种巨型鸟类，有着类似于鹤和松鸡的特征，最常见于农田和休耕地，悄无声息地觅食昆虫、种子和草本植物[2]。尽管它们极有可能是因其雄鸟惊艳华丽的求偶炫耀行为为人们所熟知，但它们名字中的"大（great）"不是指这些炫耀行为夸张，而是指成年雄鸟的体形巨大（表 4.1）。历史记录表明，雄鸟可重达 24 千克，尽管体重大于 15 千克的雄鸟如今已不多见，但雄性大鸨依然被赋予现存的"最重飞鸟"的称号，它们与非洲灰颈鹭鸨共享这一称号[3]。然而，对雌鸟来说，这一称号并不适合。雌性大鸨要比雄性小得多，平均只有她们配偶身高的 80%、体重的 1/3[4]。就身体大小的性别二态性来说，这种差异使大鸨无可争议地成为鸟类中的冠军。正如在象海豹中那样，这种超乎寻常的性别二态性，是与高度一夫多妻制的交配系统（mating system）相关联的，其中体形更大的雄性在与其他雄性的交配竞争上更为成功，而小的雄性则完全没有交配的机会。不过，这两个物种求偶竞争（mating competition）的本质差异是极大的。雄性大鸨聚集于惯常的交配场所，并通过煞费苦心的炫耀行为，以试图吸引雌鸟，而不是通过身体上的胁迫来捍卫一个雌性群体。他们所惯用的交配场所并没有为雌鸟提供额外的或特殊的资源，似乎除了为雄鸟提供一个惯常的炫耀场所外，并无其他用途。雌鸟也只是为了挑选配偶才造访这个炫耀场所，而对雄鸟的近距离接触，让她们得以"比价购物"（这个过程像极了鸟类中的相亲）。这样的交配系统可以增强雌性选择的机会，被称为"炫耀式求偶（lekking）"，而炫耀的雄性的聚集地被称为**求偶场（lek）**。求偶的雄性之间的相互竞争是激烈的，而在大多数有炫耀式求偶的物种里，只有一小部分雄性获得绝大部分的交配机会[5]。求偶的雄性相互之间间接竞争，通过他们的炫耀行为试图吸引雌性；但他们也会直接竞争，试图通过对其他雄性造成身体上的威胁，以获取最佳的求偶地点。假如这种雄性间带有攻击性的对抗发生在地面（与在空中相反），更大的雄性则通常具有优势。因此，在许多鸟类分支中，那些具有最大的雄鸟，以及身体大小的性别二态性程度最大的物种，通常都会有求偶交配系统和地面炫耀行为。鸨鸟（鸨科）便是这种倾向的一个很好的代表：大鸨是鸨鸟里唯一具有真正求偶交配系统的，并且到目前为止，它们是这个科里具有最大的雄鸟以及最大的身体大小的性别二态性的物种[6]。

表 4.1　大鸨（*Otis tarda*）的特征

	雄性	雌性	数据来源
体重（千克）			
成体均值	8.9–12.0	3.8–4.4	1，2，3
最大值	13.0–24.0	5.0–5.2	1，2
骨架大小（厘米）			
平均翅长 [a]	61.7–62.8	48.6–49.1	1，2，3
平均蹠骨 [b]	15.3–15.8	12.0–12.5	1，2，3
体长范围	90–105	75–85	4
翅展范围	210–250	170–190	5
年龄			
开始独立生活（月）	9.5	10.8	5
第一次出现在求偶场（年）	2–4	1–3	5，6，7
第一次生育（年）[c]	4–6	1–4	5，7，8，9，10
最大寿命 [d]	15–20	20	5，11
迁徙与扩散			
巢址与求偶场的平均距离（千米）	14.1–12.5	4.3–4.0	5，11

数据来源：1. Alonso，Magaña et al.（2009）；2. Johnsgard（1991）；3. Lislevand et al.（2007），Székely et al.（2007）；4. 英国大鸨重引入项目，http：//www. greatbustard. com/identification. html，访问于 2010 年 3 月 23 日；5. Alonso et al.（1998）；6. Alonso and Alonso（1992）；7. Morales et al.（2002）；8. Ena et al.（1987）；9. Alonso et al.（2004）；10. Morales et al.（2000）；11. Morales et al.（2003）。

a. 鸟类翅膀长度的标准衡量方法。实际上是从翅膀的远端或外部，直到腕骨关节，沿着翅膀背部从腕骨关节一直量到翅膀顶端最长的初级鸟羽。

b. 鸟类足长的标准测量方法，基于蹠骨的长度。

c. 第一次生育对雄性来说是第一次交配，对雌性来说是第一次产卵。

d. 这是基于对野生群体的估计。人工养育下雄鸟的最大寿命至少是 30 年（Johnsgard，1991；Morales et al.，2003）。

鉴于炫耀式求偶和极端性别二态性的这种关联性，探索大鸨雄性与雌性独立生活史的最好切入点，大概是冬季后期求偶场形成的时候。大鸨的地理分布区域很广，其生态行为的年周期也在一定程度上有所不同，而我对大鸨的大部分描述则是基于分布在西班牙和葡萄牙的群体。这些是最大最兴旺的群体，并已经被深入地研究了好几十年，因此能够提供大鸨生活史的最详尽与完整的记录[7]。在这些群体里，雄鸟于二月份开始聚集在他们惯常的求偶地点。成熟的雄鸟将经历一次繁殖换毛，他们将换下黯淡无光的非繁殖期的羽毛，取而代之的是，光亮的象牙白的喉部羽毛、颈基部以及胸部的深赤褐色到棕色的羽毛，以及在鸟喙的两侧悬垂下来的长而白的髭状羽毛，如同胡须一般。这种别具特色的繁殖期羽毛随着雄鸟的成长而逐渐发育，很少能在他们五或六岁之前便发育完全。髭状羽毛还可能在超过这个年龄后继续变长。成熟的雄鸟还可能发育出更厚实的颈部以及膨大的食管囊，以便他们膨大颈部以更好地展示他们赤褐色的华美羽毛。随着他们的繁殖期羽毛变得逐渐显眼，雄鸟对集群中的其他雄性表现得愈加具有攻击性。他们恐吓、驱逐，甚至在身体上攻击对方。通常，一只雄鸟会接近另一只雄鸟，并通过多种方式展示他的繁殖期羽毛：竖起鸟喙旁边的髭状羽毛，部分地扩张他的食管囊，以及将尾羽竖起超过背部，以展示其下方的光亮而洁白的羽毛。与此同时，雄鸟还会压低他收起的翅膀并向外扭转，以炫耀他翅膀上白色的羽毛。这样的威胁性的炫耀通常持续的时间不超过一分钟，不过已经足以使大部分竞争对手却步和逃离。假如被挑战的雄鸟以相同的炫耀反击，则两只雄鸟通常将来回地踱步，开始真正地打量对方。假若两只雄鸟都不退却，那么这样的纷争注定将演变为身体上的争斗。通常情况下，一只雄鸟会啄击另一只的面部和眼睛，直到一只雄鸟的喙钳住了另一只雄鸟的鸟喙。一旦他们如这般"结合"在一起，他们就会互相推搡，有时这种推搡会持续达一个小时。在战斗结束时，这些雄鸟可能变得极为疲惫，以至于他们无法飞行，并且其中一只或他们二者的鸟喙可能都会受伤，而他们宝贵的髭状羽毛也会被扯掉或损坏。

这种一对一的身体对抗将建立雄鸟间的优势等级，而最终的等级取决于年龄、身体大小，以及**身体条件**[8]。较为年轻的雄鸟在求偶场附近形成雄性集群，但并不参与优势度炫耀。在完全成熟的雄鸟之间，那些更小的或是身体条件更差的，可能没能产生完整的繁殖期羽毛，尽管他们的年龄已经足够大，而这些雄鸟将无法在优势度斗争中获得胜利。这样，尽管最初有一大群雄鸟聚集在求偶场，但只有更大、更健康、更成熟的雄鸟才有资格参与繁殖优势等级的竞争。一般来说，体重更大、身体条件更好的竞争者才能在雄鸟之间的竞争中获胜。

当雄鸟正忙于确立与其他雄鸟之间的关系时，雌鸟开始亮相于求偶场区域，而这将使得聚居环境极大地复杂化。雌鸟带着挑选雄鸟的目的，独自或是以一个小群体的形式到来。雄鸟则把注意力转向雌鸟，并努力让她们的目光从其他雄鸟身上离开。雄鸟和雌鸟交会的本质是变化不定的，特别是在繁殖季的早期，当雄鸟还未确立他们之间的优势级别的时候。有时一群雌鸟与一群雄鸟邂逅，然后他们一起交游，形成了一个临时的两性混合繁殖群体。假如一只雄鸟成功地以精明的群集方式和炫耀，诱使雌鸟们从他的同伴那里离开，这样的一只繁殖雄鸟与多只雌鸟的组合将形成一个临时的类似眷群的集合。随着繁殖季的持续，展示炫耀行为的雄性倾向于在求偶场里把他们的展示地间隔开，在不同的炫耀地点移动，而没有固定的领地边界。单个的雌鸟可能会向一只炫耀的雄鸟接近，从而应允了单独的一对一的交配，或者一只雄鸟可以吸引一群的雌鸟，在他炫耀的时候就跟随着他，从而形成一个短暂的、类似于"眷群"的组合。

对求偶场里雌鸟-雄鸟组合的所有可能的形式来说，一个不变的特征是，雄鸟炫耀是不可或缺的，并且是成功交配的前提。为了诱使一个雌鸟与他交配，雄鸟必须活跃而频繁地拿出看家本领。雄鸟的求偶炫耀是雄鸟与雄鸟之间炫耀的升级版。他们珍贵的髭状羽毛将竖起到完全垂直的程度，通过扭曲翅膀和尾羽的方式以充分显露其光亮的白色翅膀和尾羽，充分地膨胀其食管囊以展露从其颈部下方散开的光艳的栗色羽毛以及深蓝灰色的小片皮肤。炫耀的雄鸟好比是多彩的、移动的气球，而事实上，生物学家亦将其称作"气球炫耀"。雄鸟围绕着他们潜在的配偶高傲而挺直地转圈。随着雌鸟的缓慢移动，他们环绕着她不停走动，审视着雌鸟的每一举动。时而，雄鸟会将翅膀置于雌鸟的背部，也许是为了促使其蹲伏成交配的姿势。也有时候，他会冲雌鸟转过身去，以展现其光艳的白色的尾部。假如她啄击于此，那么她将有很大的可能最终同意交配。

在繁殖季的高峰期，雄鸟从早到晚重复炫耀行为，一天中仅在酷暑难耐或是气温低于12℃的时候才休息。他们通过炫耀以吸引远处的雌鸟，而一旦雌鸟靠近，则将诱使她们交配。一只雄鸟吸引的雌鸟的数量，以及真正与他交配的雌鸟的数量，都与他花费在炫耀行为上的时间成强烈的正相关。雌鸟关注于雄鸟炫耀的质量，尤其是其颈部羽毛和髭状羽毛，然而假如他并不能维持足够长时间的炫耀行为，则所有这些将只是摆设[9]。繁殖期羽毛并未完全发育的雄鸟很少能完整地展示气球炫耀，并且假如他们试图吸引一只雌鸟的话，他们将很有可能被更强势的雄鸟所打断。雄性优势等级的效用现在就变得明晰起来了。占优势地位的雄鸟阻挠弱势雄鸟的求偶及交配的企图，而自身却能不受干扰地维持其求偶行为。正如我们在象海豹里看到的那样，较高的雄性阶层的优势顺位意味着在雄性－雌性互动的成功。

在整个配偶吸引期间，体形与身体条件在优势度的竞争中的优势是如此明显。一旦繁殖季的高峰来临，求偶场的雄鸟几乎将所有的时间用于炫耀，因而几乎没有时间来进食，而到了繁殖季的末期，许多雄鸟因饥饿与疲惫而变得非常虚弱，以至于无法飞行[10]。为了维持这样的交配，他们必须增加惊人的体重。那些最终在求偶场获得成功的雄鸟，在繁殖季的高峰期比他们在晚冬的时候通常要重20%~30%[11]。在繁殖期的开始体形就较大的雄鸟增重最多，很有可能是因为，比起较小、较轻的雄鸟所需要的，他们较大的体形使得他们能在较少的时间内，花费较少的体能建立起优势地位。而这样的结果便是，大的体形与好的身体条件之间形成正反馈，进而在繁

殖季开始时加大了雄鸟间的体形差异，强化了雄鸟对大体形的性选
择倾向。

　　显而易见的是，大鸨雌鸟对她们的配偶有诸多索求。雄鸟聚集
于繁衍的求偶场使雌鸟得以"货比三家"。只有最大、最健康和最有
活力的雄鸟能够维持炫耀行为，并通过雌鸟的"检阅"。这些"超级
雄鸟"能够与多只雌鸟佳丽交配。观察者记录到一只单个的雄鸟在
一个繁殖季最多有五个配偶，而这显然低估了最多的配偶数量。而
在另一方面，大多数雄鸟则要遭受完败。只有不到 15% 的雄鸟可以
存活到生育年龄，而在这些存活到生育年龄的雄鸟里面，一年中只
有大约三分之一能够成功交配。[12] 雄鸟间的这种差异很有可能在其
一生中加剧，因为成功的、占优势地位的雄鸟倾向于保持他们的地
位达数年之久。只有那些在幼年时能够保持快速生长，在成年时又
能保持较好的身体条件的雄鸟，才能在争夺配偶的激烈竞争中获得
一线希望。甚至是最大、最健壮的雄鸟必须还要拥有相应的行为能
力与社交手段，才能既恐吓住竞争对手，又能引诱挑剔的雌鸟。对
少数的结合了这些属性的雄鸟来说，达尔文适合度的回报可能是相
当大的，而对于大多数雄鸟来说，失败是必然的。

　　相较于求偶场的雄鸟身上所承担的压力及其复杂的表演，雌性
大鸨采取非常缓和平静的方式以寻找配偶[13]。她们中的大多数只在
求偶场停留数日，在这段时间里，她们于雄鸟间缓慢踱步，观察炫
耀行为，一次又一次地卷入最终失败的求偶中。她们既不会受到激
怒，也不会受到可能造成伤害的身体上的骚扰——不像雌象海豹冒
险挺向繁衍海难时所遭受的那样。在大鸨的世界，雌鸟选择她们的

配偶，而雄鸟则相互竞争以成为被选择的对象。当他们在求偶场与雌鸟打交道时，成功的关键不是恐吓，而是劝诱。通常，一只雌鸟会从远处向炫耀的雄鸟接近。作为回应，雄鸟常常会增加他的炫耀行为的强度。假如这个雌鸟感到"心动"，她会继续靠近，直到他们之间达到了可以接触的距离。她会继续缓慢踱步，而雄鸟则保持节奏，围绕着她表演他的气球炫耀。大部分情况下，事情会到此为止。这只雌鸟最终将离开，而不会将他们的关系推向"眷属"。不过，每只雌鸟最终必定会找到一个她心仪的对象，在让他按着自己的节奏炫耀之后，蹲伏以允许简短的交媾。交配之后，她便对炫耀的雄鸟失去兴趣，继而扭身离去，去寻找一个合适的地点产卵并孵化。

雌鸟在求偶场的短暂造访很有可能是无纠纷的，除非她为争夺同一只雄鸟而与其他雌鸟处于竞争关系。假如不止一只雌鸟对同一只雄鸟感兴趣，则最强势的雌鸟才能如愿以偿地将其他雌鸟排除于雄鸟的注意范围。相较于雄性间成王败寇的竞争，这是相当温和的对抗。最强势的雌鸟能成功地成为第一个与她们所感兴趣的雄鸟交配的，而其他雌鸟只需等待，直到轮到她们的时候。雌鸟不像雄鸟那样去阻止其他雌鸟实现交配，并且很有可能的是，每一只寻找配偶的雌鸟最终都能成功。

对雌鸟来说，成功繁殖的最主要的障碍来自幼鸟抚养的失利，而非寻找配偶的失败。挑选她的鸟巢的地点是她一生中所做的最重要的决定之一 [14]。她的雏鸟的生长与存活，也即她自身的达尔文适合度，极大地取决于这个抉择。在商业化的农业及相关的人为威胁——对大鸨的鸟蛋与雏鸟的威胁——出现之前，鸟巢的毁坏主要来自天敌。直到现在，许多鸟蛋和雏鸟因诸如狗、狐狸和乌鸦这样的捕食者而丢失，而母亲本身在孵化鸟蛋的时候亦会受到那些天敌的伤害。为了使这样的风险最小化，大鸨雌鸟倾向于将鸟巢建在不容易被捕食者发现的地方，并且与此同时可使得孵蛋的雌鸟能够监视周围区域的危险状况。假如植被太高或者太密集，那么鸟巢就容易受到伏击。即便发现了捕食者，茂密的植被也会妨碍逃跑。或者，在开放的区域筑巢，例如耕地，则容易使鸟巢过于显眼。在西班牙的大鸨群体，种植谷类作物的农田或休耕地似乎提供了鸟巢的最佳选址，在显眼与隐蔽性中达到折中。成功的雌鸟也会选择那些能够抵御恶劣天气的巢址。刚孵化的雏鸟具有较弱的体温调节的能力，而在孵化期间寒冷而多雨的天气会造成雏鸟的高死亡率。出于这一原因，在西班牙的中部与西北部，朝东南方向的斜坡上的巢址受到青睐，因为那里可以获得早晨的阳光，并且能够阻挡凛冽而盛行的西北风。

　　一旦雌鸟确定了鸟巢的选址，她将在草地或者光秃的地面刨出一个浅坑，并产下 1~3 个（极少数的时候是 4 个）鸟蛋，然后孵化 3~4 周 [15]。当雏鸟破壳而出的时候，他们是**早熟性的**杂色绒毛球。他们很快就跟随着他们的母亲穿越植被，而母亲则在草地上啄取昆虫或其他美味的食物，包括偶有所获的蛙类与啮齿动物 [16]。最初母亲通过嘴对嘴的方式喂给雏鸟所有的食物，而雏鸟又继续从母亲那里接受额外的食物至少到他们九到十个月大的时候 [17]。为满足雏鸟的食物需求，大鸨母亲们必须有非常大的栖息地范围（平均直径 3000 米）以涵盖主要的觅食区域 [18]。对宽阔的觅食区域的需求，而不是大鸨相互之间的竞争，解释了为何雌鸟经常要离开繁衍求偶场千里之外以孵化及抚养她们的雏鸟[19]。在夏末或初秋时分，孤立的雌鸟与雏鸟的家庭开始与那些没有后代的雌鸟汇聚，形成混合的越冬的群体。到这时，随着冬天的到来，昆虫逐渐变得稀少，这些鸟儿将更多地依赖草本植物与种子生存[20]。在春天来临的时候，种群中的成年雌鸟对当下已经长大的雏鸟逐渐变得带有攻击性，而雏鸟与母亲之间的纽带也逐渐弱化。大部分雄性雏鸟在十个月大时便与母亲分开，雌性则晚一个月（表 4.1），尽管有的母亲与雏鸟之间的关联偶尔能持续长达十七个月之久[17]。

在她们的母本抚养时期，雌性大鸨采取一系列的行为以保护她们的鸟巢及雏鸟。孵化的雌鸟通常蹲坐于鸟蛋上，并在危险来临时，依靠伪装一动不动。假如威胁来自猎食者并且当它靠得太近时，雌鸟将通过明显的分散注意力的表演以引诱它离开，她将从她的鸟巢或雏鸟那里走开，并压低她的翅膀、竖起她的尾羽。在偶然的情况下，母亲甚至通过凶猛地恐吓甚至攻击潜在的捕猎者以保卫鸟巢和雏鸟，而猎食者包括人类和其他鸨鸟。这些保护和防卫策略对于自然天敌来说很奏效，然而不幸的是，对于现代农业机械则无能为力了，而这每年都不可避免地伤害许多鸟巢和雏鸟。

虽然做了这么多喂养和保护她们的孩子的努力，雌性大鸨在抚养她们的雏鸟上却鲜少成功。一项由文森特·埃娜、安娜·马丁内斯和大卫·托马斯所主导的研究提供了令人诧异的文献记录，表明了大鸨母亲所面临的困难[21]。这些研究者在西班牙西北部的一个相对大而健康的大鸨群体，对其鸟巢与雏鸟进行了跟踪观察。群体中只有 92% 的雌鸟生育了后代，然而只有五分之一的鸟蛋和三分之一的母亲孵化的雏鸟活到了 8 月底。再者，尽管大部分雌鸟每窝产下 2~3 枚蛋，但只有 8% 的雌鸟存活的雏鸟超过 1 个。到目前，繁殖失败的最大的原因是农业机械所造成的鸟巢的破坏，并主要发生于收割期，而这占据了所有鸟巢损失的一半。逃脱了这种命运的鸟蛋具有相对较高的孵化成功率（90%），但是孵化的雏鸟里只有 43% 能成功活过夏天。剩余的则是被天敌（主要是乌鸦、灰鸦、鸢、狐狸和狗）或农田机械所杀害。出于如此之大的雏鸟死亡率，这个相对较健康的群体的年度繁殖率仅仅是每 100 只成年雌鸟生育 44 只幼鸟 [22]。

躲过了早期危险的雏鸟则面临着获取足够多的食物的挑战。食物短缺似乎是大鸨永恒存在的威胁，雌鸟便常常无法获得足够的食物以养活自己与她们的雏鸟。研究者马努埃尔·莫拉莱斯、胡安·阿隆索和哈维尔·阿隆索针对西班牙西北部的大鸨群体的雌鸟繁殖成功率进行了长达十一年的研究，而他们的研究结果明显地说明了大鸨对它们的食物补给依赖性非常大 [23]。在这个区域，繁殖的雌鸟在产蛋前体重增加了 16%，为此她们依赖于春季茂盛的一年生草本植物 [24]。当冬季的降水量高于平均值时，草本植物的密度变大，于是更多的雌鸟尝试繁殖。在那些年进行繁殖的雌鸟也产下更多的蛋，而这些鸟蛋具有更高的孵化成功率。充沛的冬季雨水同样增加了一年生禾本科植物的密度，而这些则为蚱蜢和蟋蟀提供了食物，而后者则成了大鸨的主要食物来源。雏鸟在孵化后关键的前三个月里，其生长和存活高度依赖于食物的丰富度，因此丰富的夏季食物预示着秋季的更多更大的幼鸟。这里的最终结果则成了，充沛的冬季雨水带来了更多的繁殖雌鸟，每只雌鸟产下更多的蛋，鸟蛋的更高孵化成功率，以及更好的雏鸟的生长与存活。相反，在冬季降水量较低的年份，继而更低的食物丰富度，大鸨的繁殖率降至接近零，每100只成年雌鸟只能生育低至4只雏鸟。

由于生产鸟蛋与抚养雏鸟的体能代价，雌鸟比雄鸟相对更小的身体大小是有利的，而这则很有可能造成了大鸨的极端性别体形二态性的结果。而此论据的核心之处仅仅在于雌鸟必须为自己和她们的雏鸟提供食物，而她们维持自身所需的食物越少，则有更多的食物用于鸟蛋的生产或直接喂给正在生长的雏鸟。当食物稀少时，正如大鸨所经常面临的，较大的个体可能无法获得充足的卡路里以维持自身并将体能分配给生殖[25]。每当孵化的母亲放弃一次进食的尝试而更久地蹲坐于她的巢穴，或是将一块食物喂养给她的雏鸟而不是自己吃时，这种"独善其身"与"倾其所有"之间的权衡便体现出来了。将食物留给自己可增进其自身身体条件，进而在来年春季可以增加繁殖的机会，然而却损害了其雏鸟的潜在的生长、存活及未来的繁殖成功率。这种权衡的后果便是，能够在这一年成功抚养一只雏鸟的雌鸟，极少能够保存足够的体能以在来年春季同样成功繁殖[23]。

显而易见，雄性和雌性大鸨的繁殖生活是迥然相异的。雄鸟面临繁殖成功率为零的一生，除非他们能够生长得足够大而在同辈中出类拔萃，以赢得求偶场上的优势地位。即便做到这点，他们可能仍一无所获，除非他们能够吸引雌鸟并诱使她们交配。为了做到这一切，他们需要变得硕大、勇猛、精力旺盛以及光艳华美。达到这样的"高富帅"的姿态是一个漫长而冒险的过程，只有极少数的雄鸟能够成功。在任何一个年龄段，雄鸟的死亡率都高于雌鸟[26]，而许多成功存活的，也并没有达到在求偶场获得优势地位所必需的身体大小与条件，也没法维持吸引雌鸟所必需的奢侈的气球炫耀[27]。这是一个高风险的游戏，平庸者将一无所获。不足为奇的是，对成功交配的追求也因此成了雄鸟行为和生活史的焦点。相比之下，雌鸟并未遇到交配的困难，相反，她们对配偶的挑选分外挑剔，更青睐这些雄鸟——其精致的求偶炫耀表明其健康的身体、良好的身体条件，以及强大的竞争能力。雌鸟的挑剔助长了更大的雄鸟体形以及惊艳的求偶炫耀的进化，尽管她们自身的适合度最极致地体现于更易隐蔽的羽毛颜色及小得多的体形[28]。与雄鸟形成强烈对比的是，雌鸟将她们大部分的时间和体能奉献于后代的哺育。她们比雄鸟大约提前两年开始生育，并且之后几乎每年都产蛋（表 4.1）[29]。最初她们抚养幼雏的表现是差劲的，但通过不断的努力，在她们四岁或五岁的时候，大部分能成功繁育雏鸟[30]。雌鸟在这场游戏中所冒的风险远小于雄鸟，因为她们每年的繁殖成功率不会高于她们的产蛋量，多数只能成功繁育一个雏鸟。她们有生之年的生殖成就依赖于良好的抚养技巧、不断的繁殖尝试，以及漫长的繁殖年限——而非几个有限的繁殖季里成王或败寇的竞争。

无不奇怪的是，这些性别特异的生殖策略造成了性别间的显著差异，不仅表现在成年的羽毛和体形上，也表现在幼年的生长速率与早期存活率上[31]。雄鸟比雌鸟生长更快，并持续生长更长的时间

（图 4.1）。雌鸟在大约七周大时，生长速度骤然减慢。相比之下，雄鸟的生长速度不会呈现类似的下降趋势，直到他们十或十二周大，而到那时，雄鸟的体重已经是雌鸟的两倍大。雌鸟和雄鸟都持续缓慢地增加体重，但雄鸟增加得更多，在他们完全成熟时，体重几乎翻了 3 倍。为了维持这样的差异化的生长速度，雄性雏鸟必须比雌性雏鸟吃得更多。在十天大时，他们对能量的需求比雌性大约多 16%，而这个差异伴随年龄的增长而增加。不无奇怪的是，大鸨母亲更多地喂食雄性雏鸟。西班牙研究者胡安·阿隆索及其同事记录了西班牙西北部的比利亚法菲拉野生动物保护区内的这种差异，他们观察发现：母亲给雄雏鸟大约每天喂食 64 次，而给雌雏鸟只喂 53 次，相差 20%[32]。雄雏鸟获得更多额外的喂养可能仅仅是因为他们乞食更持久，不过同样可以理解的是，母亲尽可能多地喂养儿子是因为，假如雄雏鸟因长得太小而无法在繁殖阶层中具有竞争力，这对母亲也不利。受到良好喂养的雄雏鸟具有高生长速率，并且是最早变得独立，继而从他们的出生地扩散出去。他们还在更小的年龄前往求偶场，更早地确立其雄性优势地位，具有更多的机会成为占优势地位的繁殖雄性。鉴于这些快速的早期生长的优势，不难理解为何母亲尽可能多地努力喂养她们的雄雏鸟。然而，雄性适合度对快速的早期生长的过度依赖也可能付出高死亡率的代价，特别是在食物匮乏的年份[33]。雄鸟似乎是以早年死亡为赌注，以博取快速生长及成熟时更大体形的优势。相比之下，雌鸟采取更为保守的策略，她们生长更慢，具有更小的成年体形，但她们具有更大的存活到可生育年龄的可能性。

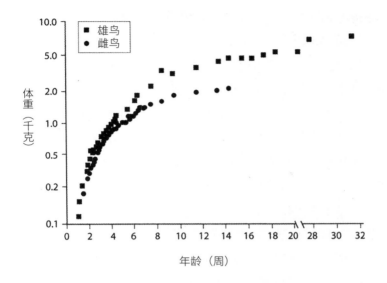

图 4.1　人工养育的雄性与雌性大鸨的生长速率。值得注意的是，体重是取了对数的。改编自 Johnsgard（1991）。原始数据来自 Heinroth and Heinroth（1927）。

　　性别特异的生活史在幼年与性成熟之间的年份里继续表现出来。雄鸟比雌鸟早几个月离开母亲独立生活（表 4.1），紧接着便离开安全而熟悉的出生地附近觅食的地面，飞向远方，加入其他幼年雄鸟群体以共同觅食。雌鸟停留在出生地附近的群体里时间更长，并且假如她们真的扩散的话，她们所飞行的距离也比雄鸟要少三分之一。即便她们在幼年时期便离开，她们一般会在性成熟的时候返回到出生地区域，并逐渐造访出生地几千米范围之内的求偶场，继而交配。

与之形成对比的是，雄鸟通常远离他们的出生地，并最终安定于远至 65 千米的求偶场 [34]。一旦成熟，雄鸟和雌鸟继续它们不同的迁徙模式，很少在同一时间出现在同一地点 [35]。在西班牙的群体里，在繁殖季结束后的 5 月底和 6 月初，大部分的雄鸟将离开求偶场。他们平均迁徙 82 千米，许多飞向更高海拔和纬度的更凉爽的避暑胜地。在初秋时分，这些迁徙者要么直接飞回求偶场，要么迁回以造访与迁徙的雌鸟相重叠的觅食区域。相比之下，成年的雌鸟则更"宅"。几乎一半的雌鸟，包括所有带着雏鸟的，整年都停留于靠近巢穴的区域。而那些迁徙的不过只在秋季或早冬之后，当她们需要飞向别的觅食区域的时候，平均迁徙的距离不过 50 千米。

而更北方的大鸨群体却提供了一个与西班牙群体形成有趣的对比迁徙模式。在欧洲的东北部和中亚地带，鸨鸟运用典型的温和的迁徙策略：雌性和雄性都会在秋季长途迁徙以躲过冬季严寒的气候。然而在欧洲中部，气候较为温和，冬季迁徙是可有可无的，只当持续积雪妨碍鸟类进食达三到四周的时候才会发生。而一旦发生，许多鸨鸟将向西部和南部飞行达 650 千米，直到到达没有下雪的区域以获取充足的猎物。正如在西班牙的大鸨群体，迁徙的可能性依赖性别，该群体中的雌鸟比雄鸟更有可能迁徙。这种性别与地区间的迁徙模式的差异，很有可能源于雄鸟与雌鸟间的与体形大小相关的"体能预算"上的差异。西班牙的研究者认为，之所以该群体中的雄鸟在夏天迁徙到更凉爽的地区，是因为他们拥有比雌鸟更大的体形使得他们难以在低海拔地区的夏季高温环境中调节体温。相比之下，德国研究者认为，在欧洲中部的雄鸟比雌鸟较少地迁徙到较为温暖的地区，这是因为他们更大的体形允许他们在寒冷的冬季忍受更长时间的食物短缺的状态。更大的体形也使得长距离的飞行在体能上的消耗代价是巨大的，于是最终的结果就是，出于体能制衡的考虑，雄鸟更倾向于在下雪的季节静候于繁殖区域；而对雌鸟来说，临时往更温暖、没有雨雪的觅食区域迁徙是更有利的。根据这样的推论，在这两个地区的性别特异的迁徙特征，正是成年鸨鸟巨大的性别间体形二态性的间接结果 [36]。

现在我们已经遍历了大鸨雌鸟与雄鸟完整的生命周期。在很多方面他们是独特的动物：最大的能飞的鸟，就身体大小来说是鸟类里性别二态性最大的，鹤与松鸡的行为、形态和生态特征的集合体。正如我们已经看到的那样，除了在求偶场的地面的短暂的相遇外，雄鸟和雌鸟整年过着分离的生活。他们互相独立地扩散、定居，在不同的时间，以不同的程度，并且对温度和食物供给的季节性变化有着不一样的反应，而这一不同至少部分地决定于他们身体大小上的差异。雌鸟专注于抚养雏鸟，而雄鸟则专注于尽可能多地与雌鸟交配。在求偶场的成功是雄鸟们一生的重心，而求偶行为则占据了性成熟雄鸟每年的绝大部分时间。相反，雌鸟只是短暂地造访求偶场，并似乎每年只交配一次。假如她们成功地抚养一只雏鸟，那么她们的母本抚养则将占据她们整年的时间，而这正是她们一生的重心。尽管雌鸟只在求偶场花费了极少的时间，但这个求偶系统也让她们受益，为她们提供了对配偶的"一站式购物"，从而减少了寻找配偶方面的风险、时间和体能。更重要的是，这使雌鸟能够方便地对雄鸟进行比较，并从中挑选条件最好、炫耀行为最显眼的雄鸟进行交配。这让雄鸟付出了极高代价的性选择，但对雌鸟却是受益的，确保她们与最健康的雄鸟交配，而她们的后代则能遗传到配偶的高质量的基因。

炫耀式求偶的交配系统在动物中并不常见，但在脊椎动物和昆虫中相对普遍[37]。这在鹑鸡类（野禽）中尤其出名，例如草原鸡、艾草鸡、黑琴鸡和孔雀，同时也是一些漂亮的鸟类的特征，包括来自新几内亚岛和澳大利亚的极乐鸟，以及新热带区的侏儒鸟。池塘边上的雄性牛蛙的合唱队、多孔菌上的雄性果蝇的聚集群，以及在一小片阳光下盘旋的一群雄性摇蚊，都是炫耀式求偶的其他熟悉的例子。不管是否发生于求偶场，炫耀式求偶的交配系统都涉及雄性间交配成功率的高度差异性，以及对雄性的性选择影响极大。通常，在任一繁殖季，求偶场上六成到九成的雄性得不到交配的机会[38]。极大地影响性选择的结果便是，炫耀式求偶的物种里的雄性演化出夸张的特征，以提高其交配的成功率。明亮的色彩和活力四射的炫耀行为是很典型的，正如在许多物种中的高声鸣唱那样（但在大鸨中不是）[39]。在那些于地面炫耀与交配的物种里，大的体形与显眼的武器装备同样是有利的。

在炫耀式求偶的物种间，关于繁殖角色的分化有许多相似之处，正如在大鸨和象海豹的情景中所表明的。在这两个例子里，雄性最初都通过身体的对抗在交配场所建立一种优势等级，而他们在雌性到来之前便开始这样的过程。只有优势顺位等级足够高的雄性才能在之后进行交配，而他们一般都是较大、较老和较凶猛的，身体条件处于极佳状态。一旦雌性到来，焦点便从相互之间的搏斗转移到与尽可能多的雌性交配。也正是在交配周期的这一阶段，这两种交配系统出现分化。雄性象海豹通过排除其他雄性的接近，以保护一群相对固定不动的、在空间上群聚的雌性，从而赢得交配。相比之下，雄性大鸨相互竞争以试图吸引自主移动的、挑剔的雌性，而后者只短暂地来访于繁殖场所。雄性象海豹能够强迫不情愿的雌性交配，并且反复进行。与此不同，雄性大鸨必须劝诱挑剔的雌鸟以允许他们交媾。由此性选择在两个物种里偏好不同的性状。大鸨的雄性依赖于华美的视觉上的炫耀与持续的求偶行为，而雄性象海豹继续依赖于凶残的暴力。尽管两种策略看似不同，但两者都要求健康、忍耐和体力，并且只有在繁殖季开始时处于最佳身体状况的雄性才能成功。在这两个物种里，对成功交配的这些要求都是苛刻的，而每一代中的大部分雄性从来不曾成为父亲。为了成功，雄性不得不在年轻的时候快速成长，并且在他达到性成熟后必须还要持续增加体重和体脂储备。为此，他必须在觅食中获得成功，避免使之衰弱的疾病或寄生虫，并且避免因意外或天敌而丧生。

对雌性的生活史来说，大鸨和象海豹之间的相似性同样显而易见。在两个物种里，雌性每年只繁殖一次，并通常每年只抚育一个后代。她们最大化她们一生的繁殖成功率的方式是，在更早的年龄与更小的体形达到成熟，并在尽可能多的年份里与雄性交配、生育后代。为确保她们的幼崽快速生长并独立生存，雌性象海豹牺牲自身的体能储备以为她们的后代提供营养。也许正是出于对后代生产及存活的关注，雌性象海豹过着比雄性象海豹更为保守的生活。她们与其他雌性的互动比起雄性更少地具有攻击性，并且极少是有伤害性的，而且比起雄性，她们之间的繁殖成功率的差异要小很多。只在与雄性的互动上，这两个物种的雌性才有显著的差异。雌性象海豹显然与雄性象海豹处于性别对抗中，并频繁地遭受强迫交配的骚扰，并有时因此而受伤。雄性象海豹控制着雌性象海豹所需要的资源——安全的繁殖的海滩——而外出去分娩的雌性象海豹难免要受到其他雄性象海豹的骚扰。大鸨雌鸟并没有这些顾虑。雄鸟并没有控制任何雌鸟所需的资源，并且他还必须劝诱雌鸟才能得以交配。这使得雌鸟拥有了交配的控制权，并极大地增加了通过雌性选择而获得的性选择的机会。这样的结果便是，同样是在求偶场相互厮杀以争取优势地位的雄鸟，还必须在雌鸟靠近的时候优雅地踱步，在她们面前炫耀展示自己。这与在象海豹群栖地的残酷的交配争斗形成鲜明的对比。在下一章，我们将遇见一个物种，这一物种的雄性同样收集、控制雌性所需要的资源以吸引雌性，但同时还要依赖雌性难以捉摸的选择，以达到交配成功的目的。下一章中，雌性的繁殖策略对"身体大小的性别差异"的决定性意义将变得更加明显。

第五章

美鳍亮丽鲷

护花使者与宅女

象海豹和大鸨代表了哺乳类和鸟类里具有极端体形性别差异的动物。这两个物种的性别差异无疑是令人震撼的。然而，为了寻找脊椎动物雄性与雌性间更超凡的差异，必须离开我们所熟悉的大型陆生动物世界，去探索水生生活的鱼类。就多样性和性别差异的程度来说，辐鳍鱼（辐鳍鱼纲，*Actinopterygii*）将无可争议地夺冠。在其中的一个极端是，雌鱼的体重比其配偶大数十万倍。这种侏儒雄鱼与巨型雌鱼的模式，在众多深海和中水层的海洋鱼类的类群中独立演化，而我们也将在第八章深入了解其中的一种，即角鮟鱇鱼。在本章，我们将认识一种小型的淡水鱼，它处于性别二态性的另一个极端，即雄鱼通常比雌鱼重将近 13 倍。这种被称为美鳍亮丽鲷（*Lamprologus callipterus*）的小鱼，在"雄性更大"的体形的性别二态性的物种里一骑绝尘，甚至不仅仅在鱼类中，在整个动物界亦是如此。

美鳍亮丽鲷属于庞大而多样化的鲈形鱼的一个科，称作丽鱼科（*Cichlidae*），也是非洲坦噶尼喀湖超过 300 种的丽鱼里的一种[1]。在大多数非洲丽鱼里，包括大部分锦丽鱼属（*Lamprologus*）的物种，两性中雄鱼都是体形更大的，因此美鳍亮丽鲷的"雄性更大"的性别二态性并非独一无二。而其独特之处只在于，其二态性的非凡程度。在其他的非洲丽鱼中，雄鱼处于比雌鱼短 16% 到比雌鱼长 70% 的范围内，而美鳍亮丽鲷的雄鱼平均来说是他们的配偶的 2.4 倍长（长 140%）[2]。若论体重的话，性别间的差异则更显著了：繁殖期的雄鱼和雌鱼的平均体重分别是 26.7 克和 2.1 克，平均的体重比值为12.5[3]。令人神奇的是，不像象海豹和大鸨，美鳍亮丽鲷的雄鱼并不是他们这个科里最大的，甚至在他们这个属里也不是。比起其他锦丽鱼属的雄鱼，他们最多不过是中等大小（图 5.1）。而美鳍亮丽鲷的特殊之处，在于其雌鱼非常小，在她们的属里面是最小的。雄性美鳍亮丽鲷相比于他们的亲缘物种的雄性来说并不大，但相对于他们的配偶来说，则是巨大无比的，而这也正是为何在这个物种里体形的性别差异是令人惊奇的。

你可能已经猜到了，理解这种雌雄异形的关键在于雄鱼和雌鱼的繁殖行为。这些小鱼在湖底空的螺壳里产卵、孵化，而这种繁殖策略在非洲丽鱼中已经演化过多次[4]。然而在所有其他"壳内孵卵"的丽鱼里，两种性别的鱼都会进入壳内产卵，因此两者都必须足够小才能够进入湖底可用的螺壳内。而美鳍亮丽鲷关键的不同之处在于，只有雌鱼进入螺壳里产卵和孵卵，而雄鱼则留在壳外，只在螺壳口处排放精子。由此，雌性美鳍亮丽鲷为了能够进入螺壳而变得足够小，在体形上也与其他壳内孵卵的丽鱼的雌性相当（她们都属于其他的属），然而美鳍亮丽鲷的雄鱼不需要进入螺壳，因而不受限制，故体形要大得多。正如我们将要看到的，雄鱼的这种大的体形是性选择的非凡结果，并且他们具有独特的行为，即他们真的要将螺壳衔起来，并携带着它们以作为他们配偶的孵化窝。[5]

　　雌鱼产卵周期的起始，将是我们美鳍亮丽鲷的故事的绝好开端，在那时，雌鱼开始寻找合适的螺壳为鱼卵提供庇护所。当雌鱼不产卵或孵卵的时候，她们游在雄鱼和雌鱼混合的鱼群中，在湖泊向陆的浅水处觅食，积累体能储备，同时酝酿着她们下一次的产卵计划。一旦雌鱼的鱼卵成熟，可以接受精子了，她会离开鱼群，开始寻找足够大的螺壳作为产卵和孵卵的窝。带着这一目的，她在湖底巡游，搜寻并检查合适大小的螺壳。为了产卵，她必须能够完全进入螺壳，转身，并将鱼卵紧附于螺壳螺纹的内部。鱼卵在三到四天内孵化，但微小的幼鱼（称作 wriggler）留在螺壳内约两周或更多的时间，直到它们吸收了卵黄囊，成为可以独立的小鱼苗，并做好了游走的准备。在这整个时期里，它们的母亲也跟它们一起留在螺壳内，摆动她的尾巴为鱼卵通气，并守卫它们以免被捕食。雌鱼通常在螺壳内产下 50~250 枚鱼卵，它们之中大约七成能存活到独立[6]。这意味着，作为一个孵卵窝，一个螺壳必须要容纳的，不仅仅是 4 厘米长的母亲，还有 35~175 条蠕动的幼鱼，而它们在离开螺壳时将会长达 0.7 厘米。因此，对一个满载成熟鱼卵的雌鱼来说，找到一个足够大的，并且又没有被其他母亲所占用的螺壳，将会是一项艰巨的任务，这并不令人奇怪。

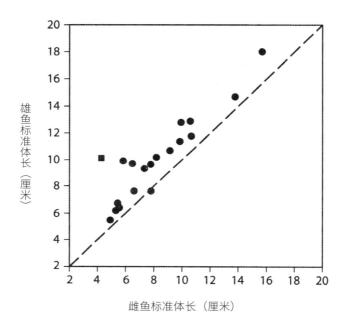

图 5.1 锦丽鱼属（*Lamprologus*）的鱼类的平均体长。纵轴是雄鱼体长，横轴是雌鱼体长。虚线是等长线，在该线上方的点代表"雄性更大"的体形二态性。美鳍亮丽鲷（■）的数据来源于 Ota et al.（2010），其他物种的数据（●）来源于 Erlandsson and Ribbink（1997）。

　　在实验室的实验中，雌鱼一般选择最大的空螺壳，而在野外她们似乎也可能有相同的偏好 [7]。更大的螺壳是有优势的，因为它们能容纳更多的鱼卵，并且也让鱼卵和幼鱼获得充分的通风。一个更大的螺壳也可以允许雌鱼在更深的螺纹处产卵，并让自己置身于螺壳更深处以躲避捕食者。这是一个关键的优势，因为鱼卵会被其他鱼类吃掉，包括自身物种的个体，这是很常见的。而雌鱼的难题在于，大的螺壳是很难找到的，而大的并且是空的螺壳则更难找了。螺壳的分布非常零散，其大小及密度在各处都不尽相同。至少有三种软体动物的壳是可以使用的，但雌性美鳍亮丽鲷更偏好最大的那个物种——*Neothauma tanganicense*——的螺壳。在湖泊的一些区域，这种备受青睐的螺壳相对稀少，对它们的竞争是相当激烈的。雌鱼通常要搜寻两天才能找到一个合适的螺壳，并且一旦她们找到了一个，她们将勇猛地护卫它们，以免受她们自身物种或其他鱼类的雌性的侵占。在这样的竞争中，一般来说较大的雌鱼将获胜，于是结果便是，最大的雌鱼通常可以占有最大的螺壳，其余的则向下依次排序。而最终的结局通常是，每一条雌鱼在比它们体形稍大的螺壳内产卵——但是很可能并没有她们理想中的那么大。不幸的是，雌鱼若是最终在一个过小的螺壳里产卵，那么她们将面临较高的失败风险。她们中的许多会将鱼卵断送于捕食者，而其他的则可能在鱼卵开始占据太多空间的时候，直接抛弃螺壳。这些失败对雌鱼来说后果十分严重，因为她们将花费数周的时间重新孕育下一窝卵，并再次产卵。因此，就当下鱼卵的损失和延后的繁育来说，找不到一个足够大的螺壳的代价是很高的[8]。因而不难理解的是，雌鱼不辞辛劳地寻找大的螺壳，并且一旦找到了一个好的螺壳，她们便勇猛无惧地守护它。

在充满捕食者的较浅的湖底，螺壳孵卵是抚育后代的一个非常有效的策略。然而，就她们的体形大小来说，在螺壳内产卵和孵卵让她们陷入一种进化上的进退两难的境地。在美鳍亮丽鲷中，正如在大部分的鱼里一样，每一次产卵的个数（**繁殖力**）随着雌鱼体形的增大而增加，而这导致雌鱼长得更大。美鳍亮丽鲷的雌性体长和产卵数的相关系数高达 0.95，这意味着超过九成的雌鱼，其繁殖力的变化可以被体长的差异解释 [9]。更进一步说，由于繁殖力与体积的关系更密切，随着体长的增加，繁殖力将不成比例地提升 [10]。例如在一项研究中，雌鱼体长从 3 厘米增长到 4 厘米，鱼卵从 59 个增加到 134 个鱼卵。在这里，227% 的繁殖力的提升，仅出于 33% 的体长的增长 [11]。到幼鱼达到独立的时候，体长为 3 厘米与体长为 4 厘米的雌鱼，她们幼鱼的数量分别为 30 条和 104 条，这是 347% 的差异！除了繁殖力的提升，较大的雌鱼还能在对更大更好的螺壳的争夺中，将较小的雌鱼排除在外，因而在对产卵地的竞争中获胜。这些都预示着雌性美鳍亮丽鲷应该会很大，但这也正是雌性美鳍亮丽鲷进退两难境地的所在。不论更大的体形会有怎样的好处，大的螺壳的稀少，最终将制约一个群体中雌鱼的体形大小 [12]。在实验室条件下，雌鱼确实能够调节她们的生长速率，使得她们成熟时的身体大小与空螺壳的大小相匹配。而在野外，螺壳的大小与雌鱼大小的相关性，可以解释 98% 群体中雌鱼体形的差异。雌鱼既想尽可能地长大以最大化她们的繁殖力，又想保持足够小以能够找到合适的螺壳来产卵和孵化她们的后代，而她们最终的体形大小是这二者折中的结果。

雌鱼的生活史也反映了这种折中 [13]。她们能够快速地达到性成熟。在大约六个月大的时候，她们通常已经达到 3.5~4.5 厘米的标准体长，体重则在 2 克以上。之后她们的生长速度则急速减慢，并且尽管她们在野外可以存活三年，她们的体长很少能够超过 6 厘米，体重也很少超过 5.5 克。她们整个的成年生活在"螺壳孵卵"和觅食之间切换，前者大约持续两周，后者则可以持续至少七周。由于只有不到三分之一的鱼卵可以存活到成鱼，雌鱼必须依赖于反复多次的产卵和长的繁殖年限，以实现高的适合度。为此，她们在较小的年龄便开始繁殖，并在整个生命中通过保持不显眼易隐蔽的体色以减小死亡率。令人奇怪的是，雌鱼适合度的一个主要威胁来自她们的配偶（详见后文），假如鱼卵和幼鱼在螺壳中没有受到保护的话，甚至雌鱼自身的配偶也会吃掉其鱼卵和幼鱼。雌鱼在她的螺壳中既没有朋友也没有盟友。一旦她选择了一个太小的螺壳，或是太大而没能保护住她的鱼卵，她将失去一切，而只能回归到觅食阶段，直到她体能恢复，继而生产下一窝的鱼卵。

找到一个足够大的螺壳来孵卵，对雌性美鳍亮丽鲷是如此至关重要，以至于当她们准备好**排卵**的时候，她们一般比挑选配偶还要谨慎地挑选螺壳。雄鱼则采取了一种独特的策略以利用雌鱼的这种挑剔[14]。雄性美鳍亮丽鲷通过收集一堆空的螺壳来引诱雌鱼与他们交配，而不是远远地通过夸张的炫耀来吸引雌性。他们建立小的领地，直径小于 1 米，而每一块领地的中央则是一片螺壳。在湖底的大部分区域，这些小片的螺壳被连绵的沙质或石质的底面所分隔开来。雄鱼可从 20 米外的远处衔起并运载螺壳，从而造成螺壳的片状分布。他们可以用嘴夹住螺壳的开口处，将其从湖底衔起，游着将其运至堆砌处。除了清理被遗弃的螺壳周围区域外，具有领地意识的雄鱼常常还从其他雄鱼的螺壳堆里窃取螺壳，有时螺壳中还带有雌鱼和幼鱼。当这种情况发生时，雌鱼及其幼鱼一般会消失，于是空的螺壳就可以在这个盗窃者的地盘被新的雌鱼所使用。这种异常的螺壳的转运，在湖底不合适的地带造成了螺壳的非自然聚集。当雌鱼准备好产卵时，她们不得不造访雄鱼领地的螺壳堆，以寻找合适的螺壳，而这则为雄鱼创造了排放精子的机会。

雄鱼将大部分的时间用于防御和扩充他们的螺壳堆，但假如一个带着成熟卵子的雌鱼靠近，这个雄性定居者将快速地切换至求爱模式[15]。他通常会接近她，并活跃地表演身体扭动，曲折向前，以博取她的注意。当她在检查螺壳时，他会将头部在她面前前后伸缩，并反复地衔他的螺壳，反复强调这是极佳的孵卵之地。热情的雄鱼甚至可能会推挤，并温柔地用嘴含着雌鱼，以促使她进入螺壳。假如雌鱼对螺壳及其主人都感到满意，她会卷绕地进入螺壳并准备排卵。雄鱼会用嘴衔着螺壳的入口处，并起伏地扭动身体，以此来评判雌鱼是否已经做好了准备。当她准备就绪时，她会摆动她的尾鳍，将注意力集中在膨大的腹部，之后便将一枚鱼卵产在螺壳的内部。由于雄鱼无法进入螺壳，为了给雌鱼的卵子受精，他会将生殖器的末端置于螺壳的入口处数秒，然后射精，寄希望于他的精子能够找到通往卵子所在之处的道路。在这个过程中，雌鱼在螺壳内耐心地等待着。这对新人将重复这个排卵与射精的过程达十二个小时，直到雌鱼排尽了她所有的卵子。然后新郎便让新娘及其鱼卵留在螺壳里，自己离开去守卫他的螺壳堆，并诱使其他的雌鱼过来为他产卵。

在已经稳固的群体里，大多数的雄鱼最初通过从其他领地雄鱼那里掠取螺壳，以获得自己的螺壳堆[16]。可以想象得到，雄鱼将奋力保卫他们的螺壳堆，以免于这样的威胁。假如有另一条雄鱼入侵，领地占有者将面朝他，将头部往下倾斜，展示其色彩斑斓的背鳍，并上下摆动其身体。这样的做法常常便足够使入侵者退却，但是假如没有的话，则会有后续的追逐与身体上的对抗，而这可以持续数天之久。研究者佐藤哲[9]曾观察到这样的对抗：一条较大的雄鱼持续地攻击一条较小的领地占有者，在十分钟内试图用嘴咬对方达 37 次。这些攻击日复一日不断地继续着。这个入侵者还侵扰这个领地中孵卵的雌鱼，衔起并摇晃她们的螺壳，常常造成鱼卵从螺壳里倒出，而螺壳则一般被霸道的雄鱼攫夺。最终，在九天的"攻城之战"后，领地上的原有占有者溜走了，将他的螺壳堆拱手让给了更大的雄鱼。在这些相互磨耗的战争中，几乎无一例外是更大的雄鱼获胜，而这也是较大的雄性在争夺配偶的激烈竞争中具有优势的几个方式之一。

为了成功繁殖，一个占有领地的雄鱼不仅必须获得一个螺壳堆，占有的时间还必须足够长，让他的配偶养育其后代。一旦他失去或抛弃了螺壳，新的领主将迅速驱散大部分正在孵卵的雌鱼及其鱼卵，使这些螺壳能被新的雌鱼使用，并为他产卵[17]。一条雄鱼对他的领地所能占有的时间越长，他的后代中能平安地长大的数量也就越多。通过对领地更长时间的占有，他获得更多配偶的可能性就越大，因为新的雌鱼会不断地前来检查螺壳。热带气候稳定而持久，繁殖季不会自然结束而使雄鱼免于领地之争，并让他们恢复体能储备。相反，雄鱼不过是尽可能长时间地占有领地。由于他们在求爱、排精和防御螺壳的时候极少进食，他们的身体状况逐渐变差。最终，他们要么将被条件更好的挑战者取代，要么在他们体能消耗殆尽之时直接放弃领地。然后他们将加入那些在浅滩觅食的鱼群之中，沿着湖底寻觅小虾，以及他们自身物种或其他物种的鱼卵和幼鱼，并且在他们"满血复活"之前并不试图获取另一个领地。

占有领地的平均时间大约是一个月，但对最大的雄鱼来说可长达四个月。正如我们已经在象海豹中所看到的，出于类似的原因，较大的雄鱼能占有领地更长的时间，也因此具有一种繁殖优势。其中部分原因是，较大的雄鱼有更多的原始体能储备，以及较小的体重特异的代谢速率，因此他们的体能储备可维持更长的时间[18]。正如在象海豹和大鸨中那样，体形较大的雄性美鳍亮丽鲷也有行为上的优势。他们在领地的争夺之中更有可能获胜，因而在他们准备离开前便丢掉领地的可能性较小。于是最终的结果便是，即便群体中雌鱼似乎并没有根据体形大小来挑选配偶，较大的雄鱼也能通过在获取及持有交配领地上的成功，来取得显著的交配优势。

单单是这样的优势便可能足以使雄鱼比雌鱼更大，特别是考虑到雌鱼需要足够小以进入螺壳来孵卵而受体形大小的制约。然而，美鳍亮丽鲷所展现出来的极端体形性别二态性，还需要额外的解释。而答案便在于其独特的运载螺壳的行为。雄鱼必须足够大，以衔住、抬起并运载适合作为孵卵窝的螺壳。而被雌鱼所青睐的卷贝螺壳（*Neothauma* 属）相当大，其体积通常超过 15 立方厘米，高度达 4~6 厘米。对于自身体长只有 9~14 厘米的雄鱼来说，运载它们可不是一件轻松的事[19]。体长小于 9 厘米的雄鱼无法将大的螺壳从湖底举起，因而将根本无法转运它们。这个阈值远超过雌鱼所能达到的最大的体长（6厘米），而这为性别间的体形二态性设立了基准，基准是由雌性要进入螺壳，而雄性要承载螺壳的需要决定的。只要超过这个最小的阈值后，雄鱼搬运螺壳的能力将随着体形增大不成比例地加强，以至于较大的雄鱼能够搬动比自身还要重的螺壳。对高效搬运螺壳的行为的自然选择，是对雄鱼的一种间接的性选择，因为能否积累体积大的螺壳，将决定雄鱼潜在的交配成功率[20]。较大的雄鱼能衔起更大的螺壳，并更高效地搬运，因此他们能在他们的螺壳堆上积累更多更大的螺壳。这样他们就能吸引更多的雌鱼，从而实现更大的交配成功。更大的螺壳也能容纳更大的雌鱼，而更大的雌鱼具有更大的繁殖力，因此较大的雄鱼在每次的交配中将很可能额外地受益，即获得更多存活的后代。

雄性美鳍亮丽鲷所使用的这种交配策略，被生物学家称为"**资源防御型一夫多妻**"。每条雄鱼所能吸引的雌鱼的数量（一夫多妻的程度），与其具有吸引力的螺壳的数量成正比，并且依赖其守护螺壳的时间，使其免受窃取者和篡夺者的威胁。他们专注于积累更多、更大的螺壳，守护这些螺壳，防止其他试图偷取其螺壳、篡夺其领地或仅仅是猎取其鱼卵和幼鱼的雄鱼。一条雄鱼所能吸引来、在他的螺壳内孵卵的雌鱼的数量，通常为2~6条，但有时也多达30条，而最成功的雄鱼在单个领地的占有期内，能与多达86条不同的雌鱼交配[21]。而这种交配策略的最终结果便是选择大体形的雄鱼。较大的雄鱼占据具有更多更大的螺壳的领地，并且它们占有这些领地的时间更长。于是，比起较小的雄鱼，较大的雄鱼能与更多的雌鱼交配，使更多的鱼卵受精，成为更多幼鱼的父亲（图5.2）。

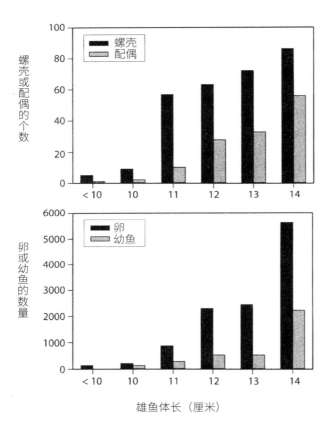

图 5.2　领地雄性美鳍亮丽鲷的身体大小与繁殖成功率之间的关联。上图展示的是在 6 种尺寸大小的螺壳堆的平均螺壳数（黑色柱长）与产卵的雌鱼数（灰色柱长）。下图展示的是相同身体大小的雌鱼的平均产卵个数（黑色柱长）与长到独立存活的幼鱼的平均数量（灰色体长）。体长为体形大小的衡量标准。数据来自 Sato（1994）。

相比雌鱼，雄鱼在成为领地占有者的道路上具有非常不同的生活史。在幼年时期，雄鱼长得比雌鱼快一倍，但却比雌鱼晚一年成熟。在雄鱼长到 9 厘米长、重 20 克以上的时候，其体长约是成熟雌鱼的 2.5 倍，而体重是她们的 10 倍。两性间的鸿沟随着年龄增长而持续变大，因为在整个成年期雄鱼都比雌鱼长得快。目前还没有关于雄鱼和雌鱼寿命的详尽比较，但在实验室条件下，雄鱼持续生长至少三十三个月，并且据知在野外他们可以活到三岁。和雌鱼一样，领地雄鱼也在繁殖与觅食间转换，但成功的雄鱼在领地一次性停留的时间可长达四个月之久，远久于雌鱼的两周的驻足。领地雄鱼大而活跃，艳丽而夸耀，并不像他们的配偶那样小而神秘，离群索居。他们挑战并驱赶雄性对手，关切每一条前来造访领地的成熟雌鱼。他们拉扯、推挤雌鱼，以敦促她们选择他们的螺壳，并在里面产卵，然后他们将一次又一次地射精，为每一个产下的卵受精。雄鱼 15% 的时间用于求爱，10% 的时间用于领地防御，而在雄鱼没有忙于对抗、求偶和排精的时候，他们很有可能在转运与重新排布他们的螺壳，或是去邻居那里窃取螺壳。总的来说，他们在 35% 的时间里在活跃地运动着。在孵卵的雌鱼安静地躲匿于他们的螺壳内时，这些领地雄鱼一直保持警觉，并暴露于开放的水域，即便在休息的时候也是如此。雌鱼和雄鱼在行为、体形和外形上是如此不同，要不是它们明显是配偶关系的话，没有人会将它们归属于同一个物种。

对雄鱼来说，资源防御的这种交配策略的成功，及由此产生的更倾向于较大雄鱼的自然选择，都依赖于湖底螺壳的大小与多少[22]。在那些能找到空的卷贝螺壳的地方，即便量少，这里的雄鱼也将是最大的，交配成功率也是最不对称的。这是最常见的情形，并且也解释了湖里大部分区域的性别二态性特征。其中，领地雄鱼比雌鱼平均重 12~13 倍。然而，有一个区域若没有卷贝螺壳，美鳍亮丽鲷就会使用另一种软体动物的小得多的螺壳。雌鱼与空螺壳较小的规格相称，成了这个湖中最小的孵卵雌鱼。不过，这个群体中一夫多妻的极端现象依然倾向于较大的雄鱼，因而雄鱼的大小与螺壳大小的关联性较小。这造成了这个湖中最极端的性别二态性，其中领地雄鱼比雌鱼平均重 60 倍。

美鳍亮丽鲷领地雄鱼的繁殖行为，明显类似于象海豹的雌群首领的策略。这种策略的目标是垄断雌性所需的一种资源（螺壳或海滩区域），并把其他雄性排除在外。只有拥有最佳身体条件、大体形的雄性，才能通过这种策略取得成功，而这也造成了这两个物种中对雄性的体形的强烈选择。对于无法获得雌群或领地的雄性，他们唯一的选择便是在领地雄性或雌群首领不注意的时候，试图窃取，或是强迫交配。为了实现这一企图，他们经常游荡于螺壳堆四周，并在领地雄鱼忙于他处时，急速驱入，并向没有守卫的雌鱼求爱，试图使之受精 [16]。做出这种行为的雄鱼被称为"偷腥者"，而他们往往比领地雄鱼还要小，还要年轻。他们所采取的策略是投机取巧和过渡性的，这点正类似于象海豹群体边缘地带的雄象海豹。偷腥者一旦被逮到，就会被领地雄鱼猛烈攻击，极少能成功受精。不过，鉴于雄鱼可能并不能存活足够长的时间来获得一个领地，"偷腥"也是一个不错的策略，只要将其保持在较低的风险水平，不要因此从觅食中分心太多，也不要因此损耗太多体能。满足了这些标准，偷腥者便能持续地进食和生长，为将来成为领地雄鱼做准备，与此同时还可能获得一些私生子。

当一些雄鱼在通往成为领地主的道路上采取"偷腥"策略以获得受精机会的同时，另外一些雄鱼则更多地使用偷盗的策略。这些雄鱼放弃了可能使他们成为领地主的生长套路，相反，他们至少提前一年成熟，于是他们体形便很小——身长只有 2.4 厘米，体重只有 0.3 克。与偷腥者的策略不同，这种生活史是基于遗传的，而这些雄鱼终生都是侏儒[16, 23]。他们在幼年时便生长得较慢，而在两岁大时则完全停止了生长；而通往领地主道路的雄鱼则在一开始便长得更快，并在一生中持续生长[24]。这些侏儒雄鱼明显地比成熟雌鱼还小，除此之外长得也很像雌鱼，因而被称为"雌鱼拟态者"[9]。毫无疑问，这样的拟态可以帮助他们隐瞒其真实性别，以便潜入被成熟雌鱼占据的螺壳，而不被守卫的雄鱼发现。一旦进入螺壳，他们会在不被领地雄鱼所知的情况下排精，并且在一般情况下，可以成功使大部分产下的卵受精。为了获得成功，这些侏儒需要硕大的精巢以产生大量精子。在成熟的时候，他们的精巢占体重的 2%，而领地雄鱼的这一比值不到 0.4%。领地雄鱼在守护他们螺壳堆的时候极少进食，或是绝食；与此不同，侏儒雄鱼在领地周围大约 20% 的时间里都在进食。由于他们并不生长，也并不搬运螺壳或守护领地，他们能够将进食所获得的几乎所有能量用于产生精子，以及尝试交配。这样，当领地雄鱼的身体条件持续变差，并最终放弃他们的螺壳堆而返回觅食的时候，侏儒雄鱼的这种暗中交配尝试终生都可稳定维持。

侏儒雄鱼为获得暗中交配所付出的努力是相当令人震惊的。通常他们每天会尝试交配 10~11 次，在螺壳堆上快速掠过，搜寻成熟的雌鱼，与此同时还要努力躲开守卫的雄鱼。有时他们表现得像偷腥者，并试图快速地向未受守护的雌鱼求爱与排精；然而这样的企图无一例外是不成功的。他们唯一有望成功的策略就是，在领地雄鱼正在求爱和排精的时候，或之前，溜进螺壳里面。毫不奇怪，领地雄鱼将奋力保卫他们的雌鱼，抵御这些侏儒入侵者，将他们中的大部分在进入螺壳之前就赶走。这些侏儒甚至可能在这样的对抗中受伤，或被领地雄鱼杀死，因此一种急速求成的交配并不是没有风险的。事实上，这种侏儒策略风险很高，一般来说也不是美鳍亮丽鲷雄鱼的主流生殖策略。只有在一些孵卵的螺壳足够大的群体中，微小的侏儒雄鱼能够越过成熟雌鱼而溜入螺壳中，并且能在螺壳内停留足够长的时间，来使雌鱼的卵子受精（常常超过 6 个小时），这样侏儒雄鱼才能成功。由于一条侏儒雄鱼大部分的交配尝试会失败，因此这样的策略还需要有较大的成熟雌鱼的密度。即便在这些条件都能满足的群体里，领地雄鱼一般也能使他领地中 90% 以上的鱼卵受精。侏儒鱼往往是罕见的，甚至完全没有，这并不奇怪，因为侏儒策略只代表了一种极少数的策略。不过，在那些确实存在这种策略的群体里，它是雄性备选繁殖策略的一个生动的例子，也是相对少数具有遗传依据的、终生固定的繁殖策略的一个例子 [25]。

美鳍亮丽鲷因其极端的性别二态性而闻名，而我们知道这里指的是领地雄鱼相对于他们配偶的体形的大小。这些雄鱼相对于雌鱼来说是巨大的，因此研究者想弄清楚为何两性相差如此之大，也就并不奇怪了。从一个方面来说，美鳍亮丽鲷被认为是个例外。因为这是在已知的"螺壳孵卵"的鱼里面，唯一一个雄鱼能活跃地在水中搬运螺壳的物种，因为雄鱼需要搬运螺壳以庇护他们的配偶，这无疑会促使雄鱼长得比雌鱼大。不过，虽然搬运螺壳的适应性在美鳍亮丽鲷中是特有的，但美鳍亮丽鲷故事的其他方面，则让我们回想起我们在象海豹和大鸨中所看到的。在这三个物种里，性选择都倾向于雄性大的体形、凶猛的行为，以及引人注目的炫耀；而出于生殖的权衡，性选择则更倾向于体形较小、攻击性较弱，以及行为更隐蔽的雌性。性选择在这些物种里尤为突出，这是因为繁殖期的成年雄性和雌性聚集于一定的场所进行交配，而这将促使雄性为争夺交配权进行直接而激烈的竞争。另外，这些雄性都不会为配偶或后代提供食物，因而只需要投身于获取配偶的任务，而没有父本抚养的负担[26]。与此同样重要的是，所有这三个物种中的雌性，都要为后代提供出生后的抚养，而这将限制她们一次所能抚养的后代数量，也抑制了其自身的生长潜力。为了实现终生的高繁殖力，雌性必须多次繁殖；而在所有这三个物种里，雌性都有很长的繁殖年限，且其多次的繁殖期都被漫长的非繁殖期所分隔。所有这三个物种都是"繁殖为首"的动物，这意味着它们在繁殖季的至少某一段时间内是不进食的。繁殖期禁食的必要性强化了它们的极端二态性，因为它加大了繁殖、生长和维持生命之间的权衡效应，而这在两种性别中均成立。正如我们已经分析过的，这些权衡的最终结果便是，雌性的体形愈加小，而雄性的体形愈加大。

尽管我只列举了三个物种，但它们之间的相似性说明，存在某一套特征，这些特征有助于"雄性更大"的显著性别二态性的演化。因为这些特征，雄性和雌性过着完全不同的生活。雌性的生活相对来说风险低、保守；她们生长得更慢，在更小的年龄、更小的体形便开始生育，并且她们的行为方式都是为了最大化自身及其所抚养的后代的生存。一旦成熟，她们便以一种较低的频率开始繁殖，同时要保持多个连续的繁殖季，并将她们大部分能量用于出生后的后代的抚养。她们的行动极不显眼，避免浮夸的炫耀或鲜艳的体色，和她们的配偶比起来，凶猛的攻击行为要少得多，除非是为了保护她们的后代。相比之下，雄性长得更快，并在较大的年龄、较大的体形的时期才成熟。他们将精力集中于雄性间的竞争，以获得交配机会，而这一般会让他们具有更强的攻击性与浮夸的炫耀行为。他们对后代漠不关心，对孵卵的雌性来说更多的是一种威胁，而非协助。他们最多会保护配偶和后代免受竞争对手或天敌的骚扰，而雄性大鸨甚至连这点都做不到。这是一种高风险高回报的生活方式，雄性间残酷的争斗一般来说很常见，而这一切都依赖于要比其他雄性更强大。雄性和雌性之间的社会来往基本上只限于交配。性别间的冲突才是常态，合作并非常态。

当然，这些都是具有性别极端差异的例子。尽管如此，除了美鳍亮丽鲷搬运螺壳的行为外，这三个物种及其他一些物种之间并没有本质的区别，即雄性有多个配偶，并比雌性大，而雌性要进行亲本抚养。实际上，这正是雄性和雌性的繁殖角色最常见的分工方式，特别是在脊椎动物里。在这些动物分支里，当这种模式存在时，性别二态性作为一般性的规律，随着雄性性选择强度的增大而增大[27]。

性选择和性别二态性之间的正向相关性告诉我们：性选择可能是造成性别差异的主要原因。然而，我还会强调，作用于雌性的性选择也同样重要。在性选择似乎起强烈作用的分支里，雌性会保持较小的体形和不显眼易隐蔽的外表，因为体形增大将降低终身繁殖成功率。较大的雌性必须将更多的体能投入于生长和生命的维持，而不是后代抚养；而变得显眼将提高她自己及后代死亡率的风险。最终的结果便是，大而显眼的雌性将产生较少的后代。这样，虽然性选择使她们的配偶变得大而显眼，她们仍保持小而隐蔽的外表，因为这样才能最大化她们的达尔文适合度。使雌性保持小而隐秘的性选择的程度，与使雄性变得大而夸耀的性选择的程度，是不相上下的。正如我们将在以下几个章节看到的，当作用于雌性的性选择的模式改变时，性别二态性的效果将会急剧变化。尤其是，当雌性的繁殖成功率主要依赖于单次所产下的卵的数量，而不是多次的繁殖经历时，以及当母亲在分娩或孵卵后不再养育后代时，雌性一般会比她们的配偶大。即便较大的雄性在竞争配偶时更有优势，他们还是没有雌性大，正如我们将在下一章所探究的圆蛛类里的极端的性别二态性。

第六章

黄金花园蛛

定栖的雌性和漂泊的雄性

第一次见到黄金花园蛛实属意外。那时我在魁北克南部，那里有一个废弃的采石场，采石场旁边有一个沙堤。在一个凉爽的9月清晨，我沿着这个堤向上爬，因为太滑，在爬的过程中，我始终低头寻找手可以抓住的地方。到达采石场时，放眼望去，清晨的阳光掠过初秋的杂草，轻盈的露珠在阳光下十分耀眼。在这一片混乱的明亮中，定睛一看，竟然发现有只巨大的蜘蛛悬挂在我面前，距离仅在鼻息之间。它头朝下，悬挂在一个漂亮的圆网内，网丝上的露珠闪闪发亮。网很大，直径约有50厘米，蜘蛛的身体看上去也有我拇指根部那么粗。它对我的出现似乎没有任何反应，虽然我们之间的距离近到足以对它的网构成严重威胁。而我，则本能地向后一退，毕竟谁都不愿意如此近距离对着一只蜘蛛，或它黏黏的网。

我自幼生活在加拿大东部，对那里的圆网蛛比较了解。在我印象中，它们无一例外都是毫无生气的棕褐色，而眼前这一只却完全不一样。它不仅仅是我至今见过的最大的蜘蛛，而且它的颜色十分特别：身上有一圈圈黄色和黑色的条纹，让它在周边的环境中显得格外突出。除此之外，它的网也别具一格，网中心有一个宽的锯齿形。通常我所熟悉的其他圆蛛都习惯躲在网的一边，无疑是为了让自己和网都更隐蔽，而这一只蜘蛛显然采取了相反的策略，在阳光明媚的早晨肆无忌惮地悬挂在网的中央。

那天回去后，我在办公室很快便查到了这只偶遇的神秘蜘蛛的资料，它的学名叫"*Argiope aurantia*"，俗名叫黄金花园蛛。这类蜘蛛分布广泛，范围从加拿大南部延伸到哥斯达黎加，贯穿整个美国。我之所以是第一次见到它，是因为我居住的地方刚好在它的分布范围以北一点点。蛛如其名，它们喜欢待在后院花园或者弃耕地里，在有阳光的地方织网。而且它们对居住环境一点儿也不挑剔，只要灌木或者杂草的密度足够大、能承受它们的网就行。

当时我对黄金花园蛛的兴趣也就仅限于此，没有深究，直到马提亚斯·费尔默来到我的实验室。他是一名研究蜘蛛性别二态性的学生，当时我正在蒙特利尔康克迪亚大学做教授，而马提亚斯·费尔默研究的物种——蜘蛛——在我们当地随处可见，因此他就来到了我们实验室。在离校园不远的花园或者荒废的土地上，他一点点仔细寻找，想找到一种蜘蛛，既有足够明显的雌雄二态性，又有足够多的群体数量来支持他的研究。他在几处荒地上都找到了成群的黄金花园蛛，最终决定用它来做自己论文的研究对象，对此我也相当开心。本章大多数内容都来自他当时的研究。

为什么会有人花数年时间来研究蜘蛛的雌雄二态性？至少对大多数人来说，这样的研究看上去很是神秘的。但对于研究性别二态性的学者来说，蜘蛛可是个非常好的研究对象。因为它们身上可能掌握着回答性别二态性的一个最关键问题的钥匙，即为什么雄性往往比雌性小很多。

在动物界中，雄性体形小于他们伴侣的例子比比皆是，我们在本书的后面几章也会提到，但像蜘蛛这样的，在陆地上生活，又容易观察到，而且雌雄差异还这么明显的，却并不多。在蜘蛛中，最明显的雌雄性别二态性纪录由非洲金球蛛中的 Nephila turneri 保持。这种蜘蛛的雌性身体比雄性长 10 倍[1]，而且在大部分圆蛛和蟹蛛中，雌性也至少是雄性的 2 倍大。这种现象是怎么出现的？它对于蜘蛛的生存又有什么意义？生物学家们为了回答这些问题做了大量的研究。他们观察蜘蛛的各种生活习性，测量成千上万的雄性和雌性蜘蛛的体形大小，并比较各个物种之间的差异[2]。马提亚斯和我也加入了这个行列，并打算从黄金花园蛛着手，完整地研究雌性和雄性的生活史，以此弄清楚为什么这个身体庞大、色彩鲜明的雌性蜘蛛比雄性大那么多。

黄金花园蛛属于圆网蛛类[3]的园蛛总科，这一类蜘蛛的雌性往往比雄性大，平均体长是雄性的 2.3 倍[4]。其中金蛛属中，雌性的平均体长可以达到雄性的 3.5 倍。黄金花园蛛的雌蛛和雄蛛在体形和性别差异上都属于佼佼者，有些群体的雌性可以达到 28 毫米长，是雄性体长的 4~6 倍（图 6.1）[5]。雌性的腹部较大，尤其是在繁殖季节大量产卵的时候。因此雌雄间的体重差异比长短差异更为明显：成熟的雌性能达到 1.5 克，而雄性鲜有超过 0.02 克。在繁殖旺季的时候，雌性的平均体重是雄性的 53 倍（表 6.1）。虽然令人称奇，但黄金花园蛛绝不是最大的蜘蛛，也不是雌雄差异最明显的蜘蛛。科学家们曾尝试研究在这个物种的每个生命阶段中，自然选择对雌性和雄性分别产生了什么样的作用，这样的研究只在少数的圆网蛛类蜘蛛中做过。而对于每个生命阶段，自然选择对两性的足长和身体大小有什么影响，这一研究只在黄金花园蛛中做过。这些详细的研究非常重要，是揭示黄金花园蛛，甚至整个圆网蛛类蜘蛛雄性身材矮小的重要依据。

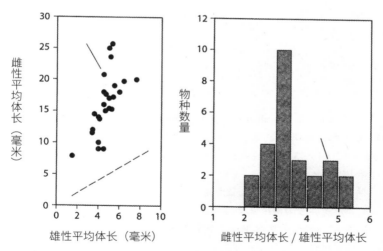

图 6.1 金蛛属两性体形差异。左图：雄性和雌性平均体长对比。虚线为等均线，在虚线上方的点表示雌性要大于雄性。右图：雌性平均体长与雄性平均体长的比值分布。箭头所指为黄金花园蛛，其比值为 4.6。数据来源为 Elgar（1991），Hormiga et al.（2000），以及 Wilder and Rypstra（2008）。

表 6.1 黄金花园蛛（*Argiope aurantia*）的特点

体重（毫克）	雄性	雌性	大小比值 （雌性 / 雄性）	与前体宽度的比值		数据来源
				雄性	雌性	
大小（毫米）	16.1	847.1	52.7			1
总长	3.5–5.5	19.5–22	4.0–5.6			2，3
前体宽度 [a]	1.8–1.9	3.5–3.7	1.91–1.95			4，5，8
膝盖和胫节长度 [b]						
足 1	3.84	5.99	1.56	2.16	1.71	4
足 2	3.66	5.8	1.59	2.06	1.65	4
足 3	1.75	3.28	1.88	0.98	0.93	4
足 4	3	5.4	1.8	1.69	1.54	4
年龄和生长						
发育时间（天）[c]	45	59				5
蜕皮次数 [d]	6–7	8–12				6，7
青年生长速度 （毫米 / 天）[e]	0.027	0.035				8

数据来源：1，Matthias Foellmer，2009 年 8 月 25 日在纽约长岛捕获的野生蜘蛛，数据未发表；2，Elgar（1991）；3，Hormiga et al.（2000）；4，Foellmer（2004）；5，Blanckenhorn et al.（2007）；6，Matthias Foellmer，实验室培养蜘蛛，数据未发表；7，Enders（1977）；8，Inkpen and Foellmer（2010）。

注意：除非特别说明，数值都是平均值。

a. 蜘蛛身体分为两个主要的部分，前体（＝头＋胸）和腹部。

b. 膝节和胫节是蜘蛛步足 7 个支节中的第 4 个和第 5 个，步足的编号顺序是从前到后。

c. 在实验室环境下，从卵囊出来后开始的发育时间。

d. 幼蛛的龄期次数，最后一次蜕皮后变成成年蜘蛛。

e. 实验室环境下，从第二次到第六次蜕皮前体宽度每天增长的平均值。

跟其他的圆网蛛类蜘蛛一样，黄金花园蛛体形大小差异一眼就能看出来，但是如果你找到黄金花园蛛的雌蛛和雄蛛的图片，仔细观察图片，以及表6.1的测量指标，还能发现其他明显的差异。通常雄性显得更瘦长，腹部占身体比例更小。足比身体要长，其中前足尤其长。雄性在色彩上也略为逊色。雌性在黑色的腹部有一圈圈亮黄色线条或圆点，偶尔还会在前端发现一对明显的白斑。除了腹部，蜘蛛身体的另一部分为头胸部（又称前体，包括头和胸部），上面有8眼4足，以及口器。雌性前体末端密生银色细毛，足部有明显的黄色或橙色条纹，在靠近身体处变宽。雄性没有银色密毛，前体颜色自中褐色过渡至黑色，足和腹部上的斑与雌性相似，但没有雌性那么鲜明。

　　这些雌雄之间的差异非常明显，就算非专业人士也能一眼就看出。不过，对于真正研究蜘蛛的生物学家来说，我们还观察到了一些其他的更细微的差异，这些差异也存在于所有的蜘蛛种类中。在前体前端的螯肢和第一对步足间，有一对称为触肢的器官。在进食的过程中，蜘蛛会用它来肢解食物，或者品尝味道[6]。触肢靠近身体的那端是用来咀嚼的口器，其表面为锋利的锯齿状结构，里面附着细毛，可能是用来过滤食物的。剩下的部分称为**触须**。雌性的触须是细小的锥形，像缩小版的步足，而雄性的触须则相反，像一个戴着表面不怎么平整的球形手套的拳击手的胳膊。实际上，雄性触须的末端是一个复杂的交配器官，由三部分组成：一个扩大了的球形，称为精拳，用于储存精子；一段卷曲的管状结构，称为射精管，用于把精子传给雌性；以及一个高度硬化的锥形的尖端，叫作插入栓（想象一下，一个圆球形的拳击手套末端粘着一个卷曲的管子）。有了触须的这些差异，用放大镜或者显微镜就可以很容易地辨认出蜘蛛是雄性还是雌性，当然也包括黄金花园蛛。

雄蛛特殊的触须结构是用来传输精子的，它与雌蛛外雌器上的一对生殖孔精确匹配。**生殖板**在雌蛛腹部下方，微微上翘，是一块硬化的平板。生殖孔连着硬化的受精管，所以只有当雄性的插入栓大小和形状都合适时才能完成受精[7]。黄金花园蛛的插入栓的顶端又称为插入栓帽，结构大且复杂。它的长度能达到 1 毫米，看上去就像一把削尖的勺子被向后掰弯。精子通过插入栓帽，进入雌蛛的受精囊。当雄蛛收回插入栓时，栓帽会折断，留在雌蛛受精管内。这样就可以防止雌蛛接下来与其他雄蛛交配，我们之后会谈到雄性的这一策略。

黄金花园蛛属于体内交配，所以雄性有插入栓，雌性有受精管，这一点都不难理解。我们认为这些特征属于性别特化。但是，要回答为什么它们除了生殖器的差异外，在体形、颜色方面还有诸多差异，就没有那么容易了。假设对于雌性或者雄性来说，它们之所以有这些特点，是因为这些特点能帮助它们更好地适应环境，那么无疑，矮小的身材、灰暗的颜色以及较长的步足对雄性有利，而较大的体形、鲜亮的颜色以及相对较短的步足对雌性更有利。这样的雌雄性别二态性我们在象海豹、大鸨和美鳍亮丽鲷中都没有见到过，说明黄金花园蛛为了更好地生存，采取了一种与众不同的方法。

为了探究它们到底采取了什么样的生存策略，让我们先回到本章开头提到的那个 9 月的清晨，去看看那只将显眼的身体悬挂在网中央，差点被我撞到的黄金花园蛛。加拿大那个时间正值初秋，那只雌性黄金花园蛛大概已经成熟，圆鼓鼓的腹部装满了正要成熟的卵[8]。这些地区的雌性黄金花园蛛一般会在秋末成熟，10月底第一次霜冻时结束生命。在接下来天气越来越冷、白天越来越短的日子里，她们会在蛛网附近的植被上精心编织产卵袋，然后把一窝一窝的卵产于产卵袋中，每次产卵的数量有300~500枚。产卵结束后，用坚韧的蛛丝将产卵袋一层一层包裹起来，形成一个直径约2.5厘米的卵囊。随着秋日时光逝去，小蜘蛛们在卵囊里孵化成长，直到它们第一次蜕皮的到来。接着，冬日来临，它们会停止发育，进入代谢停滞状态，又称休眠，跟哺乳动物里的蝙蝠或者地松鼠有点类似。这样的机制能帮助动物度过冬日缺少食物的困境。但是，若是认为这团小蜘蛛们将就此免于威胁，还为时过早，因为从秋天进入产卵袋到来年天气变暖的四五月，还有漫长的数月，期间几乎所有的产卵袋都会受到捕食者或者寄生虫的破坏，有时候甚至会被鸟当作食物或是搭建鸟巢的材料而全军覆没。总的来说，100个卵囊中能有3个完好无损地度过冬天，就算很好了[9]。

　　雌蛛在秋天产卵时无疑面对着巨大的挑战，因此它们采取了"不将鸡蛋放在同一个篮子里"的策略。为了减少全军覆没的可能性，雌蛛在秋季会多次产卵。在实验室温度适宜、食物充足的情况下，雌蛛在生命结束前平均可产卵4次，最多的能达到7次[10]。产卵次数由卵子在体内成熟所需投入的时间和营养决定。在交配前，卵子在雌蛛体内一直保持小且未成熟状态。交配后，在雌蛛准备产卵的过程中，会给卵子提供卵黄，而卵子体积可以增加10~12倍[11]。就算在实验室的良好环境下，雌蛛的第一次产卵也要花二到四周时间的准备，随后每次产卵间隔时间一致。但是在野外，随着深秋日长变化、气温降低，雌蛛代谢变慢，加之食物变少，雌蛛会一直面临死亡的威胁。鉴于这种情况，两次产卵之间的间隔会变长，总的产卵次数也明显低于在实验室培养的雌蛛[12]。

也许有人会想，生长在野外的雌蛛应该早点儿成熟，这样就有更多的时间来产卵了。但是提早成熟就意味着成熟的时候体形较小，这本身就会降低繁殖力。黄金花园蛛跟其他蜘蛛或者昆虫一样，在蜕皮成熟后身体就不会再继续生长了，因此成熟的黄金花园蛛的体形大小完全取决于其成熟前的生长水平。对一只蜘蛛来说，如果它提早成熟，就意味着它将提早结束生长。而在蜘蛛中，体形大的雌蛛每次产卵的个数更多，因此，早熟给她们带来的好处可能被自身生殖力的下降给抵消掉[13]。雌蛛要么提早成熟、增加产卵次数，要么长得更大、提高每次产卵数量，总之，她们得在这两者之间选择一个平衡点。有些雌蛛生长速度比较快，就算提前成熟，也能长到较大的体形，这算是鱼和熊掌兼得。而那些生长速度慢的雌蛛就要面临上面的选择。她们中大多数都选择推迟成熟、继续生长，这说明，就雌蛛产卵这件事来说，体形大比提早成熟更有优势[14]。

大多数雌蛛在蜕皮时或蜕皮结束不久就开始交配，这个时间远早于她们产卵的时间。（交配后，精子被存放在受精囊里面，并没有活性，直到过几周后雌性才会产卵。精子在此可以保存几个月。）交配一般在正午的阳光下进行。交配的时候，雌蛛倒挂在网的中央。这个行为看上去非常显眼，但因为交配的过程转瞬即逝，所以很少被观察到。每次交配的时间只有 3~8 秒，而且大多数雌蛛一生只与一只或两只雄蛛交配[15]。雌蛛一旦交配，获得足够数量的精子后，一般不会再接受到来的雄蛛，她会将靠近的雄蛛当作猎物，而不是求偶者。

在第一次交配后过一段时间才产卵的优势，使黄金花园蛛成熟后就可以马上交配。为了确保关键时候有追求者在手（确切地说，是"在网"），雌蛛在快要进行最后一次蜕皮的时候会采用一种有效策略让雄蛛"自投罗网"。它们首先会编一个特殊的蜕皮网，相比于正常的网，这个网上少了有黏性的横丝，外围还有大量的松散的障碍层。一旦这个蜕皮网完成，雌蛛就停止进食，一动不动地挂在网上，等待着蜕皮。在此期间，它会释放一种化学素吸引远近的雄蛛[16]。瘦小的雄蛛穿过浓密的植被向雌蛛的位置前进，终于到达似乎被化学素浸染过的障碍层（虽然这一现象并没有特意在黄金花园蛛中描述过）。急切地爬上网后，雄蛛在网上停留下来，等着雌蛛蜕皮完成可以交配，通常蜕皮会持续好几天。随着时间的推移，在网上或者附近的雄蛛会越来越多，大多数雌蛛在最后一次蜕皮期间都会有两到三个求偶者（在我们观察的群体中，有些甚至有 7 个之多）[17]。

在成熟雌蛛的生活中，直接花在繁衍后代上的时间实在少得可怜。她们交配的次数非常少，而且过程相当简短，不到十分钟就可以完成产卵，建造卵囊也只花数小时而已[18]。她们把大量的时间都花在了捕食上。她们需要这些食物来保证卵的营养，以及吐出足够的丝来建造一个个的卵囊。跟其他圆网蛛一样，黄金花园蛛把其编织的又大又圆的网当作大本营，在此守株待兔，等待落网的飞虫。

这样做的好处是可以捕获一些大的昆虫，比如蚱蜢或者蜜蜂，同时又能尽量保存自己的体力。雌蛛采取的策略是能不动就不动，相对于主动出击捕捉猎物，她更喜欢坐享其成，等待自投罗网的昆虫19。而她每天最重要的工作，不是去制服那些落入陷阱胡乱挣扎的昆虫，而是修补她那赖以生存的网。蜘蛛网丝的张力和韧性以及横丝的黏性，决定了它的有效性。风、雨、露水，以及猎物的挣扎都会对网造成破坏，因此，雌蛛每天都需要修补或者重新织网。重新织网一般在夜幕的掩护下进行，而且非常有效率，二三十分钟就能完成。通常，她会保留旧网的支撑结构——纵丝，重新利用；横丝或者坏了的纵丝则会被吃掉，一点也不浪费自己的蛋白质。如果在一个地方捕到的食物太少，雌蛛会搬离旧址，另起炉灶，但她搬迁的距离通常不会超过半米。[20]

在动物界，大多数捕食者伏击捕猎时，通常都会事先伪装起来，不让猎物发现，等到猎物靠近了再出击，将其抓获。比如响尾蛇会盘成一团，藏在丛林下面，石鱼会伪装成海底的石头等等。在蜘蛛中，蟹蛛可是这方面的高手。它们可以停在花中、水果上、叶子表面或树皮上一动不动，伺机捕捉路过的昆虫，而且它们自身的颜色也能很好地融入背景中，不易被发现。虽然黄金花园蛛也是伏击捕猎者，但它们显然采取了不同的策略。

金蛛属的雌性体色鲜艳，坐在自己蛛网中央时十分醒目。除此之外，她们的网也很吸引眼球，上面有一条加厚的反光带，称为"隐带"（黄金花园蛛在蛛网中心织成一块圆形，其隐带自上而下穿过蛛网中心。雄蛛和未成年蜘蛛也都如此）。这些蜘蛛为何要让自己如此醒目，我们大可推测种种，但真正的原因却不得而知。也许有人会认为，像大鸨和美鳍亮丽鲷一样，它们这么做也是为了吸引异性，但实际情况却是，黄金花园蛛几乎没有视力，对颜色的分辨能力也极弱。它们主要依靠化学信号（信息素）以及敏锐的"震动感受器"来交流。在距离较近的时候，靠的是触觉和味觉[21]。因此，鲜明的颜色俨然不像是用来吸引异性的。另一种比较靠谱的解释是，它们之所以把自己和蛛网都弄得这么显眼，是为了让那些较大的飞鸟或者昆虫一眼就能看到它们，从而避开。这样，它就可以保护自己的网不被这些空中飞行者误伤[22]。这一点对大体形的成熟雌蛛来说非常重要，因为她们的蛛网在植被中不仅最大，而且最高。而对于成熟的雄蛛来说就完全没必要了，因为他们压根不织网。雄蛛获得生殖成功的策略跟雌蛛完全不一样，下面我们将会看到，他们需要的是快速成熟、小的个头和不引人注目的颜色。

成年雌蛛体形巨大，掠夺成性，这对雄蛛的生存造成了一定的影响。理所当然，雄性也演化出了一系列措施来保障自己的安全并提高与雌蛛交配的成功率。瘦弱的雄蛛发现雌蛛，并爬上她的蛛网时（这并不是什么难事），会根据雌蛛的状态采取不同的策略。如果雌蛛还没有完成最后的蜕皮，雄蛛就得在旁边一直等着，但这也并不是什么坏事。相反，如果一只雄蛛到达雌蛛的蛛网时，雌蛛正好处于蜕皮完成的最后阶段，而这只雄蛛又是唯一的求偶者的话，那就真是太幸运了。如果他愿意耐心地等待她蜕皮完成，那他们交配成功的可能就会相当大。刚刚完成蜕皮的雌性苍白而且柔软，靠蜕下来的外壳上的一根蛛丝悬挂着，等待新表皮慢慢扩大、变硬。由于新的表皮过于柔软，她的足和螯肢都无法正常移动，因此，在15~20分钟的时间里，雌蛛只能一动不动、无助地悬挂在网上，这给雄蛛提供了绝好的机会。他采取的策略便是赶紧冲过去，趁雌蛛无力反抗时，迅速插入自己的触须。为了与更有攻击能力甚至会杀死雄蛛的雌蛛交配行为相区别，蜘蛛学家将这种交配称为投机主义交配 [23]。这个幸运的雄蛛爬到蛛网中间，用一根蛛丝把自己吊下去，靠近悬挂着的雌蛛。一旦接触到雌蛛，他就疯狂地在雌蛛身上来来回回地爬上爬下，触摸她足和触肢的末端，以及腹部周边，最终来到雌蛛腹部下面，面对她，用自己的前体盖住雌蛛的生殖板。然后他再抬起身并试着向下将一个触肢插入雌蛛的一个生殖孔。这个过程必须反复尝试，因为雄蛛看不见自己在做什么，而他的插入栓并没有感觉或触觉细胞，所以他没法通过味觉或者触觉来判断哪个位置才是正确的 [24]。这就像在漆黑的晚上试着将钥匙插入锁的过程，这确实是相当令人沮丧的一件事情。在雄蛛最终成功地插入触肢后（一般情况下都能成功），他会快速地将精液排放出去（通常5秒内就能完成），抽回触肢，将断裂的插入栓帽留下 [25]。

目前为止，工作才完成一半。一次排放的精子只够让四分之三的卵子受精，因此雄蛛必须再将另外一个触肢也插入。趁着雌蛛暂时还动不了，雄蛛迅速调整自己在雌蛛腹部上的方位，把第二个触肢插入另一个受精管。这将是他生前的最后一个动作。

完成第二次插入后，他将足部盘在腹部下面，停止活动。他膨大的触肢还插在雌性的生殖孔里，心跳便渐渐停止，就这么悬挂在雌蛛下方死去。待雌蛛表皮变硬，可以爬动时，她沿着蜕皮时的蛛丝往上爬，重新回到网的中央，并把身下死去的雄蛛拔出来。这样雄蛛膨大的触肢会断裂，嵌合在她的受精管里，堵住她受精囊的入口。有些人会认为是雌蛛在交配的时候杀死了雄蛛，实则不然。雄蛛在第二次插入后都会自发死亡，跟雌蛛没有关系。马提亚斯有一次观察到，一只雄蛛在第二次插入时误将（个人推测）触肢插入雌蛛的猎物——粉虮幼虫中，而后他同样出现足部卷曲，随后死亡，将膨大的触肢留在了粉虮幼虫的尸体里面。[26]

交配时自然死亡确实匪夷所思，不过在动物界中这并不是一种雄性所采用的典型策略。对大多数动物来说，雄性总是尽可能地与更多的雌性交配。金蛛属所有的雄蛛都会在交配中自然死亡，圆蛛类中的其他一些蜘蛛也会在交配时自发死亡，至少他们在受到雌蛛攻击的时候不会逃走[27]。雄蛛为什么会这么做？有些人认为雄蛛这样做是为了让雌蛛产生更多更好的卵子，而不惜牺牲自己的生命，把自己当作食物贡献给雌蛛。但这个解释并不能站住脚，因为雄性自发死亡或者被雌蛛杀死的事件一般都发生在雄蛛比雌蛛小很多的蜘蛛中。因此对这些雌蛛来说，雄蛛这顿餐并没有什么分量。雄蛛身体所提供的能量和营养并不能显著提高雌蛛的繁殖能力以及卵子质量。

既然雄蛛的分量连开胃菜都算不上，那他的自我牺牲一定是有其他的意义。这其中的奥秘可能与他和其他雄蛛之间的竞争有关。

到目前为止，我们都假设只有一个雄蛛在雌蛛的网上，然而事实远非如此。雄蛛会比雌蛛早两周达到性成熟（表6.1），他们一旦性成熟就马上出发去寻找合适的伴侣。因此在雌蛛最后一次蜕皮时，她的网上就已经聚集了不断前来求偶的雄蛛。待雌蛛蜕皮完成可以交配时，雄蛛们会意识到，他们身处"僧多粥少"的竞争局面。在我们观察的群体中，92% 的雄蛛会有一个或更多的竞争者，25% 的雄蛛会有三个或更多的竞争者。在这种情况下，就算某只雄蛛足够幸运，有机会碰到一个刚刚完成蜕皮的雌蛛，他也不一定能够成功地繁殖后代，因为有可能他的精子会在与其他雄蛛精子的竞争中失败。

雌蛛可以同时储存多个雄蛛的精子，而我们的雄蛛虽然个头小，但他仍然野心勃勃地想要让雌蛛所有的卵子都受精。他长而硬的插入栓，大而圆的触须，在圆蛛里数一数二，足以说明了这一点。面对雌蛛的卵子，雄蛛和他的竞争者们处于一场零和博弈中：一方受精的成功就意味着另一方受精的失败。因此，为了保证成功率，他在第一次插入后，将插入栓帽留在雌蛛的受精管里，阻断其他雄蛛排放精子的通道；而在第二次插入后，他用了自己的身体去阻断其他雄蛛排放精子的通道。我们观察到一些证据可以证明这个策略行之有效。如果还有其他雄蛛在场，他们会将死去的雄蛛从雌蛛身上拉下来，但第一只雄蛛的插入栓已经牢牢地卡在雌蛛的生殖孔里，堵住了生殖孔。插入栓帽本身并不能阻止后来的雄蛛继续往里插入触肢，但通常情况下，如果雌蛛只有一个生殖孔进行了交配，雄蛛会避免插入那个已经有插入栓帽的生殖孔，可能是因为留在里面的插入栓帽会降低他们受精的成功率[28]。某些雌蛛在交配的时候会吃掉雄蛛，比如赤背蜘蛛或者黑寡妇。在这类蜘蛛里，被吃掉的雄蛛往往比成功逃跑的那些雄蛛使雌蛛受精率更高，这可能是因为他们与雌蛛交配的时间更长。所有的这些表明，雄蛛的自我牺牲是一种策略，他在面对其他雄蛛的竞争时以此来提高自身的繁殖成功率。

对于雄性黄金花园蛛来说，他们更喜欢这种投机主义交配的替代方式，因为追求完全成熟的雌蛛，并与她们交配是有危险[29]。追求已经完全成熟的雌蛛时，为了获得一丝交配的希望，而且不被雌蛛攻击或吃掉，雄蛛得小心翼翼地沿着雌蛛网上干燥的纵丝爬行，一步步渐渐靠近蛛网中央，并时不时停下来发出一些震动信号，告诉雌蛛他是上门的追求者，而不是猎物。通常雌蛛的网织得与垂直面呈一个小的夹角，她自己坐在网下方的正中央，雄蛛要靠近时则是从网的上方小心移动。雌蛛可能会剧烈地震动蛛网，阻止或攻击雄蛛（这种情况发生的概率有27%），但是大多数雄蛛还是能毫发无损地到达网的中央。然后雄蛛通过一根蛛丝降落到雌蛛身旁，开始一段疯狂的追求。他在雌蛛身上来来回回地快速爬动，不断地用他的一对前足触碰雌蛛足的末端，并敲打雌蛛的腹部和须肢，而后才渐渐地将注意力放在雌蛛的前足。一般如果雌蛛能够容忍雄蛛到此，她接下来会抬起身体前部，让雄蛛爬上她的腹部。雄蛛将前足紧紧扒在雌蛛身上，不断地用触肢试探，直至成功插入雌蛛生殖孔，然后保持数秒并完成交配。随后，他会试图跳开逃跑。这实在是前途未卜。因为在交配过程中，超过四分之三的雄蛛会受到攻击，其中的三分之一会被杀死。典型的情况是，雌蛛压住正在交配的雄蛛，用蛛丝迅速将他裹住。因此，交配速度快或者身手矫健毫无疑问都是优势。

如果一只雄蛛能在完成第一次插入后全身而退，他会沿着蛛丝爬上去，然后再展开第二轮攻势。这一轮大约四分之一的雄蛛会受到雌蛛的攻击，而另外有些雄蛛看上去像是被恐惧控制了内心，他们只是尝试地插入几下，然后就放弃逃走了。至于他们为什么会放弃我们无从得知。最后大约只有三分之一的雄蛛能够完成第二次插入。跟那些投机主义蛛一样，这些雄蛛也会在交配中自发死亡。当雌蛛刚刚蜕皮完成，表皮仍然很软时，雄蛛这种自我牺牲似乎可以保护自己的精子不被后继者取代。但在这里毫无意义，因为成熟的雌蛛会在几秒钟之内就将死去的雄蛛拉出来（我们观察到的平均时间是 8 秒），并且她们不会再次交配。

那么，雄蛛为什么不像第一次那样跳下来逃走呢？在金蛛属的其他一些蜘蛛中，这种在交配过程中的自发死亡似乎延长了雄蛛交配的时间，这样雄蛛排放到雌性体内的精子数量也更多[30]，但是在黄金花园蛛中，我们并没有发现交配时间越长，雄蛛排放精子越多或是受精率提高的现象。另一个可能的解释是，从演化的角度看，之所以会存在这种自发死亡的现象，是因为在投机主义交配中自发死亡让雄蛛受益，而与完全成熟的雌性交配只是复制了这一现象罢了。而自发死亡策略能被保留下来是因为，对于雄蛛来说，他的死亡虽然没有给他带来什么益处，但是也没让他损失什么。他已经交配了两次，两个插入栓都已不复存在，不管是否死亡，他以后都没法再交配了。所以，尽管从人类的角度来看，这挺匪夷所思的，但对雄蛛来说，他即使不死亡，日后也不能得到什么了，所以在第二次交配后便死亡，他的达尔文适应度也完全不会因此而降低。

雄蛛的一生处处充满艰辛与挑战。要想当父亲，他要面对与他竞争的同性，或者会杀死他的异性，或者两者都有，而他获得成功的代价是奉献出自己的生命。如果这些还不够令人沮丧的话，那他还有更大的一个难题，那就是在如迷宫般的草丛中找到可以交配的雌性。我们接下来会讲到，在他求偶的路上，他可能会被吃掉，或者迷路，或者直接饿死。他的小身材，大长腿，以及灰暗的颜色似乎对这段旅途有所帮助。不然，雄蛛为什么不长得跟雌蛛一样呢？或者像大鸨、象海豹或美鳍亮丽鲷一样，长得比雌性更大更艳丽？这其中的奥秘我们至今都不十分清楚，但有些证据表明，雄蛛的这些典型特征的确会给他们带来好处，从而其他一些特征也可以据此做些推测。

首先，小的体形可以让雄蛛比雌蛛提早结束生长，早点儿达到性成熟。幼时耗时越少，存活到成年的可能性就越大，而且比雌蛛成熟早，就更可能获得投机主义交配的机会。为了达到这一目的，雄蛛们要减少蜕皮次数，延缓生长速度，提前成熟时间（表6.1，图6.2）。当春天到来，小蜘蛛们从卵囊里爬出来时，小雌蛛们已经比她们的兄弟长得大了。在接下来的生长中，雌蛛的生长速度也会比雄蛛快30%，直到雄蛛成熟的时候，她们也一起停止生长。

提高活到成熟的概率，以及在雌蛛前面成熟的好处，就足以解释为什么他们和雌蛛比起来个头小了。但其实小个头带来的好处不止这些，尤其是配上那些雄蛛特有的长足后。

在经历最后一次蜕皮后，雌蛛和雄蛛的生活方式开始完全不同了。雄蛛不再履行蜘蛛结网的义务，而是在草丛中四处游荡，寻找伴侣。这种游荡的行为是成年雄蛛特有的，没有了蜘蛛网，他们就没法捕食，除非能从雌蛛的网上找到点残羹冷炙，不然就一直没有

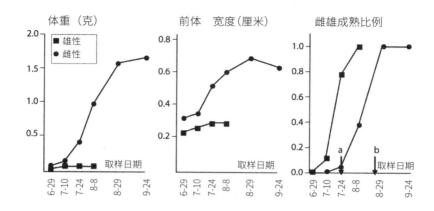

图 6.2 平均体重（左）、前体宽度（中）以及在南卡罗来纳州艾肯附近的荒地捕捉的黄金花园蛛雄性和雌性成熟的比例。请注意，在 8 月 8 日之后就没有再捕捉到过雄性。箭头 a 为首次在雌蛛网上发现雄蛛时间；箭头 b 为首个卵囊出现时间。数据来源为 Howell and Ellender（1984）。

东西吃。寻觅伴侣的时间越长，雄蛛就会饿得越瘦，腹部也会逐渐变小。在这个寻觅过程中，颜色暗淡、个头小、长足会给他们带来史无前例的好处。寻觅路上的雄蛛一般白天比较活跃，因此很容易被眼尖的捕食者发现，比如狼蛛、鸟或者蜥蜴（虽然不会有蜥蜴跑到这么远的南边，到我们做研究的魁北克来）[31]。雄蛛们在地面移动得很慢，小心翼翼地，时不时停下来，小个头和暗淡的颜色无疑是最好的选择。在翻越草丛的时候，小个头和长足也能加快速度，更有效率[32]。像那些成熟的雌蛛，爬那些植物的茎秆就显得过于困难，因为她们个头太大，所以她们也很少从网上下来。而雄蛛则不同，他们各个是攀爬高手。小个头的长足雄蛛会利用一种蜘蛛学家称之为"搭桥"的方式移动。搭桥的第一步是找到一个有微风吹过地方，然后开始吐丝，雄蛛吐出的丝既坚韧又柔软，随着吐出的丝变长，它会在风中摇摆。最后，蛛丝的另一端会搭上相邻的植株。然后雄蛛将丝线拉紧，在两个植株中形成一个单线的丝桥。最后，用脚倒挂在丝桥上，爬到对面去。搭丝桥绝对是一项非常有效率的技术，有了这个技术后，雄蛛在草丛中翻山越岭时不需要从一棵植株上爬下来，穿过地面，再爬上另一棵植株。小个头搭配上长足（尤其是长长的前足）的雄蛛是最有效的搭桥者，而体重超过 0.1 克的雄蛛根本就不会去搭桥[33]。在黄金花园蛛中，雌蛛早早地就会超过这个体重，成熟的雌蛛也从来不会搭桥。而在游荡期间，搭桥是雄蛛主要的移动方式。因此，相比于雌蛛，雄蛛更需要小个头和长足来搭桥和攀爬，这大概就是雄蛛和雌蛛产生差别的主要缘由了[34]。

　　另一个不太明显的优势是，小个头所需要的食物更少。游荡的雄蛛一旦弃网后就不会再有食物来源，只能靠最后一次蜕皮前获得的食物来支撑整个寻偶之旅。这就像汽车司机只有一箱油可以用，而他要用这唯一的一箱油把车驾驶到尽可能远的地方：最好是一辆小一点儿的车，油箱很大，出发前装满了油。但是，个头小的动物代谢速度更快，这就跟汽车引擎有着高的空转速度一样。所以，只有当小个头身体储能比例大于大个头时（比如汽车油箱所占整个车身的比例变大），或者他们能量利用效率更高的时候[35]，才会有优势。我们不知道黄金花园蛛身体有多大的比例是用来储存能量的，但我们研究发现在不同体形的成年雄蛛中，能量储存比例是不变的。换句话说，小个头的雄蛛并没有比大个头的雌蛛拥有比例更大的"油箱"[36]。但是，正如我们上面看到的一样，雄蛛在草丛中穿梭时的速度是跟身体大小相关的，在进行长距离游荡的时候，小个头以及长足的雄蛛所需要的能量更少，而这可以让他们游荡得更远，游历更多的地方。

现在，我们可以罗列出一大堆理由来解释为什么雄蛛比雌蛛个头小、足长、颜色灰暗，这些理由至少在雄蛛找到潜在交配对象之前都是成立的。然而，一旦他们爬上了雌蛛的网，情况就不一样了。如果雌蛛还没有完全成熟，那在她蜕完皮后的短暂时间内，雄蛛得和其他同样守候在此的同性竞争。如果雌蛛已经完全成熟，他面临的同性竞争会减少，但他需要吸引雌蛛与之交配，并且同时还得躲避雌蛛对他的攻击。在这两种情况下，都只有部分雄蛛最终能成功交配，所以在这里性选择的空间还非常大。从前面几章的例子中我们可以看到，对交配对象有所选择，或者雄性之间存在竞争的，会影响性别二态性的变化。换句话说，个头小、足长、颜色更灰暗的雄蛛应该在某一种或者两种交配情况下更有优势。但是，令人诧异的是，事实并非如此。没有人研究过性选择对雄蛛颜色的影响，但是黄金花园蛛视力微弱，毫无色觉，无法接收任何颜色信号，这说明颜色与交配对象的选择和雄性之间的竞争并没有什么关系[21]。在投机主义交配中，体形的确会发挥作用，但不是我们想象的那样：成功的雄蛛往往是那些体形更大的，不管是前体还是足都要更胜一筹[37]。足长的雄蛛在与其他雄蛛打斗中更不容易折掉足，交配成功的概率更大，但是这并不是因为他们的足相对较长，而是他们本身整个体形就大些。这些竞争中的雄蛛会在雌蛛的蛛网上一起待上好几天，但个头大的优势只有在雌蛛刚蜕皮完成后才能彻底体现出来。这中间的等待过程就像玩抢椅子的游戏一样。他们在雌蛛的网上移动，靠雌蛛最近的位置总是由不同的雄蛛占领。偶尔他们会打一架，但是直到雌蛛开始蜕掉皮之前这种情况都很少发生。好像抢椅子游戏的音乐停止的那一刻，所有的雄蛛一窝蜂地冲上去，激烈地角逐，抢夺靠近雌性生殖板的有利位置。在这个关键时刻，个头大的优势完全发挥了出来，能将个头小的挤到一边去[38]。

当交配对象是已完全成熟的雌蛛时，情况又会不同。雄蛛会面临一些其他的挑战，但是同样的，小个头和长足也没有什么明显优势[29]。据我们所知，对雄蛛来说，不管是个头大小，还是足的比例，对雌蛛是否会杀死他都不会有什么影响，跟他能否成功插入雌性生殖板，或者插入后成功受精的卵子个数也没有任何关系。总而言之，成熟雌蛛对她孩子父亲的个头似乎没有兴趣。如果她真的对另一半有所选择，那也应该是基于一些化学信号，或是雄蛛的行为，而不是个头与或者足的大小。所以总的来说，雄蛛的个头大小只在投机主义交配时与其他雄性的打斗中会起到作用。而这种雄性间的身体竞技，大个头的赢得多也就不足为奇了。

当我们从一个更广的角度去看时，就可以解释这种性选择和性别二态性方向不一致的矛盾了[39]。在这些性别二态性差异极大的圆蛛中，雄蛛面临的最大挑战，就是找到一个年龄、状态等各方面都合适的交配对象。但根据我们的保守估计，有75%~90%的雄蛛没法完成这项任务[31]。最终只有一小部分雄蛛能成功登上雌蛛的网。因此，在雌蛛网上发生的"适者生存"的选择，其实只存在于这一小部分成功度过游荡期的、登陆雌蛛网的雄蛛中。对于一只雄蛛来说，如果他的外形、体格或者行为会增加他在游荡时期死亡的风险，或者降低找到雌蛛的概率，那他们根本不可能进入最后的争夺战中。如果在寻偶的路上，个头小、足长更有优势，那最后到达终点站——雌蛛的蛛网——的也将是他们，尽管这些优势在接下来的交配竞技场上都会变为劣势。从理论上将，在雄性竞技场上，自然选择会更偏向于大个头的雄蛛，这会影响雄蛛整体的体形发展方向，因为通过这种选择，小个头的雄蛛会被淘汰。但事实上，这个选择并没让雄蛛们体形变得更大，因为在找到雌性之前，大个头的雄性就已经被淘汰掉了。从整个过程来看，自然选择更倾向于保留小个头的雄蛛，因为他们更容易躲避捕猎者，移动更有效率，在不吃东西的条件下能坚持更久，以及对于雌性释放的化学信号的探测能更敏感。鉴于投机主义交配对雄性的好处，我们还可以加上早熟这一条，因为这使他们更容易在雌蛛完成蜕皮前找到目标。

转了一圈后，让我们再次回到那个阳光明媚的 9 月清晨，去看看那只悬挂在自己的网中央，大而艳丽的雌性黄金花园蛛。看上去她应该已经至少和一个雄蛛交配过了，正在孕育滋养她首次要产下的受精卵。周围没有看到雄蛛，他们大部分在到达这里的路上已经死掉了，剩下少数幸运的，最后也在交配中死亡。以我们人类自己的经验，以及跟之前提到的三个物种相比，黄金花园蛛雄性和雌性的角色真是令人难以理解。它们不像象海豹和美鳍亮丽鲷那样，雄性会保护他所有的雌性伴侣。也不像大鸨那样，雄性用绚丽的色彩吸引雌性。那些物种中，成功的雄性会跟许多雌性交配，而同时雌性只会跟一个或少数几个雄性交配。而在黄金花园蛛中，情况则完全相反：小个头的雄性在巨型的雌性的网上聚集，为了唯一的交配机会而互相竞争。更无法理解的是，他们在交配完成后就会自发死亡。他们整个生命的终极目标就是和唯一的一个雌性交配。

雌性与不止一个雄性交配，而雄性只与一个雌性交配的现象，看似一种荒谬的交配策略，但在蜘蛛中非常普遍。在接下来几章里我们会看到，当雄性比雌性小的时候，这种现象尤为普遍[40]。在这样的动物中，雄性很难找到雌性去交配，因为雌性数量少且分布广。雄性大多要比雌性性成熟得更早，然后穷其一生，去寻找一个合适的雌性交配，而且此举失败的可能性极大。在寻偶的路上，他们中的大部分会成为其他动物的食物，其他有些一生都不会碰到一个合适的雌性，还有一些身体受损而后渐渐死去。成功的希望是如此渺茫，因此雄蛛一旦找到一个合适的交配对象，他一般不会再去找第二个。鉴于此次之后他再次繁殖后代的概率为零，他会为了这次机会倾其所有，特别是当自己面临的成果可能被后来者毁于一旦的时候[41]。

这就是为什么雄性黄金花园蛛一生只能交配两次，而且两次都和他这个第一次找到的雌蛛交配。他努力使更多的卵子受精，以此提高自己繁殖力的达尔文适合度，因为他几乎不可能找到第二个雌性。在交配中自发死亡只是为达到繁殖目的而采取的极端策略，在蜘蛛中并不常见。在动物中比较典型的是，一些个头小的雄性会把自己的生命献给他们遇到的第一个雌性，雌性可能会杀死他们，或者吃了他们，他们也可能在交配完成后自发死去。但是其他大多数的雄蛛不会这样，他们会放弃之前自由自在的生活，在雌性的网上安定下来，然后余生全部用来向雌蛛提供精子，不再做其他事情。蜘蛛两性角色分明，是在陆地上唯一采取这种策略的、自主生活的动物。然而，雄性矮小（或者雌性巨大）[42]，成年后两性差异显著，这些特点绝不是蜘蛛特有的。类似的性别二态性可以至少在 12 个动物门的 22 个纲中找到 [43]，接下来我们会从中挑选一些格外特别的物种，探讨它们的生活。

第七章

毯子章鱼

漂泊女和侏儒男

蜘蛛学家认为，有大量的理由表明，圆蛛的雌雄差异这么大，主要是因为雌性变大了，而不是雄性变小了[1]。不过，用"侏儒男"称呼一些海洋动物中的雄性实在是再合适不过了[2]。在大海里的一些物种中，其雌性动物，跟她们的近亲们相比，大到令人称奇。不过这些物种里的明星却是那些雄性。他们不仅在体形上比雌性小很多，而且跟那些能独立生存的成年个体不同，他们部分功能已经丧失，除了给雌性提供精子别无他用，像是精简版。并且，在外形上，它们既不像独立生存的亲缘物种，也不像自己的配偶。在漫长的演化过程中，这些雄性变得越来越小，结构也越来越简单。"侏儒"只指他们体形方面，但是我们应该注意到，同样精简的还有他们的结构和功能。这一章和接下来的三章，我们会描述四种海洋动物，他们彼此独立，但两性间都存在类似的极端性别差异。有"侏儒男"

的物种，其分布都比较零散，一般在人类不易到达的地方，比如远海或者深海。所以对这些动物的研究不及前面几章讲到的那些深入，所举的例子也不会像之前那么详细，而且还会加上更多的推测部分。但不管怎么说，这些稀有又特别的物种，是动物界里研究极端两性差异不可多得的例子。

我们要举的第一个例子是一类章鱼，它们生活在温暖的热带和亚热带海洋表层，由于雌性腕足之间那毯子一般宽大、半透明的网状肌肉膜，它们被称为毯子章鱼。这类章鱼属于水孔蛸属，该属的四种章鱼共享此名。其中有三种十分相似，以至于区分它们主要是靠它们不同的栖息地：在大西洋和地中海的是印太水孔蛸，在太平洋和印度洋的是薄肌水孔蛸，而在新西兰海域的则是罗氏水孔蛸。动物学家还有一些其他的办法区分它们，比如通过鳃须的个数，或者交配器官上吸盘的对数，但这些差别往往太过细微，很难把握，不过最近这三个物种都被归为了印太水孔蛸。第四种是凝胶水孔蛸，与前三种大不一样。它们没有强健的肌肉组织，而是如它们名字一样，整个呈透明凝胶状。因为凝胶水孔蛸无论在颜色、外形，还是大小上，跟印太水孔蛸都大不相同，故十分容易认出。这种水孔蛸大概分布在大西洋、太平洋和印度洋的热带、亚热带海域，十分罕见，人们对它知之甚少，所以我们本章将重点描述其他三种研究比较多的水孔蛸[3]。

不管用什么标准来评判，章鱼都属于十分奇怪的动物，毯子章鱼当然也不例外。它们跟我之前描述过的动物完全不同，与我们熟知的其他动物也不太一样。所以在开始之前，让我们先花一点儿时间了解一下章鱼究竟是一种什么样的动物[4]。

从分类学上看，章鱼属于软体动物门八腕目，这个门还包含一些带壳的动物，比如蛤蚌、牡蛎、帽贝和蜗牛。章鱼和鱿鱼、乌贼以及鹦鹉螺共同组成了头足纲。之所以叫头足纲，是因为它们的足都着生在头部（头足纲拉丁文名 *Cephalopoda*，cephalo 的意思是头部，pod 的意思是足或者附肢）。蛤蚌、牡蛎和鲍鱼通常用肌肉厚实的足（也就是我们人类觉得特别好吃的那个地方）来固定自己，而章鱼的这个部分变成了簇状，且可以灵活运动。章鱼又叫八爪鱼，顾名思义，它们有八条触手。这些触手上有成排的吸盘，能吸住猎物，或将自己固定在岩石、木桩，甚至水族馆的玻璃上。触手的底部环绕起来，将章鱼的口围住，同时也将狰狞的吻部和布满牙齿的齿舌遮住[5]，它们的吻部和齿舌可以将猎物撕咬成碎片。在口的后面是头部，头部有一双巨大的眼睛。接下来变窄的地方是颈部。然后是囊状的身体，上面有生殖器官和消化器官。身体被称为外套膜的肌肉包裹住，外套膜通常为圆锥形，在颈部形成一个特别的颈圈。

章鱼和其他头足纲动物令人着迷的原因之一，是它们都有一双跟人类很像的大眼睛。眼睛具有眼角膜、水晶体、隔膜和视网膜，能够成像和聚焦。虽然其视网膜的结构、视觉感受细胞以及聚焦的机制跟我们都不一样，但其所运用的光学原理却是同样的，因此它们眼中的世界很有可能跟我们是一样的。同样，章鱼也有着结构复杂、高度分化的大脑，大脑重量占整个身体的比例跟鱼类和爬行动物一样，它们中的一些还能完成复杂的学习过程。比如，在人工喂养条件下，普通章鱼显示出了它们强大的学习能力和记忆能力，能根据物品颜色、形状、质地和大小来判断是攻击、逃避还是进食。它们还会打开罐子，玩玩具，甚至能认识自己的饲养人[6]。谁能想到这是软体动物呢？所以我们应该注意，不要因为动物的分类而低估它们。

大多数章鱼白天会隐藏起来，晚上再出来在海底的角落或者裂缝中寻找猎物。找猎物的时候，它们用触手在海底移动，或在水中慢慢地划动。需要加速时，就用虹吸管向后喷水，推动自己快速前进。虹吸管是软体动物的足的另一种变形，由肌肉组成，呈漏斗状。大部分章鱼喜欢在海岸的浅水区活动，有时会到大陆架深点儿的广阔区域去，但很少待在真正的深海或游弋于海底 7000 米以下。与游泳健将的近亲乌贼不一样，章鱼喜欢用腕足（或者触手）在地上行走，而且它们也不像乌贼那样成群结队地去捕食，而是喜欢独自行动。不过，毯子章鱼是个特例。它们属于一个很特别的章鱼分化支，船蛸总科（*Argonautoidea*）。这个名字来源于希腊神话里的阿尔戈英雄（*argonauts*）[7]，它们喜欢顺着洋流漂到离陆地数百公里远的地方去。几乎所有的船蛸总科动物的雄性都十分矮小[8]，除了一种以外，其他所有雄性成年时身体长度都不到雌性的 5%。这种极端的性别二态性非比寻常，因为大多数头足纲动物的雄性和雌性在外观上差异并不明显。毯子章鱼作为头足纲里两性差异最大的动物，雄性体长只有雌性的 2%：雄性体长不超过 4 厘米，重大约 0.25 克，而雌性体长可达到 2 米。成熟的雄性大概只有雌性的眼睛那么大。

称雄性毯子章鱼为"侏儒"一点也不过分，他们不仅比自己的配偶小很多，而且比大多数其他种类的章鱼也要小。虽然在章鱼属中有两个物种（的雄性和雌性）跟他们一样小，或者比他们还小一些，在船蛸属中也有两个近亲的雄性与他们身形大小相当，但在八腕目的 200 个物种中，这么小的体形仍是寥寥无几[9]。不过他们的配偶却正好相反，雌性毯子章鱼的体形在章鱼里面可谓名列前茅，称她们"巨大"也毫不为过。目前所知道的比她们体形还要大的只有两个物种：一种是太平洋巨型章鱼；另一种是七胳膊章鱼，也是船蛸总科。这种"巨形女"和"侏儒男"的结合，结果就是一方会比另一方重 1 万 ~4 万倍[10]。差异之大，令人咋舌。不过，我们也很容易猜到，雌雄双方的生活史会完全不一样。

毯子小章鱼们从一个个小小的、富含卵黄的受精卵里孵化出来的时候，除了触手短粗短粗的，其他的特征与成年章鱼无异，看上去就像是成年章鱼的缩小版。它们的性别在刚出生的时候就很容易辨认了，因为雄性小章鱼看上去像少了一只触手。雄性右边的第三个触手卷曲在第二个和第四个触角中间的一个袋子里，随着他们的生长，袋子会不断变大，直到在虹吸管和眼睛中间形成一个突起，使雄性具有特有的不对称外貌。这个与众不同的触手，称为**交接腕**，是雄性的交配器官，用来将精子传输到雌性的外套腔内。当然，前提是雄性毯子小章鱼足够幸运，能够活到成熟，并且能找到一个雌性。

未成年的章鱼漂浮在海水表面，靠碰到的一些小动物为食，生长得很快。它们主要的食物是海蛞蝓和海螺，偶尔遇到一些小鱼则可以加餐。它们游泳水平很差，小的时候，靠吸附在水母的伞膜上休息。也许正因为如此，它们收集了很多毒性强大的僧帽水母的触手碎片。小章鱼们一直到长到 7 厘米左右的时候，背部 4 个触手的吸盘里都装有僧帽水母的触手碎片。遇到危险时，这个便可以作为防御武器：小章鱼的触手弯曲缩回至头部，露出这些碎片，释放碎片里面的毒刺丝囊，来抵御捕猎者或者制服猎物[11]。雄性一生都会用此策略，但雌性很快就因为长得过大而放弃这个策略。在雌性触手变长的同时，网状模会以更快的速度扩张，像披风一样，在背部的触手间展开[12]。虽然雌章鱼可以通过舞动触手或者用虹吸管喷水在海里游泳，但她们大部分的时间却都是懒洋洋地漂流在阳光照耀的大海表面（**大洋表层带**），也不主动去捕获食物，而是吃一些遇到的小型无脊椎浮游动物。

雌性和雄性毯子章鱼在发育的道路上很早就分道扬镳了[13]。成熟雄性的体形跟未成熟时一样大，比起雌性，他们的触手更短，头更大，外套膜也更短宽，没有像披风一样的"大网"。他们交接腕的生长速度尤其快，最终交接腕的长度会超过整个身体，甚至其他所有触角的总和（图7.1）。同时，他唯一的睾丸开始产生精子，并将精子储存在结实而有弹性

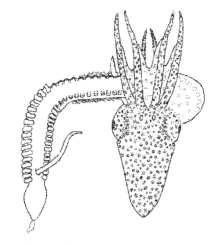

图7.1　雄性毯子章鱼（*Tremoctopus violaceus*）和他的伸长的交接腕（身体加交接腕总长13.8毫米）。在他的右眼下方，可以看到发育出交接腕的袋装突起。根据Thomas（1977），图6d重新绘制。

126

的精囊里面。精囊里储存了雄性毯子章鱼所有的精子，精囊外面附着一个弯曲的射精器官，其作用是在精囊断裂时，将精子射入雌性毯子章鱼的输卵管中。精囊被存放在一个特殊的囊状结构——尼登氏囊里面，直到遇到一个接受自己的雌性，才用交接腕将尼登氏囊送入雌性外套腔内。雄性毯子章鱼的性成熟是一系列连贯的过程，但生物学家认为，雄性毯子章鱼只有将精囊安全地放入尼登氏囊中，才算完全达到性成熟。这个任务完成后，他们唯一的使命就是找到一个接受自己的雌章鱼了。

当雄性毯子章鱼集中精力生长交接腕和准备精囊时，雌性的主要任务是不断地长大。她们也会在生殖器官上消耗些能量，比如会在唯一的卵巢里面产出 10 万~30 万个未成熟的卵子，但她们的大部分能量还是用在了非生殖器官的生长上。雌性毯子章鱼在性成熟前的生长阶段究竟有多长，我们并不清楚，但是相对章鱼的体形来说，她们的寿命并不算长。大部分章鱼的寿命只有 1~2 年，就算是体重达到 270 公斤的太平洋巨型章鱼，在人工条件下也只能生活 3~5 年 [14]。根据她们的体形，可以大概推测，雌性毯子章鱼性成熟前的生长时间至少为一年，甚至二到三年。她们进入性成熟的标志是开始产生大量卵黄，同时卵的体积也会变大，长到大约 2~5 毫米长，2 毫米宽（不同物种或者群落之间卵的大小不一）。卵子会分批地成熟，每批大约会成熟 1 万~3 万个。人们并未观察到毯子章鱼的产卵过程，但是根据人工饲养下毯子章鱼的产卵批数，以及她们自身的发育阶段，研究人员推测，雌性毯子章鱼大约在二到四周的时间里每天会产一次卵。雌性毯子章鱼的产卵策略是，卵的个头非常小但是富含卵黄，这保证了胚胎在早期快速生长时能获得足够的营养。

为了保证卵不被其他动物吃掉，或者沉到深海里面去，雌性毯子章鱼在产卵的时候会将卵吸附在它的"网"上。在产卵前，她们会分泌一种钙化的物质，在第一个触角的基部形成一个像香肠一样的棒状物，长且坚硬。产卵时成簇的卵柄粘在一起，一窝一窝地悬在这个棒状物上，就像葡萄藤上的小葡萄一样，直到胚胎孵化成功，随水流漂走[15]。

产卵意味着雌性毯子章鱼进入了生命的最后阶段。卵开始成熟时，母体的身体机能会逐渐衰败，走向死亡。一个如此庞大又聪明的生命会选择这样一种方式，有点令人难以理解。雌性毯子章鱼在孵化受精卵的时候便已进入衰老期，待最后一批受精卵孵化离开后，她就迎来了死亡。在这一点上，几乎所有的雌性章鱼都一样。雌性毯子章鱼的孵卵期具体有多长我们并不清楚，不过其他大多数章鱼都要好几个月，甚至一年。这也就意味着雌性的衰老期会拖得很长，几乎占她们整个生命的四分之一[16]。在孵卵期间她们不会吃任何东西，仅靠产卵前储存的能量支撑，直到所有的卵孵化完成，因此在弥留之际体重会下降 50%~70%。但是，她们不像脊椎动物（比如之前的象海豹、大鸨和亮丽鲷）那样能提前储存脂肪，在不进食时靠这些脂肪维持生命。她们消耗的是肌肉组织，换句话说，她们在一点点消耗掉自己。这大概就是雌性毯子章鱼长得如此之大、等如此之久才开始产卵的原因：她们要在肌肉里储存足够的生物能，为大量的卵黄合成提供营养和能量，并支撑她们将卵子成功地孵化出来[17]。

对于雌毯子章鱼来说，大的体形还有其他方面的优势。跟其他可以一次产很多卵的动物一样，她们的繁殖力似乎会随着体形增大而直线上升，越大的雌性其产卵数量会越多[10]。另外体形越大，尤其是"毯子"越大的雌性，觅食效率似乎也越高。雌性毯子章鱼在生长的时候，"毯子"面积和触手长度的增长速度之间并不是线性关系，而是平方关系：雌性毯子章鱼的触手长得越长，"毯子"增长的速度会更快。人们猜想，雌性毯子章鱼可以感觉到碰到她"毯子"或者外套膜的猎物，然后用前触手将猎物扫到嘴巴里。[18] 如果真是这样的话，那大的"毯子"无疑意味着更多的食物。因此，生长可以给雌性毯子章鱼带来的好处是，身体生长的时候，觅食能力跟"毯子"的面积一样，会更快地增强。当然，这些都只是推测，毕竟谁也没有真正看到过雌性毯子章鱼觅食，更别提去估算"毯子"面积和觅食效率之间的关系了。

雄性毯子章鱼没有网状的膜，而是用偷来的僧帽水母触手去捕捉猎物。与雌性不同的是，雄性毯子章鱼在达到性成熟后还会一直进食。成熟雄性的尼登氏囊里装着精囊，而巨大的交接腕在眼睛下方，孤独地漂流在茫茫大海中，企图偶遇佳丽。这种邂逅究竟是靠运气，还是靠雄性的主动寻觅，我们并不清楚。但雄性的眼睛非常大，所以在一定程度上，视力应该起到了一些作用。若果真如此的话，相对于辽阔的海域雄性的视野范围着实太小。或许跟黄金花园蛛一样，雌性也会分泌信息素来吸引雄性。然而，鉴于雄性实在太小，长距离运动能力有限，尤其是逆风或者逆流的时候，就算有信息素，作用范围也不会太大。因此最大的可能是随着时间和洋流，雄性和雌性的距离越来越近，直到他们的距离近到雌性的信息素或者雄性的视力能发挥作用时，雄性才能找到雌性。这需要雄性在达到性成熟后还能生存很久。因此，雄性毯子章鱼演化出了一种跟雄性黄金花园蛛类似的生活史，甚至有过之而无不及。他们在体形和年龄都很小的时候就达到性成熟（比他们的姐妹们早一年或者更早），然后花上相当长的时间寻找配偶，最后在交配中死亡。但是，跟黄金花园蛛不同的是，雄性毯子章鱼在寻找配偶的过程中也能觅食，不必为了求偶而放弃进食。所以，他们可以比雄性黄金花园蛛更早达到性成熟，也有更多的时间来寻找配偶。而且，小的体形也有一定的益处，因为所需的食物更少，花在捕食上的时间就更少，寻找配偶的时间也就更多[19]。

毯子章鱼和黄金花园蛛还有一个共同点，就是都用一个特化的器官交配。不过，比蜘蛛更夸张的是，雄性章鱼的交接腕——也就是特化了的右边第三个触手——占他们身体的很大一部分比例（图7.1）。当他遇到一个接受他的雌性时，交接腕顶端便放置精囊，伸出来，将里面的精子射入雌性输卵管中。没有人见过伸出交接腕的毯子章鱼，或观察到雌雄交配的其他过程，所以我们只能将一些点滴片段拼凑起来，连成一个完整的故事。在雌性外套腔内曾发现过完整的交接腕。这说明在交配的过程中，交接腕从雄性的身体上断裂了。在其他种类的章鱼中也观察到过类似的现象，它们中的有些雄性章鱼还会在六到八周内长出新的交接腕。但是，从来没有人观察到过毯子章鱼的交接腕断裂后能再生，也没有人观察到过失去交接腕后还继续生存的雄性毯子章鱼。这些证据虽然不充分，但我们仍然可以推测，雄性毯子章鱼在他们唯一的一次交配中，或者交配后不久就会死去。但是，断裂的交接腕仍然有生命力。1829 年 8 月，法国动物学家乔治·居维叶首次发现交接腕时看到它如此大而又特别，将它误认为某种寄生的蠕虫，命名为 *Hectocotylus*[20]（中文意思为交接腕）。后面的动物学家渐渐发现了这个"蠕虫"的本质，并推测是雄性将它们折断，让它们自己去寻找雌性，因为除了交接腕，人们没有在雌性身上发现过雄性的其他部位。随着形态学研究越来越深入，这一推测被人们推翻。目前人们普遍认可的说法是，在交接腕断裂之前，雄性会尝试将它放入雌性体内。头足纲的杰出专家凯尔·N. 涅西斯教授曾经诗意地描述："在交配时，它会断掉，如蛇一般，蜿蜒前行，穿过雌性的虹吸管，到达外套腔。[21]"虽然这很可能就是事实，但其实到目前为止谁也不知道交接腕和精囊是如何到达雌性体内的。

雌性外套腔内通常可以发现一个或者多个使用过的交接腕，这说明在精囊破裂、精子到达雌性输卵管后，交接腕还会在雌性体内保留很长一段时间。这是毯子章鱼为提高自己的繁殖能力而采取了另一个"怪异"的策略。虽然交配的机会特别少，但是雌性还是用了一种很少见的方法，让自己产出的卵子都能够受精。尽管一般认为雌性毯子章鱼只有在卵子已经完全成熟且富含卵黄，并做好了产卵准备时，才算达到性成熟，但是事实上她们早在这之前就已经可以交配了。跟大多数章鱼一样，雌性毯子章鱼的输卵管腺也特异地扩大了，专门用来储藏精子，在受精之前，精子可以在这里储藏数月[22]。因此，在她们性成熟前的漫长生长过程中，一旦碰到雄性，她们就可以交配，然后将精子先储藏起来，待产卵后再用。

在毯子章鱼的世界里，雄性和雌性的生活简直没有丝毫的共同点。两者都不同寻常，但是风格迥异，各有特色。小个子的雄性把僧帽水母的触手当作武器，而藏起来的交配器官比自己身体还长。他们一生大部分时间在随波漂流，只为寻找一个可以交配的伴侣，而这个目标一旦完成，就会立刻死去。而体形巨大、身姿优雅的雌性的寿命，比雄性要长好几个月，甚至几年，她们产成千上万的卵，孵化时全心全意，也在孵化完成后快速死去。

除了生命最早期的那段时光，毯子章鱼的雌性和雄性之间的差异随着生长越来越大，如果不是在雌性毯子章鱼外套腔内发现雄性的交接腕，很难让人联想到它们竟然是同一个物种。为了在浩瀚的大海里面一代代繁衍下去，雌性变得体形硕大且长寿，而雄性则相反，体形微小且寿命短。跟圆蛛一样，雌性章鱼的一生会有好几个雄性配偶，而瘦小的雄性在唯一一次交配后便死去。黄金花园蛛与毯子章鱼确实有诸多相似之处：雄性小、成熟早、寿命短；雌性大、成熟晚、寿命长。雄性一生只交配一次，然后死亡，雌性一生可以交配多次，繁殖能力很强；雌性都可以在产卵前交配，将精子储藏起来。对一个物种来说，在其生存的环境下，未成年个体的存活率低、成年个体分布稀少，而成熟的雌性分布零星、不容易找到时，就容易形成像黄金花园蛛或者毯子章鱼这样的生活特征。后代存活率低，促使繁殖率提高，进而造就雌性硕大的体形。而雌性的数量稀少，使得雄性提早成熟，把大量的时间和精力用在寻找雌性上，并且更倾向于产生大量的精子，而非自身的生长。在这种环境下，这种生活方式并不是唯一的选择（至少同样在大海里生活的象海豹就选择了截然不同的方式），但是很多不同的物种却都演化出了这种方式。在接下来的几章里，我们将看到这种模式演化得更为极端，雄性变得更小，特化为生殖工具，在遇到可以交配的雌性之后，他们才开始产生精子，而在这之前，他们都不会达到性成熟。为了交配，他们还会寄居在雌性的体表或体内。

第八章

巨型海鬼鱼

巨丑女和寄生男

　　"巨型海鬼鱼"，这绝对不是一个讨喜的名字。从字面上看，人们容易把它想象成一个长相十分吓人的庞然大物，说不定还张着血盆大口，里面长着令人战栗的牙齿。实际情况也差不多就是这样。海鬼鱼是深海里一类极其丑陋的鮟鱇鱼的俗名。正如它们的英文名字"anglerfish"那样，它们会用诱饵来"钓"取猎物。在大多数鮟鱇鱼中，靠近嘴的上方有个类似钓鱼竿的结构，诱饵悬挂在上面，靠近鱼嘴。当有不知情的鱼、乌贼或者虾被这一小口诱饵吸引，想靠近一探究竟时，鮟鱇鱼会张开它巨大的嘴，以闪电般的速度咬住那个倒霉的猎物，然后它们用那成排的匕首般的牙齿迅速将猎物咬碎。其他喜欢在浅海底部"垂钓"的鮟鱇鱼，大部分会把自己伪装成一团海草或者珊瑚，来引诱猎物。

　　不过，现代海鬼鱼的祖先在很早以前就离开了浅海海底，迁徙到被海洋科学家称为深海区的地方，那里冰冷、黑暗，而且荒凉，从生物学的角度来看，不适合生命生存。有160种海鬼鱼为了适应深海的生活，发生了高度特异性进化。因此动物学家将它们分离出来，作为鮟鱇鱼的一个单独分支，称为棘茄鱼亚目。很多文章都简单地称它们为深海鮟鱇鱼或者角鮟鱇鱼，但是我更喜欢"海鬼鱼"这个更形象的名字[1,2]。

之所以选择海鬼鱼来描述两性间的极端差异，是因为海鬼鱼的雄性特别小。但是，获得"海鬼"这个称号并不是因为其身材短小的雄性，而是因为个头比雄性大很多的雌性。不论是漂浮在海面上已经死去的，或被海水冲到沙滩上已经死去的，还是被渔网顺便打捞起来奄奄一息的，刚开始被发现时，这种长相匪夷所思的鱼都会让人觉得它像是来自深海的魔鬼。海鬼鱼没有鳞片，皮肤为黑色或者深褐色，身上有皮质突起。大多数海鬼鱼的头特别大（占到身体比例的40%之多），体形扁平，整体看上去呈圆形或者椭圆形。它们巨大的嘴巴张开时，就会露出吓人的牙齿，而这些牙齿大小不一，又长又尖，完全是为了给猎物致命一击而设计的。如果说这些特征都不足以将那些迷信的古代水手吓得落荒而逃的话，那它们柔软无定形的身体组织，以及从鼻子处伸出的"鱼竿"上悬挂着的肉质组织应该可以。这不是普通的鱼，而且绝对不能等闲视之。

事实上，虽然海鬼鱼面目可憎，但它们对人类并没有什么威胁。雌鱼的奇怪长相和雄鱼的微小体形仅仅是为了适应深海的环境，而且，在深海中海鬼鱼过着跟它们的名字相反的、乏味的生活。深海区在海底4000米处，它的上层是太阳光能达到的最深处——根据纬度和水质，太阳光能到达的最深处一般在海底 300 米到 1000 米以下。没有阳光就没有光合作用，在这里，生命没法将二氧化碳转化为有机物。没有这个初级转化能力，上面掉下来的腐殖质也很少，所以食物相当匮乏，动物也很少见。这里冷到让人麻木（2~6℃），压力是海平面的 30~400 倍。在这个冰冷黑暗的世界，笨重的雌鱼像幽灵一样移动。它们游泳水平一般，鳍小且少，肌肉松弛，身体柔软。海鬼鱼鳃部演化成一个管状结构，受到挤压时，腮部的开口可以向外喷水，把自己向前推一小步。它们大部分时间都是懒洋洋地随着海水漂流，就像夏日湖面上悠闲的垂钓者那样，等待猎物自己上钩。

巨型海鬼鱼之所以说巨型，是相对于其他海鬼鱼来说的，而不是对人类。密棘鮟鱇（拉丁名为 *Ceratias holboelli*）是世界上最大的海鬼鱼，雌鱼全长可以达到 127 厘米，不算尾鳍的话（鱼类学家的标准测量方法）可以达到 86 厘米。巨型海鬼鱼可以算得上海鬼鱼里面两性差异最大的了，其中雌鱼的体长可达雄鱼的 60 倍，体重可达雄鱼的 50 万倍[3]。因此，密棘鮟鱇不仅是海鬼鱼里面两性差异最大的，也是目前所知的脊椎动物中两性差异最大的。好消息是，在海鬼鱼里，关于密棘鮟鱇的研究和描述都相对较多。它们分布广泛，除了在地中海和南纬 45° 以下的海域中被另外一种跟它相似但比它稍小一点的海鬼鱼——触手角鮟鱇——取代外，在其他海域都能见到。虽然人们对海鬼鱼整体上知之甚少，对它们进行研究也是一件比较困难的事情，但是关于密棘鮟鱇的研究还是较多的。我们可以把这些零星的研究串起来，完整地研究它们的生活史，进而能够明白为什么在这个物种中雄性和雌性差异那么大。

到目前为止，还没有人在密棘鮟鱇的栖息地对它们进行过研究，对密棘鮟鱇的认识都来自一些被渔网拖到海面的已死或快要死去的个体，或者根据浅海鮟鱇鱼的特性进行的推断。这些研究都详细地记录在两部专著里，包括对每个物种的生活史、生态学性状和交配行为的描述和推断。一本是由丹麦鱼类生物学者埃里克·伯蒂尔森所著，他整理和分析了1951年以前所有关于密棘鮟鱇的描述，其中很大一部分资料来自丹麦皇家海洋研究船"丹娜号"在1920年到1930年间的一系列海洋考察航行[4]。另一本由西雅图华盛顿大学的教授西奥多·皮奇完成，他在之前那本的基础上，补充了1951年到2009年间的新成果[5]。有了这两本书的详细记载，再加上其他一些著作，我就可以对密棘鮟鱇的雄性和雌性生活史做一个合理而详细的总结了。

伯蒂尔森的著作开篇用一幅形象的插图描绘了不同生命阶段的雌性密棘鮟鱇和雄性密棘鮟鱇，这给我们的研究开了个好头（图8.1）。看此图的时候，你需要注意每幅图下面的比例尺，从这些比例尺中你会发现，成年的雌性密棘鮟鱇相比其幼年期长大了好多倍，体形变化之大远远超过雄性。如果我们用同一个比例尺去绘制成年（图中最上面）和幼年（图中最下面）的雌性，那需要将图中的成年个体放大50倍或者将幼年个体缩小50倍。可以比较一下，稚鱼期的雄鱼只需要放大1.2倍就可以跟仔鱼期的雄鱼用同样的比例尺，而稚鱼期的雌鱼则需要放大6倍。

对这些体形大小有了初步的了解后，我们再来看看位于图最上面的那个成年雌鱼。比起很多其他的海鬼鱼，她的长相更接近于其

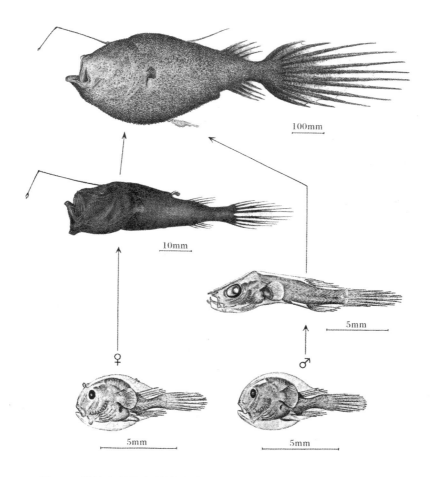

图 8.1　雄性和雌性密棘鮟鱇（*Ceratias holboelli*）生活史。底部是稚鱼雌性（左）和雄性（右），比例尺为 5 毫米。中间是变形期后性成熟前的雌性（左）和雄性（右），注意雌性比例尺为 10 毫米，雄性为 5 毫米。最上部分为有雄性寄生的成熟雌性，比例尺为 100 毫米。此图在得到伯蒂尔森授权后（1951）由 Poul H. Winther 绘制。

他的普通鱼类，看上去也没有那么奇怪，但也仍有一些特别之处。最引人注目的大概是她的短鳍了。大多数鳍鱼背部有两个大的背鳍，背鳍的前部分由坚硬的骨质鳍条支撑，而这条雌性海鬼鱼的这部分则完全消失了，只有软质的后半部分。在变小了的背鳍正下方的臀鳍，跟背鳍大小差不多。大多数鱼的头部下方的腹部会长有一对腹鳍，而在密棘鮟鱇身上这对腹鳍也同样消失了。在她们的身体两侧可以看到一对胸鳍，跟宽大的身体相比，也显得格外小。唯一较大的是尾鳍，但尾鳍上蹼的结构并不十分明显，似乎并不能起到在水中推动自己前进的作用。这种鳍的组合，只能让海鬼鱼在水里摆动，要想利用这些鳍在水里游动似乎是不可能的。而如果想去追捕猎物，这样的身体构造绝对不是最优设计。因此，从雌性密棘鮟鱇的身体形态我们可以推测，她大部分时间都应该只是随波漂流，鱼鳍也只是用来控制方向或保持平稳的，并不能提供动力。

雌性密棘鮟鱇的另一个特点就是她的眼睛几乎完全消失。在成熟前的雌鱼中我们还能看到眼睛，但是当雌鱼成熟后就没有了。这是因为雌鱼从仔鱼转变成稚鱼后，眼睛就停止生长了，因此，即使成熟后体形变得很大，眼睛直径也一直停留在不到 3 毫米的大小。而且，在雌鱼的生长过程中，眼睛会逐渐往里陷，被一层透明的皮肤覆盖，使得辨认眼睛很难。从雌鱼眼睛自身的结构来看，它们没有成像功能，其作用大概只是为了感受光线。所有的这些都表明，成年雌鱼几乎没有视觉能力，她们是海里失明的狩猎者。

有意思的是，虽然雌性密棘鮟鱇几乎完全失明，但是她们捕猎的时候却要依赖猎物的视觉能力。成年和青年的雌性密棘鮟鱇都在背部长着一根向前延伸的长长的**鳍棘**（*illicium*），顶端挂着钓饵（*esca*）（图 8.1）。诱饵顶部有一个球形光腺，里面寄生着可以发光的细菌。这个高度特化的器官不仅给细菌提供营养，还能控制光的强度。光腺里的反射层和色素层决定了发光的颜色和强度，而球形的光导管能将光线聚集再发出。对不同的猎物，雌性密棘鮟鱇还可以控制光的明灭，呈现一闪一闪或是摇曳不定的景象。这个灵活的鳍棘就像垂钓者的鱼竿一样，能向前甩，也能向后拉伸，就像人们喜欢用一些办法让鱼饵看起来像活的一样，雌性密棘鮟鱇也会晃动自己的诱饵，吸引一些正在觅食肉类的猎物过来。

西奥多·皮奇认为，每一种海鬼鱼都会用诱饵去模拟自己猎物喜欢的食物（大多数是甲壳类），根据这些食物的外形和行为来调整诱饵发光与晃动[5]。她笨重的身体融入海底的黑暗中，只剩下一闪一闪的诱饵跳跃在巨口的正上方。一旦有动物被吸引前来，雌性密棘鮟鱇马上迎面将它死死咬住，用她那几排匕首一样的牙齿刺穿猎物。当然这种捕猎手段对她自己来说并不是完全没有风险。一旦她咬住自己的战利品，就没有办法松开了，至少猎物很大的时候是这样的。曾经有人在海面发现死去的雌性密棘鮟鱇，她紧紧咬着比自己还大的猎物，两者头对头地纠缠在一起，最终双双丧命。跳跃着的诱饵有时也会吸引来一些大的捕食者，这样的后果是，她常常和自己的诱饵一起被吃掉。

作为深海里守株待兔式的伏击者，其所面临的不只是危险，还有无尽的独自等待和食物匮乏。在深海区，动物密度低，而发现猎物又需要比较近的距离，因此捕猎者和猎物狭路相逢的机会很少。

为了适应这种资源匮乏的环境，雌性密棘鮟鱇演化出了多种策略。

最显而易见的一种就是用发光的诱饵来主动吸引猎物，而不是把所有的希望都寄托于与猎物偶遇的运气上。在黑暗的深海水中，雌性密棘鮟鱇似乎可以通过猎物移动时产生的水压来感知它们的靠近[6]。试想一下，一只雌性密棘鮟鱇在水中一动不动，静候倒霉的猎物上钩。在猎物开口欲咬住诱饵的那一刹那，她发出一系列迅速有效的攻击。这一连串的动作包括快速张开她那巨大的嘴，露出长着牙齿的上颚，鼓起鳃盖腔和咽腔（基本上是脸颊和喉咙），吸入水的同时将猎物也一并吸进嘴里，猎物瞬间就被钉在了她倒长的牙齿上，随后她就将嘴巴合上。因为她们的头很大，鱼嘴、喉咙和胃也都可以撑大，因此能吃下非常大的猎物。这也意味着，一次成功的捕食可以维持成年雌鱼数月的生存。大多数被渔网捕捉到的或者在沙滩上被发现的雌鱼胃里都是空的，表明她们很长时间都没有进食了。在两次捕食之间的这段时间内，为了保存体力，她们要降低自己的代谢速率，所以不会去主动追捕猎物，而是选择毫不费力地在水中漂流。基于这一特点，皮奇估计雌鱼只需要每三个月吃掉重量为自己体重三分之一的食物就可以了，而且猎物体重越大的话，两次捕食的间隔可以越长。

在这无尽的黑暗中，雌密棘鮟鱇的日子就在漂流、"垂钓"和进食间慢慢过去。然而，她们交配和产卵的行为又是怎样进行的呢？

跟捕食一样，她们碰到交配对象的概率也是小之又小。据我们所知，海鬼鱼不会成群结队，都是毋庸置疑的独居者，因此雌鱼和雄鱼不可能在鱼群里相遇。它们也没有季节性的迁移，所以不可能通过迁移让雌鱼和雄鱼聚在一起。密棘鮟鱇的雌鱼和雄鱼相遇的概率太低，它们找不到合适的对象交配，成了限制这个物种发展的主要原因[7]。

要想雌雄双方相遇，则需要其中的一方不顾一切，把寻找另一半当作生命中的头等大事，而这样的角色落在了雄鱼身上。当年轻的雌鱼正在慢条斯理地进食和生长时，雄鱼们已经开始集中精力寻找配偶了。他们的牙齿和颌骨在变形期后会消失，雄性密棘鮟鱇和雄性黄金花园蛛一样，在寻求配偶的路上没有办法进食。靠着变形之前储存的能量，在茫茫的大海中他们一直游荡着，没有丝毫停歇。一双大眼则透过无尽的黑暗，寻找属于雌鱼的那一瞥光亮。有一些海鬼鱼会用鼻孔来探测水中雌性信息素的信号，但雄性密棘鮟鱇只有退化了的鼻子和嗅觉组织，大概并没有这个能力。取而代之的是他们那双看上去大得有点儿夸张的眼睛。眼睛呈球状，里面的晶体和瞳孔都很大，有很强的聚光能力和广阔的视野范围（图 8.1）。但是对于雄鱼是怎么在没有信息素的情况下识别雌鱼的，我们无从得知。不过雌鱼头顶上的"诱饵"发光的颜色和闪烁的方式都是这个物种所特有的，所以雄鱼很可能是根据这个来判断的。雌鱼成年前背部已有可以发光的结构。在图 8.1 中未成年雌鱼的背鳍前部，可以看到一种结实而弯曲的附属结构，称为肉阜，共有两个，每个里面都填满了能发光的细菌，这在雌性密棘鮟鱇很小的时候就能观察到。肉阜里的发光体完全被遮盖住，光线是不能透过去的，但是雌性密棘鮟鱇似乎可以将发光的细菌释放到水中，发出雨点般的光。肉阜跟雌性密棘鮟鱇的眼睛一样，不会随着身体长大，因此，成年雌鱼的肉阜很小，而且退化。但是在快要成年的雌性密棘鮟鱇身上，肉阜很突出，这也许预示着肉阜的作用仅限于这个特殊的时刻，是雌鱼在向雄鱼表明，她已经做好交配的准备了。不过这些只是我的推测。我在想象，小小的雄性密棘鮟鱇在无尽的黑暗中，在漫漫求偶路上，也许期待着远处突然出现来自雌鱼的欢迎的灯光吧。

稚鱼期的雄鱼很明显早已适应了他们这一生漫长寻偶的任务。他们大而灵活的胸鳍、光滑的皮肤、长长的鱼尾和纤细且一身肌肉的身体（图 8.1），都表明了这一点。同时，他们的头呈流线型，相对来说偏小（不到自身标准体长的 30%），也没有可见的"诱饵"或者鳍棘。他们如此之小（不到 1.2 厘米），长相也与雌性如此不同，以至于动物学家刚开始并不认为他们属于任何一种已知的鮟鱇鱼类，而将所有在寻偶路上被捕捉到的雄性海鬼鱼划分为一个独立的科。直到 20 世纪 30 年代时，他们才被划分到了雌性鮟鱇鱼所在的科，在二十年后才被划分到正确的属和种 [8]。两性差异大到这种程度也是少见。

雄鱼本来就小，加之在寻偶之旅上并不进食，所以也不会再继续生长了。他们靠幼年时储存在肝脏的能量维持生命，而随着时间流逝，他们的肝脏也在逐渐萎缩。对他们的一生来说，寻偶这段时间并不长，只有几个星期或者至多几个月。像雄性黄金花园蛛一样，雄性密棘鮟鱇必须在饿死或者被吃掉（很多深海小鱼的命运）前找到一个配偶。

如果足够幸运，雄鱼能够梦想成真，那他的生活也将随之发生巨大的变化。他会用脱掉胚齿后长出的钳状小齿，将自己附着在雌鱼的腹部，通常在雌鱼的肛门前面（在图8.1中，你可以看到雌鱼腹部上有一条小小的雄鱼）。不管怎么样，这条小小的雄鱼在雌鱼将其咬住之前，成功地附着在了雌鱼身上。人们从来没有观察到海鬼鱼中雄性和雌性之间的互动，所以研究人员也搞不清楚在雄鱼找到一条雌鱼后到底发生了什么。雄鱼能"虎口逃生"也许仅仅是因为他太小了，雌鱼压根就没有把他当作猎物；也可能雄鱼是从后面偷偷靠近，在雌鱼发现他之前成功"登陆"。当然，能避开雌鱼的"诱饵"以及"诱饵"后面的血盆大口全身而退是需要技巧的。甚至也有可能是雌鱼认出了他是个交配对象，或者雄鱼运用了这个物种特有的触碰方式，让雌鱼允许他咬住自己。不管怎样，雄性密棘鮟鱇成功地将自己附着在雌鱼身上，从此永不离开[9]。

于是他们将放弃自由的生活，寄生在雌鱼身上。在寄生的日子里，挂在他们巨大配偶的腹部（图8.2），他们会从瘦长、有着流线型身材的青年变成臃肿、长刺的成年鱼。雄性的外形也会变成真正寄生者的样子，颌骨和口鼻部的组织会向前生长，和雌鱼的肉连在一起，同时雌鱼身上的组织也会向外生长，与雄鱼的嘴内外相连。双方相连的组织周围的毛细血管形成网络，血管相连并且融合，共用一个循环系统。在独立生活时已停止生长的雄鱼，现在有了雌鱼为其提供能量，又会重新开始生长。寄生的雄鱼生长量很大，体长可以达到7~19厘米，因此两性之间的体形差距变小，雄鱼可以达到他们配偶身长的$1/10^{10}$。而为了与雌鱼相配，他们的眼睛会退化，皮肤变暗，周身布满突起。他们的睾丸会变得出奇大，直到占据体腔一半以上的空间，使腹部明显地膨胀起来，

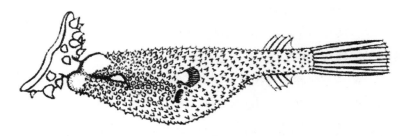

图 8.2　一只寄生在雌性身上的雄性密棘鮟鱇（*Ceratias holboelli*）。图的左侧能看到雌性的部分腹部。雌性和雄性的皮肤上都有刺状突起，雄性嘴边有环状组织，雌性身上有个突起深入雄性嘴里。此图为在得到授权后按照 Regan（1925），图 3 重新绘制。

体形也由瘦长变成圆形。雄鱼从此无法自由移动，身体变得畸形，他们的余生将在雌鱼身上度过，而自己唯一的功能就是产生精子，让雌鱼的卵子受精。

　　在雄鱼睾丸变大、精子变成熟的过程中，雌鱼的生殖系统也因雄鱼的到来而开始发生改变。跟其他的鱼类不同，海鬼鱼双方在相遇之前都不会达到生理上的性成熟。只有在雄鱼附着在雌鱼身上后，雌鱼卵巢才会成熟，并提供卵黄给卵子。这也是密棘鮟鱇为了能在这个与猎物和配偶相遇概率都很低的深海里繁衍下去，所演化出来的策略。雌鱼和雄鱼在交配之前都会一直停在稚鱼阶段，这是为了在性腺成熟之前，雄鱼可以用所有的能量来寻找配偶，而雌鱼则不断生长。虽然雄鱼独立生活的时间只有几个月，但雌鱼的稚鱼期却很长，可以长达好几年，甚至十几年[11]。在此期间，她们的标准体长会增加约 30 倍，从变形期的 1.7~2.1 厘米到交配时的 55 厘米[12]。

对于一条已经成熟，可以开始交配的雌性稚鱼来说，她所拥有的机会其实相当少。皮奇在 2009 年写他的专著时记录了 161 条变形期后的雌性密棘鮟鱇鱼，其中只有 18 条（11%）的身上附着了雄鱼，大部分雌鱼都还在等待雄鱼的到来。那些幸运的雌鱼在拥有了伴侣后就可以开始产卵了，而这时候她们将会面临第二个问题。

她身处海中央，离海面大约 2000 米深，离海底也大概有几千米。她的卵子可以达到上百万个（曾经在一条雌鱼身体里发现 500 万个成熟的卵子）。根据对浅水区鮟鱇鱼的研究，人们推测她是在几天或者数周内多次产卵[13]。即便如此，每次产卵的数量还是有几万到几十万个。她的配偶很小，而且附着在她的腹部不能移动。如果她直接将卵子排在水中，让它们随着水流扩散，那无论雄鱼的睾丸有多大，似乎都无法产生足够多的精子扩散开，让这些卵子全部受精。所以，她是如何产卵以保证卵子都能受精的呢？雌性海鬼鱼自有她的解决之道。

跟她们浅水区的近亲一样，她在产卵的时候会用一层黏稠的保护膜将卵子包住，让这个黏稠的保护膜沿着她的腹部移动，将卵子送到正在产生精子的雄鱼旁边[14]。保护膜上遍布着微小的气孔，这些气孔可以让卵子和外面的水相通。遇到水后，保护膜就像海绵一样，把水和水中的精子都吸进这些小的气孔中，这样就可以让卵子受精了。至于在雌鱼产完一次卵后，保护膜包着的卵子究竟能飘多远，我们无从得知，但最后保护膜会变松，卵子会随之朝海面漂上去。这时保护膜更像"卵筏"，载着正在发育的胚胎来到充满阳光的**光合作用带**，那里温度适宜、食物丰富，只待即将孵化出来的小海鬼鱼们享用。

虽然成年的海鬼鱼生活在**深海区**，但是它们产的卵和孵化出来的小鱼都生活在深度小于 65 米的表层，那里更温暖，食物也更丰富。虽然常年生活在黑暗冰冷、没有四季之分的海底，但海鬼鱼却能在大海表层水域更适合幼鱼发育的时候产更多的卵。例如，在北大西洋的表层，幼鱼在七八月份时最多，因为这个时候最暖和，海里的浮游生物也多。孵化出来的小鱼呈梨形，身体透明，并且已经能隐约看出雌鱼和雄鱼之间的区别（图 8.1）。雌性小鱼的前额和后背能看到小的突起，这些突起以后将发育成鳍棘，用来支撑她的"诱饵"以及释放求偶"信号"的肉阜。孵化出来的小鱼长得很快，几个月就达到 0.8~1 厘米，进入变形期。通常这个时候雌性会比雄性长得要大，但我们不知道这是因为雌鱼本身长得更快一些，还是她们推迟了变形期，以等到体形更大的时候再变形。在变形期，雌鱼和雄鱼的体形都会增大，并且变成它们成年后的样子。雌鱼的头和颌骨不成比例地增大，鳍棘和"诱饵"也开始发育，身体颜色则变深。而雄鱼则相反，身体变得又瘦又长，以便将来能附着在雌鱼身上，头和颌骨也相对较小。

变形期的海鬼鱼将开启重返深海之旅。在第一年夏天即将结束的时候，雄性海鬼鱼会进入独立生存的寻偶期，去深海寻找比他们年长的雌鱼。这整个过程中雄鱼都不会进食，因此一般碰到第一个雌鱼就会附着上去。然而，受雌鱼产卵和幼鱼孵化季节性的限制，无论雄鱼是何时找到雌鱼并附着上去的，他都只能在来年春天或者夏天产生成熟的精子。这样看来，在让第一批卵子受精之前，雄鱼可能已寄生在自己配偶的身上八到九个月了。

雌鱼的生长历程与雄鱼略有不同。在变形期她们也会向下移动，但还达不到大多数成熟雌鱼和雄鱼生活的深度。她们的稚鱼期在相对较浅的水域中度过——距海平面大约 1500~2000 米，在这里生活数年，不断进食，缓慢生长，之后她们再继续向下 500 米，去那里交配和产卵[15]。

这个动作迟缓、漂流在黑暗深海中的巨大雌性海鬼鱼和悬挂在她腹部、身体畸形的寄生雄鱼，无论是在大小、体形还是生活史方面，都代表了所有脊椎动物中最极端的例子。雌鱼和雄鱼在小的时候就很容易区分了，在变形期开始时差异就已经很明显了，在变形期结束时两性差异就更大了，以至于在很长时间里人们都没有想到雌、雄海鬼鱼属于同一个科，更不用说同一个物种了。瘦小光滑、独立生活、四处游动的雄鱼，与皮肤粗糙、颌骨巨大、几乎看不到眼睛、身形笨重的雌鱼，实在很难被联系到一起。再加上他们两者的体长相差 60 倍，体重相差 50 万倍，体形差异惊人。即使雄鱼后来寄生在雌鱼身上，雄鱼体长也只能长到雌性的 1/10，体重则不到其 1/1000。

人们大概会好奇，为什么海鬼鱼会采用这种奇怪的寄生交配策略。但是很遗憾，在野生和饲养环境下，我们都无法观察到活的海鬼鱼，也就无法估量雄鱼或雌鱼的行为和外形相关的特点的达尔文适合度，因此没有办法回答这个问题。不过，我们可以大致推测其中的原因。

首先从雌鱼开始，想想雌鱼巨大身形给她带来的优势。作为鱼类，她们的产卵量毫无疑问会随着体形增大而急剧上升，因此雌鱼体形越大，每个季节每次的产卵量就会越多[16]。而她直接将猎物整个吸入口中吞食的猎食方式，也决定了体形越大可以吃掉的猎物就越大。这一点在深海尤其重要，因为碰见猎物的概率太低，她们很可能要过很久才能吃到下一顿。而体形越大，物质代谢速度越慢，因此体形大的雌鱼在没有食物时可以生存得更久。另外，因为雌鱼用发光的"诱饵"吸引猎物前来的同时，也会增加自己的危险，而个头大的话被更大捕食者吃掉的概率就会降低。最后，体形大的另外一个好处是，她们在为附着在自己身上的雄鱼提供能量和营养的时候，可以尽量少地牺牲自己的生长和繁殖。甚至她们还可以给雄鱼提供更多的营养，让雄鱼长得更大，产生更多的精子。这个结论来自对雌鱼以及寄生雄鱼体形大小的比较：在体形最小的雌鱼身上，附着的雄鱼也最小（标准长度为3.5厘米）。整体上，雌鱼与寄生在她们身上的雄鱼的体形成正相关[17]。遗憾的是，由于没有野生的研究数据，我们无法得知这些与体形相关的优势到底有多重要，也不知道是否还存在其他的原因。不管怎样，可以确定的是，正是因为大体形能带来各种优势，才使得雌性海鬼鱼比自己的配偶要大很多，而且也使雌性密棘鮟鱇成为最大的雌性海鬼鱼。

雄性密棘鮟鱇体形小的原因很大程度上与黄金花园蛛和毯子章鱼一样。因为雌性数量稀少，难以寻找，所以雄性把寻找配偶当成了生命中的头等大事。在前面几章我们提到过，当雄性需要靠斗争或展示外形来赢得雌性芳心时，大的体形更有优势。当雄性之间不存在这样的竞争时，他们就没必要长得很大了。相反，在雌性分布零散的情况下，雄性的繁殖成功率主要取决于他是否能找到一个配偶，在这种情况下小的体形反而更有优势。

跟黄金花园蛛和毯子章鱼一样，雄性密棘鮟鱇的形态和生活史能够最大限度地让他找到一个配偶，并且保证无论何时找到，他都可以开始交配。较早地进入成熟期，可以降低雄鱼还未出发寻找配偶前就死去的概率，也为他们争取了更多寻找配偶的时间，而且能保证一旦他们找到配偶就能立即交配。像黄金花园蛛那样，雄性密棘鮟鱇在寻找配偶的旅程中也不会进食，因此如果在能量耗尽之前还没找到雌性的话，他们的生命就面临危险了。这也意味着，在稚鱼期，除了用于长身体外，他们还要把一些能量储存起来，因此在变形期时他们的体形要比雌鱼小。

变形期的雄鱼皮肤光滑，身体呈流线型，尾部强健有力，在游泳水平上比雌鱼更胜一筹。另外，还有那双为适应寻找配偶而演化出来的大眼睛。我们并不清楚他们的小体形在这个阶段是否有优势，但是一般来说，鱼类体形越大，游得速度越快。另外，如果不论体形大小，能量储存与体重的比例都一致，那么没有能量补给的寻偶期，体形大的鱼应该能游得更远，因为他们单位质量的代谢率更低。

以上这些都表明，在寻找配偶时体形大的雄性更有优势。如此，雄性之所以没有长成大体形的原因，应该是因为大体形给他们带来了其他负面影响。例如，如果要长成大体形的话，寻找配偶前的生长时间就会加长，而他们很可能在这个阶段就死掉。另外，大体形雄鱼的另外一个问题则是，当他们成熟后进入寄生状态时，雌鱼可能难以供养他们。雌鱼需要提供更多的能量给他们，这必然会削弱她自己生长和产卵的能力。因此，就算他们找到了合适的配偶，这一生总的繁殖力也会下降。而小的体形配上大的睾丸则要好得多。雄鱼个头小的话，相对小一点的雌鱼也可以让他寄生，然后依靠雌鱼所能提供的能量生长。

这个交配系统精心设计了雌鱼和雄鱼之间的体形差异，既能让雄鱼找到可以寄生的雌鱼，又能保证雌鱼的生长。虽然说雄鱼体形越大，找到配偶的机会越多，但是这种寄生的交配系统无疑对体形小的雄性更有利。因此，体形最小的雄性海鬼鱼所在的须角鮟鱇科，以及两性体形差异最大的角鮟鱇科都属于这种寄生式交配系统，这一点也不奇怪。

这样的交配方式对海鬼鱼来说，还有其他的意义。雌鱼和雄鱼一旦配对，终身不分离。在之前观察到的18条雌性密棘鮟鱇中，除了有一条雌鱼身上寄生了两条雄鱼外，其他的都只有一条。所以，通常情况下，一条雌鱼只有一个配偶。因此，在接下来每年的产卵季节，这一条雄鱼将多次为雌鱼的卵子受精，直到他死去为止。尽管我们没有关于密棘鮟鱇寿命长短的记录，但是一些商业捕获的与它们大小相当的鮟鱇鱼，可以活16~24年[18]。这样看来，除非因为其他原因提早死去，否则雌鱼和雄鱼一旦配对，他们可以繁衍后代的时间就可以长达数十年甚至更久。因此，与黄金花园蛛和毯子章鱼不同，他们不会交配一次后就死去（黄金花园蛛可以有两次插入）。那些足够幸运找到雌鱼的雄鱼，是目前为止寄生生活的时间占整个生命的比重最大的鱼类。他们繁衍后代的成功并不需要拿生命来换，也不会有其他的雄性跟他们竞争。他们需要付出的是，让自己特化，以适应寄生生活。而且，就像之前所提到的，也许正是这种需要，他们的体形才会比雌鱼小那么多，两性差异程度甚至超过了黄金花园蛛和毯子章鱼。在接下来的几章我们将会看到一些雄性，他们也会多次生育、繁衍更多的后代，也会在体形很小的时候就成熟，并停止进食。

第九章

食骨蠕虫

把丈夫们放在体内的雌管虫

到目前为止，我已经描述了好几个极端性别差异的例子了，如陆生动物中的大鸨和黄金花园蛛、两栖动物中的象海豹、淡水中的美鳍亮丽鲷、浅海区域生活的毯子章鱼，以及深海中的密棘鮟鱇。在这一章里，我们将深入海底，去看看那里的动物是如何生存和繁衍的。

本章将要讲述的动物叫食骨蠕虫，属于环节动物门。这个门还包含我们熟知的其他一些蠕虫，比如蚯蚓和水蛭。但食骨蠕虫与这些远亲相差甚远，在很多方面，如成虫的身体结构、成长和发育的模式以及谋生的方式等都不同。最显著的是，它们成年后会将自己固定在某个地方，这种生活方式在生物学上称为固着式生活。对于两性生物来说，固定在海底、无法移动的生活方式会带来一个问题，那就是双方都无法去寻找另一半进行交配。那么，在具有这种生活方式的动物里，精子是如何与卵子结合的呢？

目前，最普遍的解决方式是"精子扩散"，使其在一定范围内与雌性的卵子相遇。陆地上也有异曲同工的解决方式，如开花植物和针叶树的花粉传播。细小的花粉颗粒借助于外力，比如风、雨水或者昆虫、蝙蝠、鸟类的传播，使花粉到达雌性胚珠里。水中的绝大多数固着动物都是把精子排入水中，使之有机会漂荡至卵子处与卵子结合。而卵子通常留在母亲体内，直到受精后才排出。也有些动物会将精子和未受精的卵子都排放到水中，让卵子在水中受精[1]。

有一些为数不多的雌雄异体、固着生活的动物，它们演化出了一种方式，可以让精子不用借助不确定的水流外力便与卵子结合。食骨蠕虫就是其中的一类，它们所利用的是极端两性差异。在食骨蠕虫的固着地，人们能观察到的都只是成年雌虫。雌虫周身有一个由坚硬透明导管形成的保护壳，而导管内壁依附着成群的微小雄虫。他们还是幼虫的时候就紧紧依附于雌虫身上，并在体形很小的时候就迅速达到性成熟，然后利用短暂的余生制造精子、供卵子受精。这些微小的追求者虽然附着在他们配偶的身上，但与雄性海鬼鱼不同，他们靠自己储存的能量生存。这样的安排对于雌性和雄性都是有益的，因为既能保护雄性，还能让他们把精子产在卵子附近；而对雌性来说，她们随时都可以获得精子。微小、独立生存的雄性并不是寄生虫，他们只是单纯地给对方提供精子，并且不需要对方为此付出任何代价。雄性在体形极小、形态发育极简单、年纪也较小的时候就达到性成熟，生命也很短暂，这些跟之前提到的蜘蛛、章鱼和海鬼鱼一样，都是适应性演化的一个更为极端的版本。

不管怎么说，食骨蠕虫给这类研究增加了新的亮点，它们的故事值得述说。

　　人们对于食骨蠕虫的研究起步比较晚。在 2002 年 2 月，一支来自蒙特利湾水族馆研究所的海洋生物学家队伍，利用遥控潜水器在海底 2893 米处发现了一具腐烂的灰鲸尸体[2]，也就是后来大家所知道的"鲸 2893"。尸体静静地沉在蒙特利峡谷底，距离加州中央海岸约 31000 米。这头灰鲸并没有死去多久，它的骸骨上还残留着肉和软组织，上面聚集了成群的蚕食者。在骨头裸露之处，有一群极小的固生蠕虫，看上去并不常见，固着在骨头深处。它们瘦小的蠕虫状身体包裹在纤细透明的管子里，向上而立，顶上是 4 个鲜红色羽状触须。此次航行中负责研究这些新发现的生物学家，有两位是来自蒙特利湾水族馆研究所的罗伯特·维里詹霍克和莎娜·戈弗雷迪，还有一位是当时在南澳大利亚博物馆工作的葛雷格·劳斯，后来他在加利福尼亚州拉霍亚的斯克里普斯海洋研究所工作[3]。这种奇怪的蠕虫他们之前都没有见过，因此这三位科学家决定一探究竟，看看这到底是哪种生物，又在动物界处于什么地位。两年后，他们在著名的《科学》[4]杂志上发表文章，命名了一个新的属——食骨蠕虫属（拉丁名 Osedax），取意于它们以骨头为食物，而这个属的蠕虫被称为食骨蠕虫。

　　遗传学家将这个属划分到环节动物门，多毛纲，海洋管状蠕虫所在的西伯加虫科[5]。这个科包括一些在深海热泉或冷泉（如衣管虫）发现的大体形管状蠕虫，以及在泥泞、缺氧的深海底部生活的瘦长型 frenulate 蠕虫，和生活在腐烂的有机质上，比如木头或绳子上的少数硬须虫属蠕虫。它们的共同点是，生活在一个大小合适的密闭管子里，管子材料为不透明的壳质或者透明的黏液类物质，紧紧地固着在其他物体上。虽然这个新的食骨蠕虫属与其他管状蠕虫有许多相似之处，但研究人员很快就发现，它们成年后的形态、生理以及生态性状与其他蠕虫有所不同。与本章内容最相关的就是，之前提到的"鲸2893"上的似乎都是雌虫，而没有见到雄虫。

通常管状蠕虫都是密集群居，雄性和雌性一起，外表极为相似。有些管状蠕虫能通过生殖孔的位置来判断性别。再者，雌虫可能会比雄虫体形稍微大些，身体更厚些，但实际上除了内部生殖腺外，几乎找不到其他方面来区分它们。当时在食骨蠕虫群落中并没有发现雄性，直到研究人员将雌虫从它们固着的骨头上取下来，放在显微镜下观察，才发现这些被漏掉的雄性。这些雄性体形极小，像幼虫一样，大量附着在雌虫管子的内壁上。这个极端的两性差异实在让研究人员大为吃惊。因此他们将那篇具有开拓性的科学杂志文章命名为"食骨蠕虫：拥有侏儒男的食骨海洋蠕虫"，同时体现了它们食骨的独特能力和雄性体形极小的特点。

劳斯和他的同事在"鲸2893"上发现了两种食骨蠕虫[6]。他们将体形较大的命名为罗宾普鲁姆斯（拉丁名 *rubiplumus*，rubi 代表红色，plumus 代表羽毛），这个名字取意于每个蠕虫前端4个红色羽状触须。另外一个体形稍小的命名为弗兰克普莱斯（拉丁名 *frankpressi*），是为了纪念弗兰克·普雷斯博士，这位杰出的美国地球物理学家曾担任美国科学院主席十二年，在众多方面都颇有成就。这篇 2004 年《科学》上的文章让两个物种首次进入人们视野。之后，在蒙特利峡谷水下 328~2893 米的鲸骸骨上，又有 13 个食骨蠕虫属的物种陆续被发现，其中在一头鲸骸骨上发现了多达 7 个物种 [7]。加上在日本和瑞典水下 30~250 米处发现的两个物种，到 2010 年，食骨蠕虫属至少已经有 17 个物种 [8]。虽然食骨蠕虫也能生活在其他一些沉入海底的脊椎动物骨头上，比如牛或者大的鱼类，但它们主要的居住地还是鲸骸骨，而且它们也是鲸骸骨的主要分解者之一 [9]。

食骨蠕虫身上最引人注目的就是雌虫顶部触须 [10]。事实上，这些自由舞动、长而优雅的触须起着腮的作用，可以交换水中的氧气和二氧化碳。雌虫的躯干为白色，在一个透明、密闭的管子里，触须由躯干顶部伸出。躯干和触须都能收缩，所以食骨蠕虫的一部分身体可以缩回到管子里。活着的食骨蠕虫可以观察到管子、躯干和触须三个部分，其他部分都嵌在了鲸的骨头里，而正是这个隐藏的部分使食骨蠕虫有了奇异的生理特点。在躯干的末端有一个大的、球形的卵巢。当雌虫性成熟的时候，卵巢会产生大量卵子，膨胀起来。除了卵巢，躯干的末端还长着一些不规则的根，深入骨头。卵巢和根的表层皮肤的下面，有一层绿色组织，称作**营养体**，是食骨蠕虫很重要的一个部分 [11]。

和所有须腕动物门的蠕虫一样，食骨蠕虫也没有嘴和肠子，不能直接消化食物。虽然叫作食骨蠕虫，但是它们并不能像传统意义上那样啃骨头。它们与一种大的杆状细菌组成独特的共生系统，依靠细菌来消化骨头里的胶原质 [12]。雌虫在成年前就从海水中获得这些细菌，将它们隔离在一种特化的细胞里面。这种细胞称为含菌胞，嵌在营养体组织里。体液从触须经过躯干向下到达营养体，为细菌提供氧气，并带走二氧化碳。细菌被保护在营养体里面，利用营养体提供的养分繁殖和生长。而宿主雌虫则靠消化充满细菌的含菌胞来吸收细菌里面的营养。雌虫和细菌这种互相依赖的方式在生物学上称为**互利共生**。须腕动物门也有其他蠕虫是靠共生细菌获得营养，但不同的是，那些共生的细菌是通过氧化溶解在水里的甲烷或者硫化氢生存的。食骨蠕虫与消化骨头的细菌之间的这种共生模式在整个动物界都是独一无二的[13]。

我们对于食骨蠕虫的认识大都来自蒙特利峡谷的那条头鲸骸骨。首次在"鲸2893"上发现食骨蠕虫后，为了弄清这一群群蚕食者究竟是什么来头，蒙特利湾水族馆研究所的科学家们又将另外五头鲸的尸体沉入了水下382~1820米处。他们将那些搁浅在海滩的尸体拖回海中，并在尸体里放入车轮，让其下沉到指定深度。在接下来数月或者数年，他们利用蒙特利湾水族馆研究所遥控潜水器跟踪调查尸体被蚕食和降解的过程。研究食骨蠕虫的科学队伍逐渐扩大，包括了来自加利福利亚、俄勒冈州和丹麦的不同实验室的各个研究小组，到2010年的时候，他们已经在蒙特利海峡发现了多种食骨蠕虫[14]。这些不同的食骨蠕虫在大小、形状和颜色上各有差异（表9.1），分布的深度以及所附着的死鲸年龄也不尽相同，但它们无一例外都靠吸收鲸骨中的营养生存[15]。

表 9.1　三种食骨蠕虫的主要特点

		罗宾普鲁姆斯 *O. rubiplumus*	弗兰克普莱斯 *O. frankpressi*	橙颌 *O. roseus*
雌性	最大的躯干-触须长度 [a]	59	23	26
	躯干长度 [b]	38	4.5	7
	触须颜色	亮红	红色，每个上有两条纵向白色条纹	亮红色，每个上有两条纵向白色条纹
	足	长，分支	粗壮，分裂	长，分支
	管	坚硬，透明	凝胶状，透明	凝胶状，透明
雄性	最大长度	1.1	0.25	0.21
	每个雌虫拥有的平均个数	17–26	—	3.5
	每个雌虫拥有的最大个数	607	80	14
卵	长 × 宽	0.15 × 0.12	0.15 × 0.12	0.13 × 0.09

资料来源：Rouse et al.（2004，2008，2009），Braby et al.（2007），Vrijenhoek et al.（2008），Lundsten et al.（2010）。

注意：长和宽的单位为毫米。

a. 保存的样本会收缩，如果测量活体的话，触须会更长一些。

b. 测量值来同一类型的样本。

排放于水中的受精卵标志着新一轮生命的开始。雌虫的输卵管由卵巢经躯干向上伸展，和触须顶部混杂在一起，成熟的受精卵沿着输卵管一个个排放到水里。雌虫产卵时，输卵管里的卵子直线排列，向上移动，从顶部跳出，就像用豌豆枪射出豌豆那样。卵子比水要重，因此大多数卵子排出后都会沉入一群群管子中。在这个相对安全的环境里，数小时后它们就开始发育，并在两天以内长成卵圆形的幼虫[16]。在这个阶段，它们跟典型的环节动物门幼虫，也就是**担轮幼虫**一样，用一圈摆动的**纤毛**来移动自己。纤毛又称**前毛轮**，跟头发丝很像。

幼虫有一个大的细胞，里面装满了母体提供的卵黄粒，它们不吃东西，而是靠这些卵黄提供的能量生存，以及摆动纤毛，制造漩涡流让自己游动。这是食骨蠕虫的游离期，也是它们找到一具尸骸安家的唯一机会。虽然此事对它们来说意义重大，但是食骨蠕虫的幼虫似乎并不用寻找太久，基本在两周以内就安定下来[17]。因为鲸鱼或其他大型脊椎动物的尸体相比于茫茫海底来说实在是微不足道[18]，食骨蠕虫又必须在骸骨上生长和繁殖，所以这么短的游离期还真让人有点难以置信，不过绝大多数幼虫因找不到居家之所而死去也就不足为奇了。这种策略看上去不太合理，但是就跟买彩票一样，虽然中奖的概率可能小于千万分之一，但是总会有人中奖。同样地，鲸的骸骨能快速被占领也表明了幼虫的卵黄供给足以让它们克服各种障碍，找到合适的栖息地。

幼虫一旦成功登陆，就会用身体后部的 8 对钩子将自己固定在骨头上。然后迅速变形进入稚虫期，再快速生长达到性成熟。在第一头鲸尸体沉入海底后的九个月内，蒙特利湾水族馆研究所研究人员对它进行了五次观测（"鲸 1018"，根据沉入深度命名），掌握了骸骨被占领初期的一系列变化[19]。第一次观测距离鲸骸骨沉入不到两个月，已经能看到成片的食骨蠕虫（拉丁文名为 *Osedax roseus*）。在骸骨沉入三个月后，研究人员取回了第一份骨头样本，发现已有 28% 的雌虫输卵管里面有卵子，27% 的雌虫身体里面附着至少一个微小的雄虫（图 9.1）。雌虫的分布密度达到顶峰，平均每平方厘米有 1.6 个雌虫，而雌虫的平均大小（触须和躯干的长度）也稳定在 1.1 厘米以上。在这之后，密度和体形大小都基本保持不变。直到第九个月取回的样本上，分布密度略有下降，且体形小、没有产卵或者没有雄虫附着的雌虫比例增加，这说明第二代雌虫已崛起。这一系列随后的变化说明食骨蠕虫能快速占领新的尸体，雌虫会迅速"扎根"于裸露的骨头，快速生长至成年，然后开始产卵和招集雄性，形成群落，繁衍一代又一代的幼虫，生生不息。

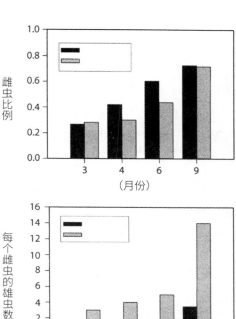

图 9.1 "鲸 1018"上拉丁文名为 *Osedax roseus* 的食骨蠕虫成熟程度和雌雄比例随时间的变化。上图：拥有至少一个雄虫的雌虫比例（黑色），输卵管有卵子的雌虫比例（灰色）。下图：每个雌虫拥有的雄虫平均（黑色）和最大（灰色）个数。数据来自 Rouse et al.（2008）。

对蒙特利海峡鲸骸骨的重复研究发现，食骨蠕虫群体可以维持多年：在"鲸1018"沉入海底四年后，拉丁文名为 *O. roseus* 的食骨蠕虫群体仍然很兴旺；沉入海底三年的"鲸1820"骸骨上拉丁文名为 *O. rubiplumus* 的食骨蠕虫群体也仍然数量繁多，而拉丁文名为 *O. frankpressi* 的食骨蠕虫群体在"鲸2893"上生活了六年之久，直到再也看不到鲸骸骨的踪迹[20]。不管怎样，群体能存活多久最终取决于骸骨的降解情况，骸骨完全降解之时，也是蠕虫群体灭亡之日。换句话说，这些蠕虫一点点吃掉了自己的家园。

要在资源日益减少的环境下世代繁衍下去，雌虫必须快速生长和成熟，产生大量卵子，并给卵子提供足够的卵黄以保证其营养[21]。因为对每一个后代来说，能找到合适栖息地的概率非常低，所以雌虫将成功的赌注押在产生大量的后代上。一般在这种情况下，卵子数目庞大但个头很小，而雌性食骨蠕虫显然不能采用这一策略。她必须给每一个卵子提供足够多的卵黄，除了让不进食的幼虫在找到栖息地之前有营养来源，对那些雄性后代来说，这些卵黄更要维持他们的一生。产生这么多的大且富含卵黄的卵子是一项十分艰巨的任务，需要大量的投入。为此，雌虫卵巢所占身体的比例也就相当大。在定居骨头上二到三个月时，雌虫就开始产卵，平均每天可产数百个。

雄虫成熟的速度也很快，亦会在产生精子上耗掉很大一部分能量，跟雌虫相比，他们的消耗有过之而无不及[22]。雄性的幼虫进入雌虫管子内壁后，用自己尾部的钩子将自己固定住，然后紧锣密鼓地开始产生精子（图9.2）。虽然已经达到性成熟，但他们仍是幼虫形态，体形很小，大多数不会超过 0.25 毫米（表 9.1）。除了精细胞（以后会发育成精子），成熟的精子和卵黄，雄虫的身体几乎不含其他部件了（图 9.2）。在雌虫的"后宫"群中，体形最小的雄虫（也可能是最年轻的）是圆形的，体内充满卵黄，没有精子；大一点的雄虫会变长，只有一点点或者没有卵黄，并有大量的精子；而最大的那些雄虫既没有卵黄也没有精子，表示它们已经耗尽了自己的生命能源和生殖力。这些雄性吸收受精卵时期母亲提供给的卵黄里的营养，产生精子使之与卵子结合，他们的生命也因此一点一点消失殆尽。

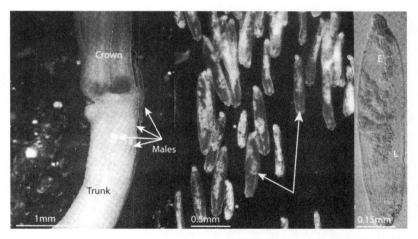

图 9.2　拉丁文名为 *Osedax rubiplumus* 的雄性。左图：在雌虫身躯的上半部分和触须基部可以观察到数个小的雄性。雄虫附着在雌虫管子上，管子透明，难以辨认。中图：将雌虫身上的雄虫按体形大小排序，最小的雄虫（*）短且充满卵黄，大的雄虫（箭头）体内有精子和精细胞，但是几乎没有卵黄，其他中间大小的既有精细胞也有卵黄。右图：一个体内有早期（E）和晚期（L）精细胞，没有明显卵黄的雄虫。照片版权归 Greg Rouse（斯克里普斯海洋研究所）。

因为雄虫小且短寿，所以一只雄虫显然无法满足雌虫一生数量巨大的产卵量[23]。为了让雌虫生殖力最大化，新的雄虫必须不断地补充进来，甚至有时多个雄虫同时为其提供精子。有证据显示，配偶不足会影响雌虫的生殖力。而要拥有足够数量和源源不断的配偶，对雌虫来说是个难题。也观察到过一些雌虫，她们的管子里没有雄虫，但是输卵管里有即将产出的卵子。在"鲸1820"和"鲸2893"上有4%的 *O. rubiplumus* 雌虫是这样，在"鲸1018"上，有10%的 *O. roseus* 雌虫如此。事实上，雌虫卵子的受精率比较低。统计受精率需要将输卵管的卵子全部收集起来，然后观察它们有多少能发育成幼虫。在野生环境下无法完成此项研究，但葛雷格·劳斯和他的同事将捕捉来的野生雌性食骨蠕虫养在实验室，收集了她们的卵子[24]，发现只有63%的雌虫的卵子是几乎完全受精的，25%的雌虫所产的卵子完全没有受精。这表明在食骨蠕虫中，雄性和精子是有限的资源。雄性数量在群落的早期会格外少（图9.1），而雌虫早期的生殖力也常常会因此而比较低。但是随着时间的推移，雄性数量会越来越多，明显高于雌虫，到最后几乎所有的雌虫都有至少一个配偶，有些甚至有几十到上百个（图9.1，表9.1）[25]。

在食骨蠕虫中，交配是一件完全随机的事，也就是说，有一些雌虫仅靠运气就能够拥有比其他雌虫更多的配偶。有一些雌虫在碰到雄虫之前就达到了性成熟，而相反，每六个雌虫里面有一个在产卵之前就能碰到雄虫，这些都纯属运气[26]。随着雌虫年龄越来越大，没有配偶的雌虫的比例会越来越小，雌虫的平均配偶数量也会增加[27]。而正因为如此，年龄和体形的增长给雌性食骨蠕虫带来了其他雌性动物没有的好处。跟大多数动物一样，雌性食骨蠕虫一生的繁殖力会随着她们年纪变大而变大，因为每多产卵一次，她们的产卵总量就会增加。而身体也会随着年龄长大，所以越老的雌虫体形就越大。如果跟其他动物一样，雌虫的繁殖力随体形增大而增强，那雌虫的年纪越大，日均产卵量就会越大。更不用说她们累计的产卵量本来就更高，这也就是长的生育时间和大的体形给雌虫带来的好处，且在绝大多数动物中都是如此。然而，除此之外，长寿还能提高雌虫的卵子的受精率。大多数雌虫在成熟初期，卵子的受精率可能很低，因为这个时候她们也许还没有遇到配偶，或配偶的数量很少，不足以让她所产的卵子都受精。但是如果她寿命够长的话，她会拥有越来越多的雄虫，让所有产出的卵子都可以受精。因此，雌虫生命早期的产卵会降低她的总体繁殖力，而晚期则相反。

鉴于只有成功"扎根"的雌虫管子内才有雄性，可以肯定的是，最初登陆鲸骨头的都是雌性，因此雄性数量的增长要落后于雌性。如果水中数目庞大的幼虫源源不断地像雨点般落到鲸尸体上，事实也的确如此，那对于那些要登陆到雌虫身上的雄性幼虫来说，会发生什么呢？他们会死去么？幸运的是，要让雌虫和雄虫登陆方式不同，食骨蠕虫的解决方式绝不是让那些登陆在骨头上的雄性幼虫们过早死去，它们的解决之道要合理得多。

事实上，根本就不存在成群的雄性幼虫。现有证据表明，大多数食骨蠕虫的幼虫并没有雌雄之分，它们是根据登陆位置不同发育成不同性别。登陆在骨头上的发育成雌性，而附着在雌性身体上的则发育成雄性。这种由环境决定性别的方式跟我们第二章曾简单描述过的绿匙蠕虫有着异曲同工之处[28]。与食骨蠕虫一样，绿匙蠕虫也有着极端的两性差异，雌虫拥有着小型雄虫组成的"后宫群"。幼虫也是在水中游动散开，到"定居"下来时才发育成雄性或者雌性。固着在海床上的幼虫变形后长成雌性，生长缓慢，直到两年后才长成囊状成虫。与之相反的是，登陆在雌虫身上的幼虫迅速变形成雄性，几乎不怎么生长，在数周内就发育成熟。登陆在雌虫身上的幼虫遇到由雌虫分泌的一种或多种化学物质，其向雄性发育的通路就会打开。只有大约2%的幼虫不需要这些化学物质就可以发育成雄性。游动的幼虫会受到成熟雌虫的强烈吸引，优先固着在雌虫的口部。这种登陆地的偏好性，再加上幼虫快速的雄性化，使得雌虫身上的雄虫数量不断增加，以至于在成年群体中雄虫数量会明显偏多。要证明类似的环境决定性别的机制在食骨蠕虫中也存在，需要做一些必要的实验。但我们并没有做过，所有我们不能肯定地说，食骨蠕虫登陆鲸骸骨的情况跟绿匙蠕虫相同。但是，这仍然是对食骨蠕虫雄性和雌性不同的登陆方式、登陆前没有性别之分的最好解释[29]。

从受精卵离开卵管开始，到未分化的幼虫登陆骨头，再到拥有"后宫群"的成熟雌虫产生新的受精卵，食骨蠕虫的故事就这样周而复始发生着。从任何角度来看，食骨蠕虫都是一个奇妙的生物。成年的雌虫跟任何其他动物都不同，她们和细菌之间的这种互利共生的方式在动物界独一无二。它们只在幼虫阶段和其他环节动物的蠕虫有关联性。雄虫很小，跟幼虫差不多，除了能产生精子外，没有其他功能，而且一生都靠母亲提供的卵黄生存。而令人惊奇的是，雌性成虫和雄性成虫遗传物质上并没有什么差异。决定它们性别的开关由环境决定：登陆在骨头上就发育成雌性，登陆在雌性上就发育成雄性。变成雄性的成虫会停止发育，立即开始产生精子，并终身保持幼虫的外形；而发育成雌性的固着在骨头上，从周围获得与之共生的细菌，并且继续生长，长出躯干、根、触须，以及卵巢，并在卵巢里产出大量的卵子。

　　尽管很难想象还有其他动物会比食骨蠕虫更奇特，但这样的物种的确存在。下一章我们要将要讲述的掘穴藤壶，它们的两性在体形上的差异没有食骨蠕虫这么大，生活方式也很普通，但它们微小的雄性的外形和行为确实相当不同寻常。

第十章

掘穴藤壶

囊状的雌性藤壶与雄性后宫群

藤壶属节肢动物门，而这一巨大的门的主要成员属于活跃的、多足的、身体硬化的动物，包括昆虫、蜘蛛、蟹、虾、蜈蚣和百足虫。然而，与大部分节肢动物门中的其他类型的动物不同，藤壶几乎都是不能自由活动、生活在海底，并且自成年后便附着于一个地点度过余生。普通藤壶和鹅颈藤壶是我们最熟悉的藤壶，其踪影常密密麻麻地出现于石头上、桩基上、船壳上，甚至鲸鱼的皮肤上。在退潮时，你经常能发现成簇的坚固的藤壶，它们完全地覆盖了它们所黏附的石头，或者桥墩基部。由于它们这种在其他基质上形成二级表面的习性，生态学家将普通藤壶和鹅颈藤壶称作"覆盖物"（encruster）。这两种藤壶的区别在于，前者直接将它们的壳板黏附于它们所定居的基质上，而鹅颈藤壶则用肉质柄部黏附于基质以支撑自身，而它们的壳板则集中于肉质柄的顶部。初看起来，大部分的藤壶像是固着的、带壳的软体动物，而不像它们更活跃的节肢动物近亲，但细细来看，它们的节肢动物特征便变得明显起来。脑补藤壶的形象最简单的办法是，想象一个小型的像虾一样的动物，躺着用它们的足将食物舀进嘴里。假如你看见周围满是带着壳板并黏附于石头上的动物，那它八成是典型的藤壶了。藤壶所属的节肢动物分支的名字是蔓足亚纲（*Cirripedia*）[1]，在拉丁语中的意思是"足部弯曲的"。而这里指的是，在动物进食时从壳板顶部伸出来的长长的带软羽的足。其优美的足轻柔地内外蜷曲，捕获浮游生物，并递入嘴中，而身体的其他部位则安全地躲藏于壳板内。

虽然大部分藤壶是雌雄同体的，但一般来说它们会避免自体受精。相反，它们从周围的邻居那里寻求交配。然而这可能是相当困难的，因为每一对多情的藤壶都固定地附着于一处；不过，它们已经进化出一种相当奇妙的解决方法。藤壶的独特之处在于，它们是已知的动物里具有相对身体大小而言最长的阴茎的动物。有些藤壶的阴茎膨胀起来的时候，其长度超过身体直径的8倍[2]！这些巨大的交配器官在收缩后可以变小，并卷曲起来，直到产生急切的交配冲动的时候。然后阴茎便要执行所有的艰巨任务，包括寻找交配对象、插入与射精。它将自我延展、探出壳板之外，并在壳板的四周缓慢探索，明显是在感知一定范围内的其他个体及其生殖状态。假如一个邻居有成熟的卵子并做好受精准备，它的壳板会稍微张开，来回踢打的足也会短暂休息，以方便阴茎进入并排放精子。而不情愿的邻居则会在阴茎到来时突然关闭壳板孔隙，以发出足够清楚的信号。在繁殖的高峰期，藤壶群体的世界里充满了到处探寻的阴茎，这些阴茎晃荡、探测并延展，延展到它们身体之外不可思议的远处[3]。

虽然这样的交配策略看起来肆意妄为、极富想象力，但当藤壶群体密度小时，便受到明显的限制。假如在阴茎可触及的范围内没有邻居，则藤壶将无法交配，不管是作为雄性还是雌性，除非它自体受精，而这又似乎是藤壶极不情愿采用的策略。对这一困境的神奇的解决途径是，那些可能会处于低群体密度的藤壶将放弃它们纯粹的雌雄同体，而要让雄性出发去寻找并附着于更大的固着雌性，或是固着雌雄同体者。[4]这些雄性通常会非常小，并具有极度简化的身体。一旦他们找到一个配偶，他们将终生黏着她，并一生都致力于为她的卵子受精。查尔斯·达尔文是第一个描述藤壶这种交配系统的，达尔文称这种与雌雄同体的藤壶配对的微小雄性为"补充生殖型"，并且为这类雌雄异体中的小型雄性保留了"侏儒"的术语，而他的原始术语流传至今。在《物种起源》中，达尔文惊异于这些雄性形态上的退化，将其描述为"只是一个粗布袋，它们只存活短暂的时间，除跟生殖有关的器官外，没有嘴和胃及所有其他重要的器官"[5]。

达尔文认为雄性藤壶中的侏儒与其功能补充性是一种退化现象，这在生物学上没错。雄性食骨蠕虫还处于幼虫的形态时便直接停止发育，并开始生殖；与此不同，雄性藤壶则要经历一系列的幼虫发育阶段，具有高度复杂和发育完全的器官及器官系统，直到变形成为简化的、囊状的成年形态。这种成年的形态和功能的简化，揭示了完全变态发育（字面意思是，在发育阶段间的身体的重塑）的巨大优势。变态发育使得动物的每个生命阶段都能适应于其自身环境，而不被早期或晚期发育阶段的需求所限制。（想象毛毛虫变态发育成蝴蝶，或蛆虫发育成苍蝇。）大部分藤壶具有自由游动的幼虫，并能变态发育成固着成体，永久性地依附于基质上。幼虫和成体阶段的需求是明显不同的。幼体藤壶需要复杂的形态结构和感官能力，因为它们需要扩散，并最终找到并安置于一个合适的基质上，而它们的复杂性对这样的功能来说是适应的。变态发育使得一个典型的固着藤壶成体适应于它们作为"浮游物猎食者"的生活，固定于一个坚固基质的一处。而同样的变态发育使功能互补型的侏儒雄藤壶能够重塑自身，形成退化的特化成体，以便为卵子受精。正如达尔文所推测的那样，矮小的雄性藤壶处于退化的形式。然而，他们正是为了实现其作为雄性的生命功能才高度特化的。

目前为止我所描述的典型藤壶，构成了藤壶里目前为止最大的一个分支，合称为围胸目（*Thoracica*）[6]。虽然掘穴藤壶和围胸目的成员有许多相同特征，但它们形成了自己的独立分支，称为尖胸目（*Acrothoracica*）。尖胸目藤壶的最独特性状是，它们没有自己的壳板，所以，它们穴居于其他海洋动物所遗弃的骨壳与骨架中。被遗弃的骨壳中具有寄居的掘穴藤壶的唯一迹象，便是微小的孔隙，通常小于 1 毫米，那些孔隙是掘穴入口的标志。这些掘穴藤壶自身是极小的，身体最大的直径基本不超过 5 毫米，并且它们成年后就永久性地固定在洞穴内。它们过着孤立的生活，邻居间被宿主石灰质基质分隔着，而不是与邻居紧密地生活在一起以形成高密度的群体。甚至在密度相对较大的一个物种的骨壳或骨架内，洞穴之间的距离也超过了邻居间阴茎可以达到的范围，于是藤壶典型的邻里间的交配策略注定要失败。为了突破这一限制，掘穴藤壶放弃了雌雄同体，而倾向于雌雄异体的交配系统，其中结构与功能上均有所简化的侏儒雄性，与大得多的雌性共同生活在雌性的洞穴里。雄性藤壶确实微小，平均长度小于 0.5 毫米，几乎仅由一个膨大的精巢和一个阴茎构成。而正如我们想的那样，其阴茎能延伸至超过身体的好几倍长（图 10.1）。雄性藤壶永久性地将自己附着在雌性身体上，正如其他藤壶附着在非生命的基质上那样，而之后他们便用他们超大的阴茎，越过他们的定居点与雌性输卵管开口之间的距离，而那个开口便是受精发生的地方[7]。

在图 10.1 中所展示的掘穴藤壶的学名叫"掘穴藤壶"（*Trypetesa lampas*）。这个物种是第一个被描述的尖胸目藤壶（1849 年，汉考克描述），并且至今仍是人们所知最多的一种藤壶[8]。其成体生活在海岸线的较浅处（小于 50 米），比如在欧洲西海岸、地中海和北美东海岸，而它们的洞穴最常见于那些已被寄生蟹二度占领的、死亡的峨螺和海螺的钙质螺壳内[9]。由于两种性别的藤壶与常见的动物形态都没有丝毫相似之处，我最好从解释图 10.1 开始以展开叙述。

上面的图片所展示的，是一个成熟的雌性藤壶，她已经被围好了，并通过溶解其周围的骨壳（在这里则是佛罗里达海螺的螺壳）以脱离于其洞穴。我们在看她的时候，像是透过其所黏着的螺壳壁看过去的。她的身体被坚硬的囊状的覆盖物（这种组织分泌围胸目藤壶的壳板）所包围，而图片上部的孔则是由覆盖物所形成的套膜腔的开口。在活的藤壶里，这个开口的组织将会形成寄主骨壳孔隙周围的刚毛状边缘。在套膜腔的内部（当然在图片里看不见），雌性

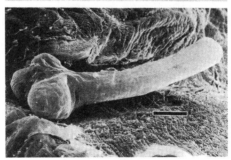

图 10.1　上图：一只成熟的雌性掘穴藤壶（*Trypetesa lampas*），从她的巢穴中被剥离下来。只有外套膜的外表面是可见的，而在照片中其套膜腔的开口可以从顶部看到。箭头指示了她的外套膜上的四个雄性中的一个。刻度尺代表的长度为 0.5 毫米。下图：箭头所指的是雄性的局部放大，可见其向右延展的阴茎（并未膨胀）。刻度尺为 0.1 毫米。照片来源于 Gotelli and Spivey（1992）中的图 1，并获得了出版许可。

藤壶的身体卷曲起来，使得其前部和后部的两端都靠近套膜腔的开口。为脑补这一形象，想象你在一个睡袋里，尝试蜷起身体以触摸脚趾，而手和脚都处于睡袋的开口处。与你的双手双脚不同的是，雌性藤壶有四对修饰足（modified legs），叫作卷须（cirri），雌性藤壶使用这些卷须时的样子，就像用网在水里打捞食物颗粒，并输送到她的口器里。其中三对卷须在她的 U 形身体的后部（类似于你的腿和脚），而第四对卷须则在前部（类似于你的手臂和手）。雌藤壶的口器和她成对的输卵管的开口聚集于前部卷须基部附近（类似于你的头处在两条胳膊基部之间）。通过有节奏地收缩外套膜以及拍击卷须，雌藤壶可以制造出一股水流，以便将食物颗粒与氧气输送到外套膜的开口，并将二氧化碳与废料排放出去。我们在照片中只能看见外套膜的外表面，而外套膜在正常情况下都是紧紧贴着骨壳壁的，所以我们只能囿于对待在里面的、弯曲的、形状像虾的雌性藤壶的想象。成熟的雌性掘穴藤壶在穴居藤壶中算是很大的了，其外套膜的平均直径有 5~11 毫米。构成照片里外套膜可见部分的基本上都是大的盘状物，被称为卵巢盘，因为成对的卵巢就处于其下面，延展于雌藤壶弯曲的背部。卵巢盘是扁平的或是圆盘状的，以便适应于狭窄的洞穴的内表面，而洞穴又必须吻合宿主骨壳壁的厚度（通常约 2 毫米）。

在卵巢盘和外套膜之间，你可以看到小的、上举的圆形把手状组织。这是角质柄，而雌藤壶正是以此黏着于骨壳壁上。就在黏着的角质柄的下方，照片右边的白色箭头指示了一个黏附于雌性外套膜表面的雄藤壶，而下方的照片则更清晰地展现了这个雄藤壶。他的解剖学特征是一目了然的。他的长阴茎向右方延伸，即便并未处于膨大的状态，已经使其圆形的、有小叶片状的身体显得渺小了。为了使雌藤壶的卵子受精，雄藤壶的阴茎将膨大，并充分延展、进入套膜腔，这样精子便能够排放到雌性输卵管开口附近。除了阴茎外，雄藤壶身体的主要构成便是单个的大精巢，即储存精子的生殖囊，同时也储存脂质液滴以提供能量。他没有口器、肠道或任何消化器官，因此很显然他的生存依赖于储存好的养料。和食骨蠕虫一样，他们的寿命和精子的生产必须依赖于成熟前所储存的能量。

　　成年掘穴藤壶的性别二态性不管在哪一方面都是真正超乎寻常的。雌藤壶的平均体长是雄藤壶的 10 倍，而体重则是雄藤壶的 500倍[10]，并且，一旦成熟，两种性别在形态学上将没有任何的相似性。若不是因为人们发现成年雄性生活在雌性身上，并使其卵子受精，没有人会将它们鉴定为同一个物种的成员。神奇的是，这种显著的性别二态性，只有在藤壶幼虫定居下来并变态发育成幼体时才开始产生。雌雄两性都要经历多个幼虫发育阶段，这是大部分藤壶通常都有的，也与许多其他甲壳类动物相似。它们从母亲的套膜腔诞生出来时，是自由游动的三角形幼虫，叫作无节幼虫（nauplius），看起来与它未来的成体毫无相似之处。虽然许多甲壳动物的无节幼虫活跃进食，可掘穴藤壶或其他掘穴藤壶的幼虫却不会。正如食骨蠕虫的幼虫一样，掘穴藤壶的幼虫也完全依赖于母亲的卵黄来为自身的发育提供养料。它们在无节幼虫的阶段要蜕皮三次，而每次蜕皮只略微长大一点，然后便要经历第一次变态发育，使自己变成另一种叫作介虫（cyprid）[11] 的幼虫。介虫有双瓣的小壳，就像是有眼有腿的游动的小蛤蜊。它的主要任务便是找到一个地方定居下来，为此它使用一种特化的附肢——触角，可从身体前向外伸出，直到小壳之外。介虫在可能的合适骨壳表面晃荡，用触角来检测骨壳的化学信号、材质以及轮廓。一旦找到一个合适的地点，它将用触角钩住，分泌出蛋白、酚类与酚氧化酶的混合物，而这些混合物将在数小时内硬化，变成有弹性的醌单宁蛋白，以此来将自己锚定下来。这种不溶性的黏合剂形成胶质的固着柄，将介虫牢牢地固定在基质上，并从此结束其游荡的生活。

直到这个定居阶段，也不能很好地分辨出雄性和雌性藤壶，它们发育的过程也类似于其他的藤壶。然而，在定居后的几个小时内，介虫就经历另一次变态发育，变成藤壶幼体，而此时正是两性急剧分化的开始，也正是此时掘穴藤壶的独特性开始显现出来。假如介虫是雌性的话，她变态发育而形成的幼体将类似于成体的微缩版，在其外套膜内蜷缩起身体。起初这个微小的雌藤壶通过她触角的顶部，黏附于宿主骨壳的外部，但很快她便开始分泌化学物质以溶解钙质骨壳，启动其洞穴形成的过程。在连续几次蜕皮后，她的外套膜将被壳质小齿覆盖，这些小齿的功能类似于砂纸。外套膜的收缩带动小齿在骨壳上刮擦，最终将在雌藤壶正在生长的身体附近挖掘出一个细长的洞穴。每一次蜕皮都会使骨壳上的黏着点扩大并逐渐变成一层黏液，直到变成照片中的明显的加厚角质手把。生长及一个合适洞穴的打造，是一个漫长的过程，雌藤壶要经历6~9个月卵巢才能成熟，并开始产卵。到这时，她已经在骨壳上深入地挖掘，并扩充了她的套膜腔与洞穴，以便容纳其产下的卵。当她的卵成熟时，她将通过输卵管将它们排放到套膜腔，以等待受精。受精的卵仍留在她的套膜腔，直到孵化，随后自由游动的无节幼虫将从套膜腔的缝隙游出来，开始它们寻找洞穴与安家的生命周期[12]。

当然，只有当雌藤壶成功地吸引了至少一个雄藤壶来为她的卵受精，这一切才能发生。与绿匙虫幼虫和食骨蠕虫的幼虫不同，掘穴藤壶幼虫在遗传上就已经决定了性别。这意味着，已经定居的雌藤壶必须要吸引雄性介虫过来。[13] 为了提高这一概率，她们通过向水中释放信息素来引诱过往的雄性。雄性介虫会被这些化学信号吸引，并积极地游向信号源。有些雌藤壶在这一点上非常在行，能吸引很多雄性，聚集成"后宫群（harem）"，这些后宫群最多可聚集 7~15 个雄性。然而，找到一个配偶却显然是一个随机事件。研究者尼古拉斯·高特力和亨利·斯皮维调查了佛罗里达州阿帕拉齐湾的雌藤壶上的雄性的分布，他们发现，45% 的雌藤壶上完全没有雄藤壶。[14] 假如雄藤壶对雌藤壶的选择是随机的，那这个比例将远小于此；实际上雄藤壶定居于更大，也即更老的雌藤壶的可能性更大。高特力和斯皮维推测，雄藤壶被动地定居在雌藤壶身上，其数量与雌藤壶所能提供定居的表面积成比例，而这将造成对更大的雌藤壶偏向性。不过，第二种可能性是，更大的雌藤壶之所以吸引更多的雄藤壶，是因为她们能释放更多的信息素。而第三种可能性则是，雄性主动地选择更大的雌性，是因为她们有更大的潜在繁殖力。不幸的是，这些假说并没有被验证，因此，即使这些假说有可能成立，我们也不知道哪种解释是正确的。尽管如此，高特力和斯皮维的研究确实说明了，找不到一个配偶将是雌性掘穴藤壶真正的风险，尤其是当她们年轻、体形小的时候，雌藤壶常必须活过好几个繁殖季才能繁殖成功。事实上，对这样的小动物而言，她们确实有很长的寿命，通常在定居后还能生存和持续生长达 2~3 年之久 [10]。

以上是雌性掘穴藤壶的故事。而假如这个介虫是雄性的话，那么等待着他的将是完全不同的命运。在他们变态发育成幼体的过程中，雄性再吸收（消化）他们大部分的器官系统，并变得比介虫时还要小一点。然后简装版的雄性幼体以惊人的速度开始发育出他们的生殖系统。在定居后的 24 小时之内，大精巢显然已经分化，而在几天之内，微小的雄性将完全成熟，并有能力使卵子受精 [15]。只有在早熟的雄性已经定居在雌性身上后，这种快速的成熟才是有用的，为此雄性介虫要花费大量的时间以搜寻合适的成熟雌性。通过触角检测信号，他们似乎可以选择特定的骨壳，继而选择那个骨壳上特定的雌藤壶。一旦他们将目标锁定在一个雌性上，他们会在她的外套膜上探索与检查，寻找最佳的位置以固定自身。他们倾向于黏附在卵巢盘的前面部分，靠近于雌性将自己固定于骨壳的角质柄，同时靠近于外套膜的开口，即照片（图 10.1）中 4 个雄性聚集的地方。然而，由于雌藤壶常常接纳不止一个雄性（高特力和斯皮维的调查中的 35%），因此新来的可能发现其他早来的雄性已经定居下来，并已经占据了最佳的位置。后来者会避免过于靠近已固定好的对手，因此他们倾向于定居在比没有竞争的情况下离外套膜空隙还要远得多的地方。由于每个雄藤壶都固定于一处，因此新来的无法像对待小个的雄性象海豹那样，通过任何身体上的恐吓以驱逐已经安定好的雌藤壶。取而代之的是，对最佳位置的竞争，使来得足够早以占据最佳定居点的雄性受到青睐；或者是，拥有非常长而能延展的阴茎的雄性，因为他们即便没有获得一个"前排"的位置，也能够使雌藤壶受精。一个雌藤壶拥有不止一个雄性的事实同样意味着，一旦雄藤壶们定居下来，他们必须为使她受精而竞争。很有可能的情况是，在这样的"生殖斗争"中所能获得的优势，将促使雄性产生大量的精子，并且能快速补充其精子供给，以便努力满足多次交配。由此看来，雄藤壶将其大部分的体重分配给大精巢，不惜以再吸收其他器官系统为代价就不足为奇了。这些微小的雄藤壶可能还需要一个额外大的精巢，以及一个相对于身体大小来说超长的阴茎，仅仅是为了弥补两性间体形分化的差异。毕竟，即便从最佳的定居点开始算，离雌藤壶的输卵管还有很长的距离，并且为了使雌藤壶所有的卵受精，数量巨大的精子很可能也是必要的。

　　虽然对雌藤壶身上最佳位置的竞争使雄性倾向于更早地定居下来，但没有证据表明雄性比雌性要更快地完成幼虫发育。就我们目前所知，两性是以相同的速率经历不同发育阶段的。它们成熟的年龄相差很大，但这完全是由雄性介虫在定居和蜕皮后更快的成熟速率造成的。只是在定居之后，从幼体阶段开始，两性才开始以不同的时间尺度生活。雄性停止了生长，快速成熟，并英年早逝，他们定居后97%的生活角色，都是"全职繁殖"的成年雄性。他们中的大部分只存活3~4个月，大约是雌藤壶寿命的十分之一，而当他们成熟、交配，随后死去时，他们同龄的雌性甚至还没有性成熟。（他们所寻找的雌藤壶须得是上一代的，并且已经度过足够长的时间以定居和成熟。）雄藤壶比雌藤壶更有可能生存到繁殖的年龄，这仅仅是因为他们不需要在繁殖前生存那么长的时间；不过他们很有可能只能存活一个繁殖季。

与此相反，雌藤壶在定居后仍持续生长，并在繁殖前要生长一段时间，还会存活好几个繁殖季，其定居后只有 75% 的时间是用来"全职"繁殖的。雄藤壶只能与一个雌藤壶交配，而雌藤壶一次能聚集不止一个雄性配偶，而每个繁殖季又能招揽新的雄性。掘穴藤壶雌性和雄性间生活史的性别分化程度，就如同他们两性间的形态差异那样同样令人震惊。

掘穴藤壶和第九章中的食骨蠕虫之间的相似性，也是令人震惊的，同时也能为我们带来启示。两者都有长寿的、固着生活的雌性，以及短命的、侏儒的雄性，且雄性生活在他们的配偶身上。在两个物种里，幼虫都会在不进食的情况下扩散、寻找栖息地，期间仅仅依赖于母亲的卵黄所提供的养料生存。两者的雄性都会在定居后快速成熟，并变成结构与功能上都简化的成体。他们从来不进食，只存活短暂的时间，并被他们的能量储存所限制。相比之下，雌性成熟后会变成复杂的、功能齐全的成体，而在她们成熟前则会进食与生长；她们拥有相对更长的成年期，期间她们将反复多次地产卵、聚集多个配偶。食骨蠕虫和掘穴藤壶两性间的差异都在幼虫定居后才显现出来，因此，性别的优势必须只在成年的、固着的生命阶段才体现出来。这意味着，只有在雄性找到一个配偶后，他们小个的优势才会体现出来。这相较于我们在其他具有侏儒雄性的物种里所看到的情况来说是有些奇怪的。在圆蛛、毯子章鱼和鮟鱇鱼中，两性的体形差异在雄性开始寻找配偶前便已经显现出来，而雄性更小的体形，在其寻找广泛分散的雌性的时候，将以某种方式使其受益[16]。食骨蠕虫和掘穴藤壶显然表明了他们并没有这样的需求。虽然扩散和寻找配偶都是食骨蠕虫和掘穴藤壶生活史的重要组成部分，但雄性和雌性体形大小的分化是直到定居之后才开始。简而言之，雄性在找到配偶之后才开始变成侏儒，这说明变成侏儒并不是为了适应寻找配偶的需要。

如果说雄性变成侏儒的主要原因不是为了体能上更有效率地寻找配偶，那到底是为了什么？所有我们列举的物种的一个共有特征是，侏儒雄性都比他们的雌性更快地达到性成熟，而这对动物里具有侏儒雄性的物种来说一般均成立。这些侏儒雄性之所以变得如此之小的主要原因，有可能仅仅是因为这使得他们可以停止生长并在一个较小的年龄成熟吗？在许多物种里，侏儒雄性和他们的雌性在首次繁殖的年龄上的差异可以极端到，当同龄雌性刚开始繁殖的时候，雄性便已经过完了一生。较早成熟对雄性来说有三个重要的优势：它能增加他们存活到繁殖年龄的可能性；增加当他们足够幸运地遇到一个雌性的时候，具有生殖能力的可能性；以及在季节性繁殖的物种里，增加在雌性与其他雄性交配之前便与她交配的机会。在最后一种情况里，即便第一个到来的雄性并不能完全垄断交配权，他也能获得最佳的交配位置（正如在掘穴藤壶中），或是以某种方式阻止后来者的交配成功（正如在黄金花园蛛中，雄蛛将断裂的插入栓顶端留下，死于交配）。或许我们可以不再继续深究侏儒雄性过小体形的原因，而就此下结论：他们之所以小，是因为他们选择更早的成熟而不是继续生长，而前者正是其达尔文适合度的关键所在[17]。

通过我们对本书中一些动物的观察发现，我倾向于认为这种对侏儒雄性的解释至少是部分正确的。侏儒雄性演化的背后主要驱动力，很可能是对早期成熟的选择，而不是对小个体形的直接选择。不过，这并不排除小个体形让雄性具有其他更大的优势。例如，在掘穴藤壶和食骨蠕虫中，雄性足够小，以便能够进入雌性的洞穴或管子的狭窄空间。由于这些雄性终生不进食，小体形也使得在卵黄养料供给有限的情况下，可以活得更久，并产生更多的精子。（他们为何不进食则是另外一个问题，其原因可能与他们生活在资源贫乏的环境中有关[18]。）雄性海鬼鱼寄生于他们的雌性配偶身上，而这无疑限制了他们的体形大小，因为假如雌性海鬼鱼将养料转移到他们身上，则雌性分配给自己与鱼卵的份额将相应减少。雄性毯子章鱼在寻找配偶的时候倒是会捕食，虽然效率有些低，而他们较小的体形使得他们能够在这一生命阶段很可能活得更久。变得更小还能使他们更高效地扩散，因为他们可以搭乘在漂浮的水母的钟状体上，并使用从偶遇的僧帽水母那里窃取的尖利触角来保护自己。最后，雄性圆蛛更小的体形很可能使他们能够高效移动，在相互交织的植被间穿梭以寻找配偶。我猜想，在所有这些物种里，雄性之所以小的原因不仅仅是由于这是对早熟的选择的一种间接结果，也在于小的体形能以别的某种方式使雄性获益。为促使真正的侏儒雄性的进化，多种类型的优势组合很可能是必要的。

第十一章

性别差异的多样性

动物界雄性与雌性之间的差异

我们所见识到的例子，从象海豹到食骨蠕虫，都是动物界能发现的具有最极端性别二态性的。正如我所言，这些异乎寻常的物种展示了动物真正的神奇之处，即它们通过多种多样的方式将繁殖的职能划分为雄性的与雌性的。不过，这些两性的极端差异显然并不是动物的典型特征。在大多数动物中，雌雄两性的差异并不会如此鲜明。在这一章，我将改变叙事口吻，并回答雄性和雌性动物一般来说是如何不同的。换句话说，"动物界性别二态性的典型特征是怎么样的？"

为回答这一问题，我将在包含有雌雄异体的 26 个门里，根据性别如何被区分的，将物种分类。为提高调研数据的分辨率，我将对每一个门中的每一个纲分别进行性别差异的分类，一共有 73 个纲[1]。我将只根据明显的形态性状来分类，因为在更鲜为人知的物种中，形态性状是仅有的有记录的性状类型。即便在熟为人知的分支里，我们对于动物的生理、生态性状、生活史和行为的了解也并不充分，因而难以做出有意义的性别间的比较。然而，对纷繁多样的**性别二态性**的性状已经有所描述，而这些已有的描述提供了充足的素材，从中我们便可以归纳出一般的性状。为了简便，我将多种多样的形态学性状归纳为七种较广的类型。其中的两种，即外部可见的性腺（睾丸和卵巢）与生殖器开口（通常称为"生殖孔"gonopore），是生殖器官的组成部分，因此就定义来说便是**初级性别性状**。其余的类型都是**次级性别性状**，包括体形大小、身体形状、附属器官（数量、大小或形状）、体表形态（除颜色外，身体覆盖物的特征）与颜色（定义比较宽泛，包括所有的体色和结构性颜色）。

为了确定性别二态性在动物的主要演化类群中是否有差异，我对它在四个主要的分类类群中的特征单独进行了总结（表 11.1）。其中的三个类群具有独立的进化历史，尽管它们在个体发育与基本发育体制（body plan）上具有相同的基本特征。第一个类群是后口动物，主要为像我们这样的脊索动物（其中主要是脊椎动物），其次是蜕皮动物，主要为物种数量巨大的节肢动物（具有坚硬的外骨骼和分节的腿的动物，例如昆虫、蜘蛛以及甲壳动物）。第三个类群是冠轮动物，主要"壳形"或"虫形"的动物，包括软体动物、扁虫（扁形动物门）和环节动物。在具有雌雄异体动物的 73 个纲里，65 个属于这三类大的类群。没包括进来的纲，仅分布在三个门里：海绵（多孔动物门）、水母（刺胞动物门）和栉水母（栉水母动物门）。尽管这三个门彼此间亲缘关系不是很近，为方便起见，我把它们当作第四个类群来处理，并命名为"非两侧对称动物门"。之所以这么命名是因为许多动物学家把脊索动物门、蜕皮动物门和冠轮动物门统称为两侧对称动物。

表 11.1　在性别二态性性状的调研中所使用的 4 个主要类群中的门和纲

门	纲
后口动物	
脊索动物门	辐鳍鱼纲、两栖纲、鸟纲、头甲鱼纲、板鳃亚纲、全头亚纲、哺乳纲、爬行纲、肉鳍鱼纲
棘皮动物门	海星纲、海百合纲、海胆纲、海参纲、蛇尾纲
半索动物门	肠鳃类、羽鳃纲
蜕皮动物	
节肢动物门	蛛形纲、鳃足纲、唇足纲、多足纲、昆虫纲、软甲亚纲、内口纲、肢口纲、介形纲、颚足纲，少脚纲、海蜘蛛纲、综合纲
头吻动物	曳鳃纲、铠甲纲、三部虫纲
线虫动物门	有腺纲、胞管肾纲
线形动物门	
有爪动物门	
缓步动物门	真缓步纲、异缓步目
冠轮动物	
棘头动物门	原棘头虫纲、始新棘头虫纲、古棘头虫纲
环节动物门	多毛纲
腕足动物门	关节海百合纲、无铰腕足纲
环口动物门	真微轮动物纲
螠虫动物门	螠纲
外肛动物门	裸唇纲

门	纲
后口动物	
内肛动物门	
中生动物门	直泳纲
软体动物门	无板纲、双壳纲（软体动物类）、头足纲、腹足纲、单板纲、多板纲、掘足纲
纽形动物门（吻腔动物门）	无针纲、有针纲
帚虫动物门	
扁形动物门	吸虫纲、涡虫纲
轮虫动物门	真轮虫纲、侧轮虫纲
星虫动物门	
非两侧对称动物	
刺胞动物门	珊瑚纲、立方水母纲、水螅纲、钵水母纲
栉水母动物门	触手纲
海绵动物门	钙质海绵纲、普通海绵纲

注：在每个集合中分类单元以首字母顺序排列，并且只有至少拥有一些雌雄异体的物种的分类单元才罗列出来。

数据来源：Adoutte et al.（2000）的分类单元划分，Hickman et al.（2007）与 Maddison and Schula（2007）。

下面我将就性别二态性的总体趋势和特征做一个总结，不仅在所有纲的整体层面，也会对四个类群进行单独分析。我所选取的比例仅仅是针对 73 个纲中所出现的相对频率，这些纲中至少都包含有一个雌雄异体的物种，而我所要回答的问题则是："**性别**分离在哪些分支中发生，不同形式的性别二态性是否都很常见？"[2] 除了生殖器区域，生殖道的其余部分很少外部可见。然而，一些物种是足够透明的，其生殖腺可以透过体表而可见，至少在活跃的繁殖季是可见的。在这种情况下，通过卵巢和精巢的大小、组织结构、形状，或者（通常情况下）颜色，敏锐的观察者通常可以区分出它们。在透明水母（刺胞动物，*Cnidaria*）和栉水母（栉水母动物，*Ctenophora*）中，这种可见的性腺二态性是很常见的，但除此之外它们较为罕见，只在 7 个门中的 73 个纲的 23% 的分支里有所分布。[3]

初级性别二态性

正如所预计的那样，生殖器开口的性别二态性是较为普遍的，这一点已经在 15 个不同门中的 53% 的纲中有所描述。它们在蜕皮动物（*Ecdysozoa*）和后口动物（*Deuterostomia*）中最为常见（73% 和 71%），在冠轮动物（*Lophotrochozoa*）中则不怎么常见（42%），而在非两侧对称的门中则完全缺失。这四个分类群的差异基本上可以归因于这些类群交媾行为的差异：据报道，具有某种形式的交媾在蜕皮动物中为 63%，在后口动物中为 59%，在冠轮动物中为 44%，而在非两侧对称的门中则完全没有。在有交媾行为的物种里，两性的生殖器都有所变化，以适应依靠雄性生殖器插入的体内受精[4]。在较少的情况下，雌性生殖器的变化是为了接受非生殖器的器官插入，例如蜘蛛的触须；或是为了固着雄性所产生的精囊，比如在蝎蛉和许多昆虫里那样。在直接将精子排放到水中的物种里，生殖器的二态性是极少见的，而这些怪异的性别特征的所具有功能仍是悬而未解的谜题。[5]

假如将性腺和生殖器的二态性综合起来考虑，我们发现，遍布于 19 个门的雌雄异体物种中的七成具有明显的外在可见的初级性别二态性（图 11.1）。在冠轮动物中，其普遍性（58%）要低于后口动物、蜕皮动物和非两侧对称动物（73%~76%），这很可能是因为冠轮动物比非两侧对称动物更倾向于不透明（故性腺更不易见），并且比起后口动物或蜕皮动物来说更少地具有交媾行为（故更少地具有生殖器二态性）。

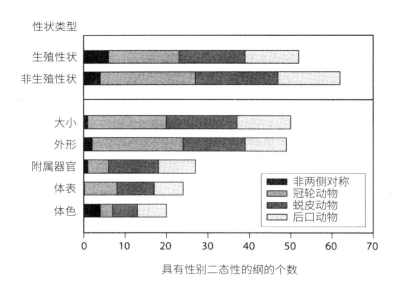

图 11.1　在生殖性状（初级性别二态性）和非生殖性状（次级性别二态性）上已有报道的具有外在可见的明显性别二态性的动物的纲的个数。后一种类别又可细分为身体大小、外形、附属器官、体表形态及体色。堆砌的横柱代表了文中所描述的四个主要分类单元内的纲的个数。

次级性别二态性

比起外在可见的初级性别二态性，次级性别二态性被认为是更常见的。次级性别二态性出现于 23 个门的 84 个纲中（图 11.1）。两侧对称的动物更有可能呈现次级性别二态性，其普遍性在蜕皮动物中为 91%，在冠轮动物中为 85%。相比之下，次级性别二态性在非两侧对称物种中则较少，只出现于 50% 的纲，显然，非两侧对称物种更倾向于呈现初级性别差异。

为什么次级性别二态性在非两侧对称的动物中要少得多，这是一个有趣的问题。遗憾的是，在这些非两侧对称的动物中，我们关于它们达尔文适合度不同成分的知识非常有限，因此无法提供一个答案。不过，很有可能的原因是，在这些分支中雌雄异体本身便相对不常见（附录 B），并且大部分物种将精子和卵子排放到水中，两性间并没有明显的互动。这些事实说明，在非两侧对称的分支里，两性角色的分化是极少的，除了少数物种外，精巢和卵巢最基本的分化发生于独立的个体。虽然我们仍不清楚为何如此，但可以肯定的是，显著的性别分化基本上只局限于两侧对称的分支。

体形大小的性别二态性

在次级性别二态性的五种类型中，体形大小的总体差异是最常见的。据报道，在雌雄异体的物种里，67% 的纲具有体形二态性，遍及 20 个门。它们在两侧对称的物种里比较普及，其比重在冠轮动物中为 69%，在蜕皮动物中为 77%，而在非两侧对称的物种里，只见于一些海葵（刺胞动物，*Cnidaria*；珊瑚虫纲，*Anthozoa*）（图 11.1）。两侧对称动物体形性别二态性的普遍性并非超乎预期，因为

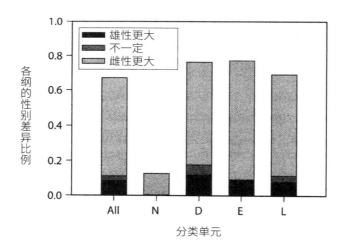

图 11.2　具有雌雄异体的纲在平均身体大小上具有性别差异的比例。堆叠纵柱中的黑色表示雄性平均比雌性大的纲的比例；深灰色表示大小相异但哪种性别更大在不同物种不一致的比例；浅灰色表示雌性平均比雄性大。所有的纲的集合（最左边的纵柱）以及在每个主要分类单元中的比例图中均有表示。N，非两侧对称动物；D，后口动物；E，蜕皮动物；L，冠轮动物。

在这些分支里，身体大小和其他众多的生物学特征是密切相关的。正如我们在第一章里所指出的，显著的两性差异，例如身体形状、生活史、行为和生态性状等，几乎总是伴随着体形的差异，反之亦然。第三章到第十章里所揭示的这种关系是在极端情况下的，但相同的原理同样适用于大部分两侧对称的动物，虽然它们的体形二态性通常并不那么极端。

鉴于雌性和雄性动物往往在体形上有所差异，一个显而易见的问题便是，"哪种性别更大？"

从我们人类的角度看，我们可能会认为雄性一般更大，而这在大部分的哺乳类和鸟类中也确实成立。然而，当我们将视野转向我们不太熟悉的动物类群时，"雄性更大"这种一般性则很快就无效了（图 11.2）。除哺乳类和鸟类外，在其他所有的脊椎动物中，雌性平均都比雄性大[6]；而在绝大部分节肢动物，包括昆虫和蜘蛛[7]，以及在几乎所有的"虫类"的门和纲中[8]，雌性均比雄性大。在其他的动物的门中，体形的性别二态性可能没有那么普遍，但只要是有被发现的，雌性几乎总是具有更大体形的那一方。这几乎放诸四海皆准，包括大部分的硬壳动物（软体动物和腕足类动物）、大部分的棘皮动物（海葵、海参、海百合和海星）、各种小型的自主生活动物类群，包括水熊和轮虫，以及绝大部分的寄生生物与共生生物（即依赖于其他物种生存的物种）[9]。总的来说，在具有一定程度的体形性别二态性的物种里，86% 的纲主要呈"雌性更大"的二态性，而这种趋势在所有四个分类类群中均成立。显而易见，当两性在体形上有差异时，雌性更有可能是较大的性别。

比起我在前几章里所重点描述的物种来说，大部分物种体形二态性的程度要小得多。它们两性的体形差异在体长上一般不超过50%，并且通常只有 5%~10% 的差异。然而，在体形性别二态性已经被量化的几乎所有的门和纲里，具有极端体形性别二态性的物种均有发现（表 11.2）。这些量化数据揭示了体形二态性程度的差异，不仅在单个纲之内，甚至在单个目之内（纲的分类子单元）。

在表 11.2 所列的每一个门、纲或目中，所记录的体形二态性的范围涵盖了雄性更大的物种和雌性更大的物种。目前二态性变化范围最大的，发生于辐鳍鱼纲中，其中巨型海鬼鱼处于一个极端，而美鳍亮丽鲷则处于另一个极端。在哺乳动物，其总体的变化范围显得较为逊色，单一个海豹科（*Phocidae*）就呈现了几乎整个变化范围。这个科既包含了南部象海豹，即所有哺乳动物中体形二态性最大的，其中雄象海豹最多比雌象海豹重 7 倍；也包含了豹纹海豹，其雌性平均比雄性重 64%[10]。在鸟类中，二态性范围最大的发生于一个目，即雀形目（*Passeriformes*），其中包含了最大的“雌性更大”的体形二态性的物种（纹喉鸥，雌鸟平均比雄鸟重 2.17 倍）与第三大的“雄性更大”的体形二态性的物种（褐鹦莺，雄鸟平均比雌鸟重 2.31 倍）[11]。在亲缘关系颇为紧密的类群之内便呈现出巨大的体形性别二态性，这告诉我们，尽管每一个分支确实具有二态性的一般模式和程度（比如哺乳动物的体形性别二态性差别较小，但“雄性更大”），但在一个分支内的单个物种却显然并不受这样的一般模式的限制。

表 11.2　不同动物的门和纲中身体大小的性别二态性（SD）的量化估计值

门	纲（目）	俗名	身体更大的性别[a]	体重或体积SD			一维SD			数据来源
				平均	最小	最大	平均	最小	最大	
棘头动物门		棘头虫	雌	4.0	-1.7	62				1
节肢动物门	蛛形纲	蜘蛛	雌				1.3	-1.1	4.5	2
	鳃足纲（双甲目）	水蚤	雌				2.0	-1.1	3.0	3
	昆虫纲	昆虫	雌		-1.2	2.3		-1.1	2.0	4
	颚足纲（哲水蚤目）	哲水蚤	雌				1.1	-1.4	2.1	3
	颚足纲（剑水蚤目）	剑水蚤	雌				1.4	-1.4	3.4	3
脊索动物门	辐鳍鱼纲	辐鳍鱼	雌		-13	5×10^5		-2.5	10	5
	两栖纲	两栖动物	雌			40		-1.7	3.1	6
	鸟纲	鸟类	雄	-1.04	-3.1	2.2	-1.03	-1.7	1.3	7
	板鳃亚纲	鲨鱼	雌				1.1	-1.4	1.6	8
	爬行纲（有鳞目）	蜥蜴和蛇类	雄			13		-1.5	2.1	9, 10
	爬行纲（龟鳖目）	龟类	雌				1.1	-1.4	2.8	9, 11
	哺乳纲	哺乳动物	雄	-1.2	-7.8	1.7		-1.6	1.2	12
线虫动物门[b]		蛔虫	雌				1.5	-1.3	3.0	13

注：性别二态性（SD）的量化指标为两性中大的体形大小的均值除以小的体形大小的均值。由于在大部分类群中雌性更大，故"雄性更大"的二态性被标记为负值（即具有一个减号标志）。小于 10 的比率保留了一位小数，但在鸟类中保留了两位小数，这是为了更加精确。

a. 在大多数物种中体形更大的性别。

b. 只限于了寄生物种

数据来源："1，Poulin and Morand（2000）；2，Foellmer and Moya-Laraño（2007）；3，Gilbert and Williamson（1983）；4，Fairbairn（1997），Blanckenhorn et al.（2007）；5，Clarke（1983），Schultz and Taborsky（2000），Pietsch（2009）；6，Kupfer（2007）and personal communication，Kraus（2008）；7，Székely et al.（2007）；8，Sims（2005）；9，Cox et al.（2007）；10，Pearson et al.（2002）；11，Gibbons and Lovich（1990）；12，Lindenfors et al.（2007），Alexander et al.（1979），Ralls（1976）；13，Poulin（1997）.

为何体形的性别二态性在分支间和分支内变化如此之大，这一问题已经被广泛研究，也有众多的猜测[12]。尽管我们还远不能得到一个完整的答案，但众多脊椎动物和节肢动物分支中的证据支持了这样一个假说，即雄性体形大小的性选择，其强度和方向上的差异是造成体形性别二态性变化的一个主要的驱动力。

正如我们在第三章到第五章中所看到的，在一夫多妻的物种里，作用于雄性的性选择尤为突出，其中成功的竞争者能够垄断与众多雌性交配的机会，而一旦两个雄性竞争者陷入身体对抗，体形更大的雄性将占据优势。[13]这种形式的性选择在象海豹和美鳍亮丽鲷中最为极端，其中繁殖期的雌性倾向于聚集在一起，因为诸如食物和生产地点这样的资源是有限的，并呈片状分布[14]。在这些物种中的雌性的聚集，使得雄性能更轻易地守护整个雌性群体，并抵制其他雄性对手的交配企图。在鸟类中，一夫多妻及其相应的性选择，通常由其不同的交配系统所驱动。当雄鸟需要聚集于限定的求偶场，并通过视觉和听觉的炫耀以试图吸引配偶的时候，雄鸟间为交配机会开展的竞争将最为激烈。正如我们在大鸨中所看到的，雄鸟主要通过炫耀的方式与对手竞争，但为了争夺优势地位或是最好的炫耀地点，他们也会相互驱逐，进行身体上的撞击。在这些雄性间的攻击性对抗中，更大的雄性更易于成功，尤其是当交配竞争发生于固体场所的时候[15]。在这两种类型的一夫多妻的交配系统中，雌性通常都加大了"更大雄性"的优势，因为她们更青睐于在雄性对抗中最为成功的雄性，同时在首领雄性被其他事务缠身时，严厉拒绝其他雄性趁机窃取交配机会的企图。

　　性选择青睐于体形更大的雄性，这显然将促进"雄性更大"的体形二态性的演化，不仅在哺乳类、鸟类和鱼类，也在爬行类、两栖类、昆虫、蜘蛛和软甲亚纲的甲壳类动物（龙虾、蟹类和小虾）的许多物种中成立[16]。然而值得怀疑的是，仅仅作用于雄性的性选择是否便已足够。决定雄性与雌性体形比例的关键，同样还在于作用于雌性体形大小的选择。大的体形可以给雌性带来很多好处。她们可以产下更大、营养更好的后代，提供更悉心的母本抚养，或者甚至是被性选择所青睐[17]。不过，在大部分的分支中，倾向于雌性更大体形的主要因素在于，其体形大小与繁殖力呈强正相关。繁殖力对雌性的达尔文适合度的影响是如此之大，以至于假如繁殖力强烈地受体形大小左右，即便性选择倾向于雄性的大体形，雌性也很可能成为体形更大的性别[18]。鉴于此，很有可能的是，一个物种呈现显著的"雄性更大"的体形大小二态性，不仅需要雄性对大体形的强烈性选择，也需要雌性繁殖力和体形大小的关系的弱化，正如我们在大鸨、象海豹和美鳍亮丽鲷等例子中所看到的那样。

在大部分动物类群中，作用于雄性和雌性上的选择常常失去平衡，以至于雌性反而是更大的性别[19]，而在许多物种里，她们比自己的配偶要大得多。这在表 11.3 中是显而易见的，其中罗列了许多物种，这些物种中的一个性别比另一个性别在体长上大两倍以上，或是在体重上至少重 8 倍，而这也正是定义侏儒雄性的标准。在收集这些数据时，我发现，具有侏儒雄性的物种出现在 23 个纲里，遍及 12 个门以及 3 个两侧动物类群。我发现我找不到足够的空间罗列所有这些例子，而只能删减，并挑选出其中一部分列在表里。然而，当我以同样标准去鉴定具有相反的二态性（侏儒雌性与巨型雄性）的物种时，只有一个物种满足条件：第五章中的美鳍亮丽鲷。没有哺乳动物和鸟类超过这个阈值，尽管"雄性更大"的二态性在哺乳动物和鸟类里更普遍。具有最极端的体形性别二态性的物种里，无一例外都是"雌性更大"。

表11.3 不同类群中具有极端身体外形性别二态性的动物物种

门	纲	俗名或一般描述	学名	身体更大的性别	体形比率（大/小）体重或体积	体长	数据
来源							
棘头动物门	原棘头虫纲	棘头虫；鱼类寄生虫	*Mediorhynchus mattei*	雌	15	2.8	1, 2
	始新棘头虫纲	棘头虫；鸟类寄生虫	*Acanthosentis dattai*	雌	9.8		2
	古棘头虫纲	棘头虫；鸟类寄生虫	*Hemirhadinorhynchus leuciscus*	雌	62		2
环节动物门	多毛纲	食骨蠕虫	*Osedax rubiplumus*	雌		57	3
		好转虫	*Dinophilus gyrociliatus*	雌		30	4
节肢动物门	蛛形纲	黄金花园蛛	*Nephila turneri*	雌		9.6	5
		大金蛛	*Argiope aurantia*	雌	53	3.5	6
	鳃足纲	水蚤	*Daphnia cephalata*	雌		2-6	7
	昆虫纲	方斑付节虫	*Acrophylla tessellata*	雌		2.0	8
	颚足纲	掘穴藤壶	*Trypetesa lampas*	雌		7.8	9
		桡脚类动物；鲨鱼寄生虫	*Kroyeria caseyi*	雌	500	33	10
	软甲亚纲	等腮类动物；对虾寄生虫	*Bopyrus manhattensis*	雌	56	4	11
脊索动物门	辐鳍鱼纲	巨型海兔鱼	*Ceratias holboelli*	雌	500000	60	12
		奇棘鱼	*Idiacanthus fasciola*	雌	50-100	5-10	13
		美鳍亮丽鲷	*Lamprologus callipterus*	雄	13	2.4	14
	两栖纲	一种扁手蛙	*Platymantis boulengeri*	雌	40	3.1	15
	爬行类	地毯蟒	*Morelia spilota*	雌	13	2.1	16
环口动物门	真微轮动物纲	一种环口动物；与龙虾共生	*Symbion pandora*	雌		11	17

门	纲	俗名或一般描述	学名	身体更大的性别	体形比率（大/小）体重或体积	体长	数据
来源							
棘皮动物门	蛇尾纲	海蛇尾；与海胆共生	*Ophiodaphne formata*	雌		5	18
螠虫动物门	螠纲	绿匙虫	*Bonellia viridis*	雌		23-70	4，19
软体动物门	双壳纲	蛤；与海参共生	*Montacuta percompressa*	雌		10	20
	头足纲	毯子章鱼	*Tremoctopus violaceous*	雌	10000—40000	100—150	21
	腹足纲	帽贝；寄生于海星	*Thyca crystullina*	雌		10	22
线虫动物门	有腺纲	粗尾似毛体线虫；大鼠寄生虫	*Trichosomoides crassicauda*	雌		4.6	23
	尾感器亚纲	蛔虫；鱼类寄生虫	*Camallanus xenentodoni*	雌		2.6	24
纽形动物门	有针纲	纽虫；蟹类寄生虫	*Carcinonemertes pinnotheridophila*	雌		3.7	25
扁形动物门	涡虫纲	扁形虫；片脚类动物寄生虫	*Kronborgia amphipodicola*	雌		5.6	23
轮虫动物门	真轮亚纲	褶皱臂尾轮虫	*Brachionus plicatilis*	雌	6.3	2	26

注：当身体大小的比率（大的除以小的）在体长上大于2或在体重与体积的尺度上大于8，其体形性别二态性就被定为极端。

数据来源：1，Marchand and Vassilliades（1982）；2，Poulin and Morand（2000）；3，Rouse et al.（2004）；4，Giese and Pearce（1975b）；5，Kuntner and Coddington（2009）；6，Matthias Foellmer，通过私人联系；7，Hebert（1977）；8，Sivinski（1978）；9，Gotelli and Spivey（1992）；10，Benz and Deets（1986）；11，Gissler（1882）；12，Bertelsen（1951）；13，Clarke（1983）；14，Schultz and Taborsky（2000）；15，Kraus（2008）；16，Pearson et al.（2002）；17，Kristensen（2002），Obst and Funch（2003）；18，Tominaga et al.（2004）；19，Greenwood and Adams（1987）；20，Chanley and Chanley（1970）；21，Norman et al.（2002）；22，Elder（1979）；23，Adiyodi and Adiyodi（1992）；24，Poulin（1997）；25，McDermott and Gibson（1993）；26，Epp and Lewis（1979）.

对为何在如此多的物种中出现侏儒雄性的问题，我们还没有一个明确的、一般性的解释。最广为流传的假说是，动物个体以低密度的方式广泛分布于资源匮乏的环境中，在这种环境中，动物更倾向于进化出大而长寿的雌性和小而早熟的雄性[20]。根据这样的假说，动物幼年的高死亡率，加上成年雄性和雌性非常低的相遇概率，使早熟的雄性受到青睐，同时他们发生特化以做到体能上高效的、适应长距离的扩散寻找配偶的位置，以及产生精子。许多这样的雄性将生命中很大的比重仅仅用于寻找配偶，而那些成功找到配偶的雄性则常常通过寄生或共生的方式伴随着她们。相反，在雌性中，幼年的高死亡率，加上两性间非常低的相遇概率，使体形大、繁殖力高的长寿雌性的演化受到青睐，因为雌性必须长得足够大以产生数量巨大的卵子，并且他们必须存活足够长的时间已储存足够多的养料供给那些卵子，及其配偶，以使那些卵子受精。按照这种一般的设想，作用于两性的差异化选择压力，将促成小而早熟的雄性和大而晚熟的雌性的演化。虽然我们在第六章到第十章里所见识到的物种都符合这样的一般模式，但生物学家还没能验证这个假说的所有成分，因此我们并不能十分肯定地说，什么是这些真正极端的性别二态性的演化的既充分又必要的原因。

身体外形的性别二态性

次级性别二态性第二普遍的类型，便是身体外形的差异。雌雄异体的动物物种中，在66%的纲里存在，包括59%的后口动物、68%的蜕皮动物、81%的冠轮动物及25%的非两侧对称动物（图11.1）。在冠轮动物和非两侧对称动物里，身体外形二态性的普遍性甚至超过体形二态性。

最常见的外形二态性是，雌性比雄性具有更厚实的身体。这在各种类型的动物中都很常见，包括灵活的、具有流线型体形的游泳动物，例如鲨鱼、硬骨鱼以及七鳃鳗；行动缓慢的陆生动物，例如千足虫、蜗牛以及鼻涕虫；营固着生活的动物，例如海葵；还有各种虫状的动物，包括分节的虫子（环节动物，*Annelida*）、环形的虫子（线虫类，*Nemata*）、马鬃形虫子（线形动物，*Nematomorpha*）[21]。雌性的这种身体加厚，很有可能与卵子的生产及储存有关，而在那些具有加大的育儿袋或腹部孵化袋的物种里，则更是如此。不过，另外的一种可能性是，雄性更瘦小的身体外形对其寻找配偶有利。

第二常见的外形二态性是，雄性在交配过程中为抓取与固定雌性而产生的适应性外观。雄性线虫弯曲的尾部、一些昆虫弯曲的腹部，以及雄龟的凹形的龟甲（底面甲板），都是这种类型的例子。雄性的身体外形同样可能适应于与其他雄性身体上的对抗。例如，在蜘蛛里，雄性用头部撞击，或是使用触角或触须来对抗其他雄蛛；比起同等大小的雌蛛，他们通常拥有更大比例的头部和上半身。绵羊、鹿、甲虫和突眼蝇都是这样的例子 [22]。

尽管在这些例子中，体形性别二态性能轻易地理解为雄性和雌性对繁殖功能的适应，其他例子里的体形二态性在功能上的意义却仍不清楚。比如，动物学仍不能完全解释为何蛇和蜥蜴的雌性相较于雄性而言，身体更长，但头更小、尾更短，尽管青睐于更大腹部的雌性的生殖力的自然选择及青睐于更大的头的雄性的性选择看起来是最有可能的解释。[23] 在一些研究较少的动物类群，比如水熊和唇足类动物，体形二态性甚至显得更为费解，并且在我们更多地了解这些动物的基本生物学和行为学之前，这些谜团很可能不会解开。

附属器官的性别二态性

除了体形大小与外形的差异，雄性和雌性在附属器官的大小与外形上的差异也比较常见，或者一种性别可能拥有一种独特的附属器官，而另一种性别则没有。一般而言，相比于体形与外形二态性，附属器官的性别二态性较为罕见（图 11.1），主要是由于许多动物并没有附属器官。

我曾经问我的儿子（他之后成了一名计算机工程师，而不是生物学家），他在大学的生物学导论的课程中关于动物多样性记得最清楚的是什么。他的回答是，他对大多数动物的主要印象要么是节肢动物，要么是蠕虫。这样的回答无疑是对动物多样性的一个恰当评价，因为节肢动物一共有 15 个纲，而各种形式的蠕虫见于 15 个门中的 23 个纲。鉴于虫状形态的普遍性，甚至不用提其他类型的无足动物，例如海葵和水母，我们对这样的结论都不会感到奇怪，即只有 37% 的雌雄异体的物种具有附属器官二态性。出于同样的原因，相对于冠轮动物（19%）和非两侧对称动物（13%）来说，附属器官二态性更常见于后口动物和蜕皮动物中（分别为 53% 和 55%），这就不足为奇了。可以这样说，附属器官二态性在具有特化附肢的门里最常见，即节肢动物门（这个名称来源于希腊语“分节的足”）。许多雄性节肢动物的触角或足经过特化，可以用于抓牢雌性、传递性信号，或是作为与其他雄性对抗的武器装备。这些特化后的附肢通常比雌性的更大、更坚固，并可能有更复杂的形状和额外的刚毛、钩状物，甚至是铰合器。节肢类雄性还有各种额外的用于进食与移动的附肢，以作为交配器官，或是用来传递精囊[24]。在昆虫里，翅膀经常被用于发送视觉或听觉性信号，而触角则经常通过特化以检测空气中来自潜在配偶的化学信号（信息素）。在一些昆虫里，其中一个性别有翅膀，而另一个性别没有，或是两性间翅膀的大小有差异，这样的二态性很可能反映了两性中飞行和繁殖功能的差异化分配[25]。在少数节肢类中，附肢则特化为用于孵化虫卵。比如，在软甲亚纲（蟹类、龙虾和小虾类）中，许多雌性用特化的游泳附肢（称为泳足，*pleopods*）或特化抱卵板（*oostegite*）来孵卵，而在另一个节肢类的纲里，雄性海蜘蛛（海蜘蛛亚门）则用特化的携卵足来完成这个任务。

除节肢动物外，在其他动物门中雄性的附属器官也会发生特化，通常是为了在交配中抓住雌性。例如，许多雄性爬行类和两栖类具有特化的前肢用于抓紧雌性；鲨鱼、鳐银鲛具有特化的腹鳍用于性交时的固定；甚至微小的雄性水熊也有比雌性更长的足，很可能是为了在交配时抓牢雌性。在好几个纲里，雄性的附属器官特化为交配器官。在一些辐鳍鱼中的特化的腹鳍（称为生殖肢，*gonopodia*），在鱿鱼和章鱼中的交接腕（*hectocotyl arm*），都是我们熟悉的例子。较不常见的附属器官二态性反映了雄性其他方面的适应性，包括吸引配偶（如一些辐鳍鱼的复杂的鱼鳍），或是为了在雄性间斗争中获得胜利（如公鸡和雄孔雀的距）。

虽然不同动物的纲之间的附属器官的特化极少有形态学同源，但功能上的平行进化却是显而易见的。使雄性在交配过程中能够抓住雌性的特化是最常见的，不过为精子传输、性信号传递、雄性斗争甚至是孵化卵而产生的特化，也在不同动物的纲中独立演化出来。由于这些二态性常常是不连续的（即一种类型的附属器官发生于一种性别，而在另一种性别中缺失或具有非常不同的大小和形状），它们作为性别的独特特征是非常有用的，特别是对那些只具有较小的体形或外形二态性的物种。

体表形态的性别二态性

体表形态的性别二态性，包括身体表面覆盖物的所有二态性，紧靠生殖器开口的区域和动物的体色不算在内，因为前者我将其定义为生殖器二态性，而后者也有其单独的分类类别。牙齿和爪也包括在体表性状之内，因为它们和身体表面覆盖物从相同的细胞层长出。体表形态的性别二态性甚至比附属器官的二态性更少见，只在具有雌雄异体的物种33%的纲里有所记录（后口动物为41%，蜕皮动物为41%，冠轮动物为31%，在非两侧对称动物中没有）（图11.1）。通常的情况是，雄性具有变异的刺、鳞片、生殖褶或甲板，可作为微型的附属器官以抓住雌性。铠甲动物（在有棘动物门）的刺须（*clavoscalids*）、雄性水熊的长爪，以及一些雄性轮虫头部纵向的褶状结构，都是这种类型的二态性的例子。雄性可能同样具有特化的刺，能作为非生殖器的交配器官，正如在动吻纲（有棘动物门的另一个纲）和蛔虫里那样。在许多脊椎动物里，牙齿、刺、角或鹿角可作为性信号，或是雄性间竞争的武器。皮毛或羽毛的分布、长度与密度的二态性，同样可作为性信号。在节肢动物里，雄性常常具有尖爪、刺、刚毛或角以作为雄性间竞争的武器，或是在交配过程中协助抓住雌性，而雌性可能也有相似的体表变异，用以抵御不被接受的雄性交配企图。节肢动物多样的须、纹孔、刚毛和其他体表特征，同样有助于两性发送并接收听觉、振动以及化学的交配信号（信息素）。最后一个例子同样见于铠甲动物，其雄性具有特化的刺状鳞片（*trichscalid*），被认为能探测来自雌性的信息素。

许多其他的体表二态性的功能性意义，仍然是一个谜。例如，雄性和雌性的多种体表特征的分布和含量常常有差异，比如纤毛、须、结节、乳突、纹孔、毛孔、背脊、刺或鳞片，而这些体表特征所处的身体的部位，在交配中并没有接触。这些通常是极小的二态性，至少对我们肉眼来说是不明显的，虽然它们在动物学家区别动物性别时非常有用。似乎极有可能的是，它们是具有一些生物学功能的，但在大多数情况下由于我们对这些物种的认识太欠缺，以至于我们没法获知它们可能的功能。

体色的性别二态性（性别二色性）

　　体色或色素特征的性别二态性（称为"**性别二色性**"）[26]，大部分人都比较熟悉，因为我们在常见的家养或野生物种里都能见到。比如，我们常常能看到高度性别二色的鸟类，尤其在鸣禽、猎禽和鸭子中。[27] 许多为人熟知的水生鱼类，比如古比鱼、暹罗斗鱼和剑尾鱼，同样具有极大的性别二色性，其中雄鱼是色彩明亮的，而雌鱼是灰暗的。许多栖息在温暖的石头上的普通蜥蜴也具有二色性，其中雄性热烈地炫耀其花俏的喉部或下腹部，即便是在面临人类侵犯的时候[28]。在无脊椎动物之中，跳蛛、灯芯蜻蛉、蜻蜓和蝴蝶都给我们提供了熟悉的性别二色性的例子，其中雄性通常比雌性具有更鲜明的颜色。这些熟悉的例子使我们相信性别二色性在动物界是非常常见的，可事实却是，这在我的次级性别二态性的五种类别中是最不常见的，只在具有雌雄异体的 26% 的纲里有记录（图 11.1）。它在后口动物中出现的频率最高（41%），虽然主要局限于脊椎动物。而在蜕皮动物中为 27%，不过只局限于节肢动物，尤其是昆虫、蜘蛛和甲壳动物。在冠轮动物中，性别二色性不太常见（只存在于其 12% 的纲中），并且通常不太明显，而在非两侧对称动物中，只在一些海葵、盒水母和海绵中有发现，虽然它们代表了 38% 的纲。

为了理解为何性别两色性如此不常见，并且分布不均衡，我们首先需要知道为何动物具有体色和纹理。体表色素最普遍的功能，是为了提供保护并使动物免受紫外线伤害，而这也是为什么动物的上部或背部表面比下部或腹部显得更暗，因为后者并不朝向太阳。色素也能促进体温调节，尤其对于陆生动物，因为深色能吸收热量，而浅色则反射热量。颜色和纹理还能降低被捕食的风险，可以提供保护色，或者警告猎食者其捕食对象是有毒的。帝王蝶、乳草长蝽、珊瑚蛇和箭毒蛙的艳丽而显眼的色彩，都是后一种适应性的例子。其他物种可以通过模拟这些有毒的或危险的物种的显眼的警告色，从而避开捕食者。奶蛇和王蛇对珊瑚蛇的拟态，便是这种策略的为人熟知的例子[29]。

显眼的色彩还可以在同一个物种的成员之间传递信息。这种视觉信号传递的运用[30]在某些物种中尤为重要，这些动物通常具有集体行为，如成群而行或成群而游，或任何其他形式的社会行为，如领地争夺或求偶。在后一种情景中，明亮、显眼的色彩，常常传达性成熟、做好交配的准备，甚至是健康的身体条件的信号。有繁殖功能和与交配有关的体色特征，比起其他任何形式的体色，都更容易在两性间产生区别，正如我们将要看到的，性信号传递是性别二色性最通常的解释。

性别二色性最广泛存在的类型是，雄性显得色彩亮丽而显眼，而他们的配偶则色彩暗淡而隐秘。在鸟类、爬行类、两栖类、鱼类、昆虫、跳蛛、千足虫和许多甲壳类动物中，这种类型占主导地位，并且我们有充足的证据表明，这些物种雄性的炫耀色彩归因于性选择[31]。通常，比起色彩暗淡的雄性，具有多彩而显眼的炫耀色彩的雄性能获得更高的交配成功率。这可能是因为他们能远远地吸引雌性的注意，或是在竞争者中脱颖而出。不过，雌性同样可能以色彩的特征来推测她们未来配偶的健康状况。在许多物种里，健康而营养良好的雄性通常具有更大的体形、更亮丽的外表和更加强烈的炫耀色彩，而雌性则能够因此而选择健康与强壮的配偶[32]。许多其他的性别二态性的性状，包括体重、附属器官与防卫器官的大小，同样取决于身体条件，而雌性以相似的方式使用这些信号[33]。不过，体色的炫耀似乎与雄性当下的健康与营养状况尤其相关，因此能为雌性提供尤为有效的线索。

虽然"雌性选择"的性选择受到了最多的关注，被认为是性别二色性演化的驱动力，但雄性在彼此间的对抗中，同样使用体色的信号。比如，雄性蝴蝶和蜻蜓在寻找雌性或守卫栖息地的时候，会激烈地相互驱逐，同时展示其翅膀的颜色；雄性红翅乌鸫在他们建立交配领地的时候，会相互间炫耀其红色的肩羽；侧边斑点蜥蜴为了在繁殖系统中建立优势地位，会强烈地炫耀其色彩亮丽的喉部斑块；而雄性棘鱼在洞穴的竞争中会相互检查对方的红色喉部。在性别二色性的演化中，雄性竞争和雌性选择的相对重要性在物种间可能变化很大，但在上述的那些例子里，雄性竞争和雌性选择似乎同样重要，或更为重要[34]。

在大部分性别二色性的物种里，这种或那种形式的性选择解释了雄性亮丽的体色，这大概没有什么疑问，然而这只讲了故事的一半。我们必须还要问：为什么这些物种里的雌性色彩暗淡而隐秘？

一个主要的答案是，雌性通过变得隐秘，将自己融合到背景里，可以减少被捕食的风险。对需要孵化后代或是对后代提供其他形式的长期抚养的雌性来说，保持隐秘显得尤为重要，因为在这些物种里，母亲和她们的后代具有相同的被捕食的风险。而在雄性具有高对抗强度的物种中，雌性灰暗的颜色还可以减少雄性的误伤。这种性别特异的选择模式在各种的纲和门间高度一致，并为性别二色性提供了最一般性的解释：雄性色彩艳丽是因为性选择，而雌性不怎么艳丽是因为自然选择更倾向于其隐蔽性 [35]。

尽管总体的趋势是这样的，但还是有零星的性别二色性例子中雌性是两性中更显眼的性别 [36]。我们对这种"反转"的性别二色性的模式所知较少，但动物学家对此也设想了相似的原因。在大多数这种"反转"的情况中，雌性艳丽的色彩被认为是性选择的结果，而雄性暗淡的颜色很可能反映了对隐蔽性的自然选择。我们知道，在许多物种里，雄性对他们可能的配偶会区别对待，即他们所偏好的雌性一般处于她们繁殖周期的顶峰时期、处于良好的身体状况，并且具有最高的繁殖力。雄性通常使用身体大小、身体形状，以及是否有繁殖信息素作为信号，来选择最有潜力的配偶，而在一些蜥蜴、鸟类、鱼类、昆虫和蟹类中，体色也会被当作一种信号 [37]。在这些物种里，雌性艳丽的色彩被"雄性选择"的性选择所青睐。在一些物种里，在领地争端或优势地位争夺的雌性间的直接竞争中，艳丽的色彩也会占优势，正如我们在雄性中所看到的那样 [38]。不管出于这些机制中的哪一种，色彩更艳丽的雌性都会占有优势，因为她们可以与更多的雄性交配，而这些雄性更优质，能提供更多的资源或更好的亲代抚养[39]。对这种类型的二态性来说，对雄性艳丽色彩的性选择的缺失显然是一个前提条件，不过却不是一个充分条件。还有些因素会抑制雄性对艳丽色彩的选择。也许他们需要不那么显眼或是具有隐蔽性而避开猎食者，因为在寻找交配对象上付出最多的是他们，而这也是大部分这些物种所处的情况。假如雄性提供亲代抚养，尤其是单亲抚养，那么隐蔽的性状也是受青睐的[40]。这些都是可能的解释，但它们都还没有被严格地验证过。假如能对具有这些"反转"的性别二色性的物种进行一个大范围的考察的话，这将是非常有益的，特别是对那些较不为人知的动物类群，比如盒水母、纽虫、石鳖和海蜗牛。

比"反转"的性别二色性更少见的情况是，两性在体色上有差异，但体色却同时为艳丽的，或同时为隐秘的。伪装色的性别二态性模式发现于一些等脚类动物和虾类中[41]，而艳丽颜色的性别二态性发现于招潮蟹和凤蝶中[42]。每一个物种都有其独一无二的方式。例如，性选择对招潮蟹具有很强的效应，两性中都选择具有艳丽颜色的异性；而在一些凤蝶中，雄蝶的颜色主要用于物种识别，而雌蝶的颜色模拟了同一地区难吃的或对捕食者有毒的物种。在蟹类和等脚类动物中，两性颜色都很隐秘，但性别特异的栖息地的偏好或身体大小，决定了性别特异的伪装术。我们从更典型的二色性的模式中能获得一些印象，而这些不寻常的例子更能加深这些印象。使用体色以吸引配偶或吓退对手（性选择），与保持隐秘以避开捕食者和（较少见的）不情愿的性骚扰，这两者的相对重要性在两性中有差别，而这种差别似乎常常能通过性别二色性反映出来。

　　了解了为何雄性与雌性有体色差异的原因后，你可能会思考为什么性别二色性只局限于非常少的类群里（只有 8 个门和 19 个纲）。对此一个主要的解释是，体色只在伪装时才有用，或是为其他动物传递信息，假如对方可以接收的话。而信号接收者，则必须具有能够检测颜色或图案的视觉系统[43]。视觉感知能力在动物间差异极大。麦克尔·兰德和丹-埃里克·尼尔森在他们关于眼睛设计和功能的杰出著作中指出[44]，在大约三分之一的动物的门里，任何形式的光接收器都是完全缺失的。而另三分之一物种中，全部或几乎全部的物种都只有简单的光接收器，只能够感知光的量，但不能感知其特征或其光谱性质（颜色）。虽然在剩余的三分之一的物种里，大部分动物具有能够检测图像并解析图案的眼睛，但它们解析图像、检测图案和感知颜色的能力却差异极大。最敏锐的视觉见于具有复眼的物种，其能通过透镜和反光以提高视觉敏锐度。这样的眼睛已经在许多不同的动物分支独立演化出来，包括盒水母、头足类软体动物、甲壳动物、昆虫、蜘蛛、环节动物和脊椎动物。虽然这些动物能够检测图案，但它们可能无法分辨真正的颜色（与黑白图片里的灰度相反）。

　　颜色的感知需要至少两种具有不同光谱感受性的光探测器。比如，人具有三种类型的视锥细胞以感知颜色。它们对光的最大感受性的波长大约为 430 纳米、540 纳米和 570 纳米，所对应的、我们能见的颜色是蓝色、绿色和红色，而当它们混合时，我们能够感知的颜色的波长范围是 400~700 纳米。除灵长类外的其他大部分哺乳动物都缺乏感受红色的视锥细胞，因此它们实际上都是红绿色盲[45]。许多其他动物，包括昆虫、蜘蛛、甲壳动物、鱼类、两栖类、爬行类和鸟类，能够比哺乳类检测到更短的波长，即能够看到紫外线区；而一些鱼类和蝴蝶能够看到更长的波长，能将它们的视觉范围扩展到接近红外线区[46]。因此，在性别二色性常见而引人注目的动物类群中，其视觉敏感度尤其出色，具有发育良好的颜色视觉，这并不奇怪。例如，在哺乳动物中，灵长类具有最丰富的性别二色性，同时也具有最好的颜色视觉。鸟类是脊椎动物中体表颜色最丰富、性别二色性最突出的，它们还具有无可比拟的颜色视觉（五种视锥细胞），也具有高视觉敏锐度。在蜘蛛中，狼蛛因其显著的性别二色性及其超发达的颜色视觉（它们有四种视锥细胞，而大部分其他种类的蜘蛛只有两种）而闻名。在昆虫中，蝴蝶有五种视锥细胞，其颜色视觉也是出众的，比其他昆虫能见到更广光谱的颜色，并能分辨更精细的色阶，而其他昆虫通常只有两或三种视锥细胞。蜻蜓同样因其性别二色性而闻名，并具有四种视锥细胞。也许视觉感知与性别二色性的关联的最令人信服的例子来自刺胞动物（水母）。盒水母是唯一具有性别二色性的刺胞动物，其性别二色性的表现形式是雌性外囊膜上呈现浅色的斑点。盒水母也是刺胞动物中唯一具有高度进化的相机似的眼睛的动物，能够分辨图案，虽然它们只有一种视锥细胞，即它们是色盲[47]。其他的刺细胞动物通过自由释放生殖细胞的方式繁殖，与此不同，雄性盒水母寻找雌性，并在她们的钟状体（bell）下放置精包。似乎很有可能的是，在这些动物中色斑二态性的演化，使得雄性能够在开阔的水域中识别雌性，并与其独特而非同寻常的复杂的眼睛共同演化。

　　颜色可用来伪装，或作为信息传递的信号，而其实用性不仅因接收方的感知能力而受限制，也受限于环境的光谱频度[48]。所以，具有性别二色性的动物倾向于昼行（diurnal），并栖息于光亮的环境下也就不足为奇了。性别二色性的水生动物栖息于明净而浅的水域，或是**海洋的上层**（虽然生活于深海的动物常常具有性别相异的生物发光）。性别二色性的陆生动物栖息于地面上，并常常在明亮的栖息地或是空旷的地面展露体色。我们不会期待，也并没有找到生活于少光或无光的栖息地的动物的显著性别二色性，比如在水底深处或隐秘处，森林中的阴影处，洞穴中或土壤里。在这些环境中的物种，它们的物种识别和性信号传递需要依赖于触觉、振动的、化学的和听觉的信号，而不是视觉。基于这些制约，在我的关于形态学二态性的分类中，性别二色性是最不常见的，也就不奇怪了。它们很有可能比我们能认知的要普遍一些，因为有些可能在紫外线或红外线的范围中呈现，或是偏光的模式：这些对很多动物可见，然而我们却不行。尽管如此，它们显然不如身体大小、形状、附属器官和初级性别性状的二态性那么普遍。

　　对多种性别二态性性状的一般模式的概述，这就是个结论。于是现在正是回过头来，再来看看动物界的整体情况之机。得出一个主要的结论：雄性和雌性的繁殖功能的分工，几乎总是和性别间可见的形态差异相关联。在雌雄异体的物种里，95% 的纲具有某些形式的显著的外在性别二态性[49]。而在这些纲中，84% 的纲具有超过一种类型的二态性，而 65% 的纲具有三种或更多类型的二态性。生殖器开口、身体大小、身体外形的二态性是最常见的；但在具有附属器官的动物里，附属器官的二态性也很常见；而在具有颜色视觉并且视觉敏锐度高的物种里，性别二色性也很普遍。另外，在许多两侧对称的纲里，体表形态的性别二态性也可见。总的结论便是，在大多数物种里，雄性和雌性总是能够被一系列的形态性状区分开来。

性别二态性不仅普遍，而且显著。最极端的差异发现于具有侏儒雄性的物种，在 12 个门的 23 个不同的纲里零星地分布。在这些奇特的物种里，身体大小的显著差异几乎总是伴随着同样显著的外形、附属器官和外表上的差异，而大部分侏儒雄性的形态复杂性在整体上都显著降低。在大部分动物中，性别间的差异并不会如此显著，但处于中等到极端之间（附录 B 上分值为 3 或 4）的性别差异却并不少见。我的"排名中等"所指的是，在某个物种里，其性别差异大到在野外指南中它们很可能会被描述为不同物种，正如许多鸟类物种中的雄性和雌性那样；因此这种性别二态性的程度也是相当大的。这样的物种存在于 11 个不同的门，包括具有最大物种数的五个门：节肢动物、脊索动物、线虫动物、环节动物和软体动物。

尽管在动物学文献里关于性别差异类型的描述非常多样，但在大部分情况下，找出二态性性状和它们性别特异的繁殖功能之间的联系，这是相对容易的。雄性的生殖器开口、身体外形、附属器官和外表特征，常常都经过特化而有助于抓住雌性和传递精子，而雌性则很有可能具有变异的身体大小、性状和附属器官，以来储存或孵化卵或后代（当雄性参与后代抚养时，它们可能也会有这些特化）。附属器官、体表和体色的二态性常常使得一种性别的物种能在远处发现异性，因为信号（比如声音、信息素或视觉信号）可以在远距离内发送和接受。在动物寻找配偶时，身体大小、体形和附属器官的形态都可以用来提高信号传递的效率。所有这些性状都很可能受到性选择的作用——或是通过配偶选择的方式，或是通过直接竞争配偶的方式。而这正是性别差异的主要原因，尤其在脊椎动物和节肢动物中。性别差异最一致的性状是身体大小，紧接着便是身体外形，而在大部分的物种里，其体现的方式是雌性比雄性更大、身体更厚实，并常常走向极端。不过，假如性选择显著地作用于雄性大的体形，且对雌性的性选择较弱的话（正如在大鸨、象海豹和美鳍亮丽鲷的群体中），雄性也可以比雌性更大、更强壮，虽然相较于的"雌性更大"的极端二态性来说，"雄性更大"也从来没有超过"中等"程度。

结语

  第二章和第十一章中所总结的性别差异总体特征，及中间八章中所描述的尤为奇特的性别差异，为我们提供了丰富的素材来审视动物，思考对动物来说成为雄性和雌性到底意味着什么。

  我希望这些章节给你们留下的主要印象是，性别差异是动物多样性的一个主要成分。在几乎所有雌雄异体的物种里，雄性和雌性的外在差异，以多种形式明显地表现出来，而在许多物种里，这样的差异可以轻易地被观察到。我们大部分人，包括生物学家，对动物物种总是有一种刻板的认识。我们倾向于对每一个物种赋予一套一般性的性状——在野外指南和分类要点中描述的性状，并且认为这些性状在该物种的所有个体中都相对不变。即便当性别间形态差异足够明显，能够在野外指南和分类要点中指出，除了交配之外，我们极少关心这些差异对动物的其他生物学及生态学的意义是什么。前面几章所阐述的是，性别间的差异可以深入研究下去，常常不仅包括形态学上的差异，也包括生活史、行为和生态学性状的差异。

实际上，甚至在那些外在形态差异非常小的物种里，也会呈现这些更隐秘的差异。本书一开始所描述的鹿鼠便是一个很好的例子。有多少人在思考性别差异时会想到老鼠呢，然而就老鼠自身而言，性别间差异是很大的。

大部分雄性和雌性动物在根本上是有差异的，而且差异常常很显著。在使你们信服于（我希望是）这一点之后，我将转向更为隐晦的问题，即它们是如何具有差异的。在我调研的例子中所传达的明确信息是，动物间的性别差异并没有一个通用的模式。除了精子或卵子产生的基本机制（定义雄性或雌性的单一特性），当我们考虑性别差异时，应当包括其他几乎所有的生物学分支，包括雄性和雌性的生态学性状、生活史和行为。在一些物种中，雌性是巨大的、致命的捕食者，而她们的雄性则是微小的寄生侏儒。而在其他物种中，雄性是硕大的好斗者，能使用蛮力获得配偶。优势雄性为他们的配偶提供资源和保护（正如美鳍亮丽鲷和象海豹），但有时这些雄性能提供的似乎只有他们的基因（正如大鸨）。在一些物种里，成功的雄性能与许多不同的雌性交配；而雌性只有一个配偶，最多只有几个。而在其他物种里，雌性则能有拥有许多配偶，而雄性凭运气或许能找到一个配偶。亲代抚养很罕见，又几乎总是属于雌性的角色，但在一些物种里，父母双方都照料卵或后代；而在另一些物种里，这种角色则完全是属于雄性的。

有些物种会直接将卵子和精子排放到自然环境中，两性间也没有求偶或性接触。在这种情况下，两性总是倾向于最相似。在许多这样的物种里，两性间只有性腺是有区别的，而其中的极端是雌雄异体的海绵（多孔动物），它们只能通过其生殖细胞的类型才能区分出性别。许多物种的雌雄两性均为后代提供悉心的抚养，在这种情况下，性别差异也比较细微。这是比较罕见的，但集体繁殖的海鸟，比如企鹅和塘鹅，都是我们熟识的例子。不过，绝大部分的物种都处于这两种极端之间，并具有较为明显的性别差异。最常见的是，亲代抚养是没有的，或只局限于雌性，而两性则分开生活，只在交配时才接近对方。在这些物种里，雌性形态的特化，通常是为了方便产下卵或后代，而较少是为了亲代抚养。更大、更厚实的身体，或育儿袋，以及隐秘的体色都是这些雌性最常见的形态特征。相比之下，雄性形态上的适应，通常是为了寻找雌性或与其他雄性竞争，以实现交配以及使卵子受精。这些雄性的形态特征变化极大。各种各样的附属器官可以特化为防卫的器官、传输精子的器官，或是传递求偶信号的器官。雄性的身体可以硕大而强壮，以便在与其他雄性的身体对抗中获得胜利；他们的体色可以非常耀眼，以便吸引雌性、威慑对手；假如雄性的主要任务是寻找稀少而隐蔽的雌性，他们的体形也可以小而隐秘。雄性的形态特征、生活史以及繁殖策略的巨大变化，着实令人吃惊。

所有这些繁殖策略和形态特征的变化所导致的最终结果是，动物界性别差异的模式和程度同样千变万化。这种变化，一部分可以体现于体形差异，其变化范围包括比雌性重近13倍的雄性，以及比雄性重成百上千倍的雌性。然而，正如我们已经知道的，这些体形大小的差异只告诉我们故事的一部分。事实上，性别差异在动物外部形态的各个方面、行为、生活史上都很常见，而这些差异的变化与体形大小二态性的变化至少同样大。所有这些事实所传达出来的一个不变的理念是，成为一个雄性或一个雌性的方式，显然不止一种。尽管我们可以很肯定地说，除初级性别差异外，雄性和雌性动物很可能还存在许多方面的差异，而这些差异几乎总是能反映雄性或雌性的繁殖功能的特化。在动物界并不存在一种性别分化的"正常"或"典型"的模式。

由于我们自身的经验，常常对动物典型特征的认知产生偏见。因为很大程度上我们只关注我们自身的性别差异，以及我们日常生活中所见到的相对大的、陆生为主的动物，于是我们容易想当然地认为，普通哺乳类或鸟类的模式对所有动物都是适用的或自然的。我希望我已经成功使你们信服这是一个误区。

我们对动物多样性的认识只有一小块，而这完全不能代表绝大多数的动物。很大部分真正奇特的动物，是游离于我们视线范围之外的，因为它们很小，或生活在我们很少探访或根本想不到的地方。它们中的许多是诡异而神奇的物种，其特征在我们发现它们之前可能是根本想象不到的，包括其性别差异，常常极大地超出我们平日里所接触到的任何物种。我所描述的物种，有的生活在遗弃的鲸鱼骨架上，有的生活在黑暗的海洋深处，有的生活在广阔的海洋里，有的穴居于死的螺壳之内，而这些不寻常的栖息地，也不过是动物多样的生活场所的一角。土壤，以及湖泊和海洋沉积层里，爬满了上千种微小的动物；海量几乎不可见的动物，游荡于淡水或盐水的无尽水域中；不同动物门中的数千个物种以共生或寄生的方式，存活于我们或其他动物的体内。每一种陆生和水生的栖息地都有动物生存，而它们中的大部分都非常小，肉眼几乎不可见。只有一小部分动物的纲是我们大部分人熟悉的，而几乎所有这些要么是脊索动物（哺乳类、鸟类、爬行类、两栖类和鱼类），要么是节肢动物（昆虫、蜘蛛和甲壳动物）。尽管这些动物也种类繁多，但它们远不能代表所有动物类型。对其他动物门中的一些动物我们也许有一些偶然的认识，比如软体动物（螺、牡蛎、蛤、鱿鱼和章鱼）、环节动物（蚯蚓和水蛭）、棘皮动物（海星和海胆）、刺胞动物（水母、珊瑚和海葵）和多孔动物，但我们中的大多数不太可能了解这些动物的生活史，更别说它们性别的差异了。本书中的调研以及8个具体的故事，只涉及无比多样的动物生活的一点皮毛，只涵盖了雄性和雌性繁殖功能分工的多种方式中的几种。尽管如此，我希望我已经成功激发了你们的好奇心，开始关注那些既不为我们熟知，也不在我们日常接触范围之内的成百上千的物种，而它们在正常情况下应该不在我们视线范围之内。至少，由于我们熟知的动物类型相对来说非常少，我们在对性别差异做一个定论时应该要格外谨慎。

最后，在我们离开动物界性别差异这个话题之前，我们似乎有理由看看，我们人类处于动物多样性巨大范围中的哪个位置。与我们所见识到的其他动物相比，我们的性别差异有多大？

作为一种大型陆生哺乳类动物，人类表现出其性别二态性的一种典型模式，即其中男性更晚成熟，成熟时体形比雌性稍大，而女性的体形则适应于怀孕、分娩和亲代抚养。假如我在附录B中把人类的性别二态性作为单独条目列出，我列出的二态性将会有可见的性腺（男性阴囊）、生殖器开口、体形大小、身体外形和体表特征（男性毛发更多，尤其在面部）。男性的毛发和皮肤比女性黑，不过这个差异过于微小，一个动物学家在描述我们这个物种时，很可能并不会注意到这个差别，因此我不会列出体色二态性。假如我用相同的尺度来衡量我们性别差异的总体程度，我会给3分，这意味我们的性别差异足够大，以至于很可能会在野外指南中标注出来，但并没有大到极端的程度。在野外指南的条目中人类很可能会被这样注明：雄性倾向于比雌性高一点，并且更强壮，但主要的独特差异在于成体的三个性状的存在与否：雄性浓密的面部毛发和阴茎，雌性永久性膨大的哺乳腺。所有这三个性状都是性成熟的视觉可见信号，并且在我们的进化历程中，无疑受到性选择的显著影响，正如我们的体形大小和外形一样。[1]事实上，对我们这种体形的灵长类来说，我们的体形大小二态性在一定程度上是偏小的，但它与以下两个事实相符，即大多数人类群体一夫多妻程度较低，另外我们至少在一定程度上是双亲抚养[2]。在我们的生活史里，女性成熟时的年龄更小，体形也更小，这对于每次分娩只有一到两个后代，并依赖于反复生育以提高终生繁殖力的动物来说，是典型的情况，尤其是当性选择青睐于雄性的更大体形或行为优势地位。考虑到我们的交配系统，以及长期的亲代抚养，对像我们这样的哺乳动物来说，我们在形态和生活史上的性别差异，总的来说是符合预期的。这些性别差异足够引起注意，但与许多其他动物相比，肯定不算显著，包括我们所属分支里的其他物种。

与动物性别差异的多样性相比，我们人类的性别差异虽然很小，但我们在自身生活中可以敏锐地意识到，并且我们的性别很可能会影响到我们的文化或社会行为，正如会影响我们的生物学特性一样，其影响力相当大，甚至可能更大。常常还有这样的情况，即我们的基本生物学差异被我们的文化所加强或夸大，以至于甚至一些次要的、普通的差异，也仿佛像是主要的、特别的差异那样被对待[3]。这并不能反映生物学事实。除了我们的繁殖系统外，所有人类具有相同的基本形体，相同数目的身体部位，相同的器官、组织和细胞类型。男人和女人之间具有的非繁殖性状差异，一般只有程度上的差别，因此两性只在体形的大小和数量上有差异，而不是其存在或缺失。比如，两性都有体毛和脸毛，只不过男人的更粗更黑。即便当男人和女人的性状在平均值上有差异，两性性状的分布在相当大程度上也是有重合的。1966年美国人口普查中的成年身高数据便很好地说明了这一点：虽然在那次人口普查中男人的平均身高比女人多13厘米，即大约8%的差异，但只有9%的男人比最高的女人高，也只有5%的女人比最矮的男人矮[4]。大部分我们认为具有性别差异的生理与行为特征，都表现出至少这种程度的两性间的重叠。相比之下，许多动物的成年雄性和雌性的差异非常大，它们的身体形态、生活史与行为可谓是真正的二叉分化（即在一个性别里的分布与在另一个性别里的分布没有重叠），而这样的例子我们已经在前面的章节里见到过。我们肯定不是那样的物种。

我是一名生物学家，不是社会学家，我将把这些关于人类性别差异的"文化加强"的争论留给其他作者和著作[5]。我唯一的贡献是将人类置于动物生活的广阔画卷中。从这样的角度看来，我们的性别差异属于性别特异的繁殖功能的一种生物学适应性，它是预料中的，也是能够被理解的，并且从任何一个方面来说都不是极端的。在 140 万个动物物种里，仍有许多具有真正极端性别差异的故事有待探索，而人类的故事却并不是其中的一个。至少从这点来看，我们就不是特殊的物种。

致　谢

　　这本书是爱的杰作。它给了我一个机会，让我得以埋头于科学文献，描述这个星球上一些奇特生命的行为、形态与生活史。这样一本综合性的书有赖于无数研究者的劳动，他们在野外观察动物、做实验，并撰写无数的科学文章以记录他们的工作。我非常感谢我所引用的资料列表中的作者们，没有他们，我对动物性别差异的好奇心将永远无法满足。我同样非常感谢许多才华横溢的自然摄影师和科学家，他们同意我在书中使用他们的照片。通过他们的照片，我对动物的描绘显得生动起来。我尤其感谢葛雷格·劳斯，他准备了一系列的食骨蠕虫照片，还有西奥多·皮奇，他从埃里克·伯蒂尔森的专题论文中给我发来了巨型海鬼鱼高分辨率的清晰插图。马提亚·弗尔默慷慨地将其未发表的一些数据供我在黄金花园蛛的章节中使用，对此我非常感激。当然，我必须感谢我的编辑，艾莉森·卡莱特，她有无穷的耐心，并一直非常支持我；没有她不断的指导和中肯的建议，我写出的必定是一本百科全书，而不是一本科普书。我还非常感谢两位匿名的审稿人，他们仔细地阅读了本书的早期版本，并给出了深有见地的意见，帮助我改进文本内容。任何在最终版里的错误或纰漏，当然责任在我。最后，我必须感谢我的丈夫，德里克·罗夫，在我深耕于写作期间，他忍受了太多个孤独的夜晚和周末。除了提供第三章中完美的照片外，他还是一个坚定的依靠，在整个写作过程中一直鼓励我。我深深地感激能有他在身边，一如既往。

与俗名相对应的学名

俗名	学名
Acorn barnacles	Crustacean arthropods in the class Maxillopoda, subclass Cirripedia and order Sessilia
Anglerfishes	Fish in the teleost order Lophiiformes
Arrow worms	Predatory marine worms in the phylum Chaetognatha that are a major component of plankton worldwide
Atlantic cod	*Gadus morhua*
Atlantic salmon	*Salmo salar*
Belostomid water bugs	True bugs the insect order Hemiptera and family Belostomatidae
Bighorn sheep	*Ovis canadensis*

Birds of paradise	Bird species in the family Paradisaeidae, order Passeriformes
Black grouse	*Tetrao tetrix*
Black widow spider	Several species of spiders in the family Theriidae, genus *Latrodectus*, known as widow spiders. The name black widow applies to at least three North American species (*L. variolus, L. mactans, and L. hesperus*) and one European species (*L. tredecimguttatus*).
Blanket octopus	*Tremoctopus violaceous*
Bluegill sunfish	*Lepomis macrochirus*
Bony fishes	Approximately24, 000species of living fish with bony as opposed to cartilaginous skeletons. Classified in the superclass Osteichthyes and including the ray-finned (Actinopterygii) and lobe-finned (Sarcopterygii) fishes.
Brown songlark	*Cincloramphus cruralis*
Burrowing barnacles	Crustacean arthropods in the class Maxillopoda, subclass Cirripedia, and superorder Acrothoracica
Cassowaries	Large flightless birds(ratites)in the genus *Casuarius*

Chimeras	Marine fishes with cartillaginous skeletons in the Chordate class Holocephali
Cichlid fishes	Bony fishes in the Class Actinopterygii, order Perciformes, and family Cichlidae
Cobweb spiders	Spiders in the family Theridiidae; includes black widow and redback spiders
Common octopus	*Octopus vulgaris*
Conch	True conches are marine snails (gastro-pod mollusks) in the family Strombidae, but the term is used more generally to apply to any large marine snails that have a high spire and a shell that is pointed at either end.
Coral snakes	Venomous snakes in the orders *Leptomicrurus*, *Micruroides*, *Micrurus*, and *Calliophis* within the family Elapidae
Crab spiders	Spiders in the family Thomasidae
Cranes	Birds in the order Gruiformes and family Gruidae
Damselflies and dragonflies	Insects in the order Odonata
Dappled mountaln robin	*Arcanator orostruthus*
Deer mouse	*Peromyscus maniculatus*
Emu	*Dromaius novaehollandiae*
Fiddler crab	Crabs in the genus *Uca*

Florida conch	*Strombus alatus*
Fruitfly	*Drosophila melanogaster*
Gamebirds	Birds in the order Galliformes
Garden spiders	Orb-weaving spiders in the family Araneidae, genus *Argiope*
Giant Pacific octopus	*Octopus dolfleini*
Golden silk spiders	Spiders in the family Nephilidae, genus *Nephila*
Golden orb-weavers	Spiders in the family Nephilidae
Gooseneck barnacles	Crustacean arthropods in the class Maxillopoda, subclass Cirripedia, and order Pedunculata
Great bustard	*Otis tarda*
Green spoon worm	*Bonellia viridis*
Guppy	*Poecilia reticulata*
Hagfishes	Chordates in the class Myxini
Hermit crabs	Crabs in the Arthropod class Malacostraca, order Decapoda, superfamily Paguroidea
Horned beetles	Beetles in the family Scarabidae
Hymenoptera	Insects in the order Hymenoptera (ants, bees, wasps)
Isopods	Small crustaceans in thC class Malacostraca, phylum Arthropoda

Jacanas	Birds in the genus *Irediparra*
Jumping spiders	Spiders in the family Salticidae. This is the largest family of spiders with more than5, 000species.
Kiwi	Ratites in the genus *Apteryx*
Kori bustard	*Ardeotis kori*
Lampshells	Sessile, bivalved marine animals in the phylum Brachiopoda
Leopard seal	*Hydrurga leptonyx*
Little white-shouldered bat	*Amertrida centurion*
Man o'war jellies	Two species of cnidarians in the class Hydrozoa, order Siphonopora and genus *Physalia. Physalia utriculus* is the Pacific man o'war, and P. *physalis* is the Portuguese man o'war.
Manakins	Neotropical birds in the order Passeriformes and family Pipridae
Mantis shrimp	Crustacean arthropods in the class Malacostraca and order Stomatopoda
Mealworm	Larval form of the beetle *Tenebrio molitor*
Midges	A general term referring to several families of small, two-winged insects in the order Diptera and suborder Nematocera

Milk and king snakes	Snakes in the order *Lampropeltis*
Milkweed bug	*Oncopeltus fasciatus*
Monarch butterfly	*Danaus plexippus*
Monkfish	Marine anglerfishes in the order Lophiiformes, family Lophiidae, genus *Lophius*
Moss animals	Species in the phylum Ectoprocta ; also called bryozoans
Muscovy duck	*Carina moschata*
Mussels	Mollusks in the family Mytilidae
New Zealand brown kiwi	*Apteryx australis*
Northern elephant seal	*Mirounga angustirostris*
Oceanospirillales	An order of bacteria in the phylum Proteobacteria and class Gammaproteobacteria. Some strains are specialized endosymbionts of *Osedax* sp.
Orb-weaving or orb-web spiders	Spiders in the order Araneae and infraorder Orbiculariae; includes about one-fourth of known spider species (>11, 000species)
Ostrich	*Struthio camelus*
Peacock	Male peafowl, *Pavo cristatus*
Phalaropes	Shorebirds in the genus *Phalaropus*
Poison-dart flogs	Frogs in the order Anura, family Dendrobatidae

Prairie chicken	*Tympanuchus cupido*
Ratfishes	Marine fishes with cartilaginous skeletons in the Chordate class Holocephali
Ratites	Large, flightless birds in the order Struthioniformes
Ray-finned fishes	Bony fishes in the class Actinopterygii
Redback spider	*Latrodectus hasselti*
Red-wing blackbird	*Agelaius phoeniceus*
Rheas	Ratites in the genus *Rhea*
Rotifers	Members of the phylum Rotifera; also called wheel anlmals.
Sage grouse	*Centrocercus urophasianus*
Sea anenomes	Benthic, largely sedentary invertebrates in the phylum Cnidaria, class Anthozoa, order Actiniaria
Sea lilies	Marine, benthic animals in the phylum Echinodermata, class Crinoidea that have arms attached to a stalk. Although they can creep along, they are primarily sessile.
Sea snails	Marine mollusks in the class Gastropoda; includes whelks, conchs and other marine gastropods with external shells
Seahorses and pipefishes	Bony fishes in order Sygnathiformes, family

	Syngnathidae
Seed shrimp	Small arthropods with a bivalved carapace, in the class Ostracoda
Seven-arm octopus	*Haliphron atlanticus*: an Argonautoid octopus in the family Alloposidae
Sheet web spiders	Spiders in the family Linyphiidae
Shorebirds	Birds in order Charadriiformes
Siamese fighting fish	*Betta splendens*
Side-blotched lizard	*Uta stansburiana*
Southern elephant seal	*Mirounga leonina*
Stalk-eyed fly	*Cyrtodiopsis dalmanni*
Steller sea lion	*Eumetopias jubatus*
Stickleback fish	*Gasterosteus aculeatus*, the three-spined stickleback
Stonefish	Marine, bottom-dwelling estuarian and reef fishes in the family Synanceiidae. Also refers to similar species in the family Scorpionidae(sculpins, scorpionfishes, stonefishes).
Swordtail fish	*Xiphophorus heller*
Termlte	Insects in the orcler Isoptera
Tuberous bushcricket	*Platycleis affinis*
Ungulates	Refers to terrestrial, hoofed mammals

in the orders Cetartiodactyla (even-toed undulates, excluding whales in the suborder Cetancodonta) and Perissodactyla (odd-toed ungulates)

Water bear	Members of the phylum Tardigrada
Water flea	Cladocerans: small, freshwater crustaceans in the class Branchiopoda
Weddell seal	*Leptonychotes weddellii*
Whelk	A general term for large, edible sea snails (gastropod mollusks) primarily in the family Buccinidae
Wolf spiders	Spiders in the family Lycosidae; includes about2, 200species including tarantulas and bird spiders

以门为单位对性别二态性的总结

    这份总结以字母顺序罗列了现存的 31 个动物门[1]，展示了分类单元"纲"的数目、现存物种的估算数目、有性繁殖的普遍性，以及有性繁殖物种中雌雄异体的普遍性。在雌雄异体的物种里，外在明显的性别二态性的普遍性和程度也被展示出来。其中"普遍性"指的是，有多大比例的物种具有性别二态性，并被量化为 0 到 4（全部都是）之间的分值；而性别二态性的程度按以下次序排列：0，不明显；1，只在专家看来明显；2，当雄性和雌性同时出现时其差异可以被一般人指出；3，一项显著的特征可能会在野外指南中被指出；4，两性在诸如体形、外形和体色上的主要外在形态特征上分化明显，具有不重叠分布。最右一列所展示的，是每个门中外部明显的性别差异的缩写：Go，生殖器开口或生殖孔（Goi 代表具有插入式生殖器）；Vg，外部可见性腺；S，身体大小（f，雌性通常更大；m，雄性通常更大；fm，不同纲中有变；d，雄性侏儒）；Sh，身体外形；App，附属器官；Int，外表特征；以及 Co，颜色。[2]

门	俗名	纲的个数	物种数	有性生殖的普遍性 [a]	雌雄异体的普遍性	外在可见的性别二态性		
						普遍性	程度	性状
棘头动物门	棘头虫	3	1,150	4	4	2	1–4	Goi, Sfd, Sh, Int
环节动物门	环节虫 [b]	2	13,300	3	3	3	1–4	Goi, Sfd, Sh, App, Int
节肢动物门	昆虫、蜘蛛类、虾类、百足虫、蜈蚣、跳虫、藤壶、以及近缘物种	15	1,140,000	3	3	3	1–4	Goi, Sfmd, Sh, App, Int, Go
腕足类动物门	腕足类动物	2	350	4	3	1	1	Sh
有棘动物门	丁丁虫、铠甲动物	3	290	3	3	2	1–2	Goi, Sf, Sh, Int
毛颚动物门	矢虫	0	80	4	0	na	na	
脊索动物门	被囊动物、文昌鱼和脊椎动物 [c]	14	57,000	3	3	2	1–4	Goi, Vg, Sfmd, Sh, App, Int, Co
刺胞动物门	水母、水螅、珊瑚、海葵、以及近缘物种	5	9,070	4	2	1	1	Vg, Sf, Sh, App, Co
栉水母动物门	栉水母	2	100	4	1	4	2	Vg
环口动物门	—	1	2	4	4	4	4	Goi, Sfd, Sh
棘皮动物门	海星、海百合、海胆、海蛇尾、海参、以及近缘物种	6	6,500	3	3	1	1–4	Goi, Sfd, Sh, App, Int
蛆虫动物门	蛆虫	1	160	4	4	1	1–4	Sfd, Sh, App

续表

门	俗名	纲的个数	物种数	有性生殖的普遍性 a	雌雄异体的普遍性	外在可见的性别二态性		
						普遍性	程度	性状
外肛动物门	苔藓虫	2	4,540	4	1	3	1	Go
内肛动物门	杯状蠕虫	0	150	4	3	1	1	Sfm, Sh
腹毛动物门	腹毛动物	0	725	2	0	na	na	
颚胃动物门	颚口蠕虫	0	80	4	0	na	na	
半索动物门	橐舌虫和洞鳋类动物	2	90	3	3	1	1	Vg, Go, Sf, App, Co
中生动物门	—	2	85	4	2	2	3	Sf, Sh, Int
软体动物门	蛤、贻贝、牡蛎、章鱼、鱿鱼、蜗牛，以及近缘物种	7	79,400	4	2	1	1–4	Coi, Vg, Sfmd, Sh, App, Int, Co
黏原虫门	—	0	1,250	4	0	na	na	
线虫动物门	蛔虫	2	17,300	3	3	3	1–4	Goi, Sfd, Sh, Int
线形动物门	铁线虫	0	305	4	4	3	2	Sfm, Sh
纽形动物门	纽虫	2	1,250	3	3	1	1	Vg, Sfd, Sh, Co
有爪动物门	天鹅绒虫	0	100	3	4	2	1–2	Go, Sf, Sh, App, Int
帚虫动物门	帚虫	0	12	3	1	1	1	Sh, App
扁盘动物门	—	0	1	4	0	na	na	
扁形动物门	扁形虫 d	3	24,000	3	1	3	1–4	Goi, Sfd, Sh
海绵动物门	海绵	3	5,650	4	1	1	1	Go
轮虫动物门	轮虫	2	1,853	2	4	3	1–4	Goi, Sfmd, Sh, App, Int
星虫动物门	星虫	0	320	3	3	1	1	Vg
缓步动物门	水熊	2	780	3	3	2	1	Goi, Sf, Sh, App

a. 有性生殖和无性生殖（裂殖、出芽生殖或孤雌生殖）并不是互斥的。许多动物门同时包含有性生殖和无性生殖的物种，并且有些物种能同时拥有这两种生殖模式。甚至有性生殖的普遍性的分值为 4 的门都包含无性生殖的物种。无性生殖在 31 个门中的 11 个里面（刺胞动物门、环口动物门、外肛动物门、腹毛动物门、中生动物门、黏体动物门、扁盘动物门、扁形动物门、多孔动物门、轮形动物门和缓步动物门）普遍存在，但在另外 13 个门中很罕见，而在剩余 7 个门中则完全没有 [棘头动物门、腕足动物门、有棘动物（Cephaloryncha）、毛颚动物门、蜕虫动物门、颚胃动物门和线形动物门]。

b. 环节虫包括蚯蚓、水蛭、管状蠕虫和多毛虫。

c. 脊椎动物包括鱼类、两栖类、爬行类、鸟类和哺乳类。

d. 扁形虫包括绦虫、吸虫和涡虫。

资料来源：Breder and Rosen（1966），Geise and Pearse（1974，1975a，1975b，1977，1979），Ghiselin（1974），Blackwelder and Shepherd（1981），Bell（1982），Charnov（1982），Adiyodi and Adiyodi（1989，1990，1992，1993，1994），Lombardi（1998），Conn（2000），Pechenik（2005），Jarne and Auld（2006），de Meeûs et al.（2007），Hickman et al.（2007），及 Bisby（2008）。分类和命名依据 ITIS Catalogue of Life：2008Checklist（Bisby，2008）。

其他对特定类群的资料来源：

Acanthocephala：Poulin and Morand（2000）.

Arthropoda：Sharma and Metz（1976），Gilbert（1983），Poulin（1996），Hopkin（1997），Minnelli et al.（2000），Ohtsuka and Huys（2001）.

Brachiopoda：James et al.（1991）.

Cephalorhyncha：Neuhaus and Higgins（2002），Kristensen（2002）.

Chordata：Shine（1979），Breder and Rosen（1966），Sims（2005），Filiz and Taskavak（2006），Cox et al.（2007），Kupfer（2007），Lindenfors et al.（2007）.

Cnidaria：Lewis and Long（2005）.

Ctenophora：Harbison and Miller（1986）.

Echinodermata：Vail（1987），Hamel and Himmelman（1992），O'Loughlin（2001），Stöhr（2001），Emlet（2002），Tominaga et al.（2004）.

Ectoprocta : Ostrovsky and Porter (2011) .

Hemichordata : Hadfield (1975), Sastry (1979), Heller (1993) .

Mollusca : Crozier (1920), Coe (1944), Webber (1977), McFadi-en–Carter (1979), Pearse (1979), Heller (1993), Gowlett–Holmes (2001), Lamprell and Healy (2001), Lu (2001), Schwabe (2008) .

Myxozoa : Kent et al. (2001) .

Nemata : Maggenti (1981), Poulin (1997) .

Nemato morpha : Schmidt–Rhaesa (2002), Cochran et al. (2004) .

Nemertea : McDermott and Gibson (1993), Roe (1993), Stricker et al. (2000), Döhren and Bartolomaeus (2006) .

Phoronida : Temereva and Malakhov (2001) .

Placozoa : Pearse and Voigt (2007) .

Platyhelminthes : Campbell (1970), Bell (1982) .

Rotifera : Gilbert and Williamson (1983), Ricci et al. (1993) .

Tardigrada : Claxton (1996), Guldberg and Kristensen (2006), Garey et al. (2008)

注释

第一章　引言

1. 对鹿鼠的这项研究结果感兴趣的读者可以在 :Fairbairn（1977a，b and1978a，b）这里找。

2. 自然选择最一般的定义是，由性状和适合度之间的一致性关系所造成的可遗传的生物学性状的跨代的改变。

3. 达尔文在《物种起源》（1859）中对性选择的定义是，"这种选择不依赖于生存竞争，而依赖于雄性间对雌性占有的竞争。"（Darwin，1859，印刷于 1986 年，136–38 页）在他的两卷专著——《人类的由来及性选择》（1871）中，极大地拓展了这个概念，及其对人类的意义。

4. 次级性别性状指的是，一个物种中在雄性和雌性间有区分的性状，但不包括生殖系统（即性腺、生殖道和生殖器）的性状。生殖系统的性状被合称为初级性别性状。

5. Clutton-Brock（2009）。

6. 例子见 Ghiselin（1974），Lande（1980），Arnold（1985），Bradbury and Andersson（1987），Hedrick and Temeles（1989），Berglund et al.（1993），Anderson（1994），Arnold and Duvall（1994），Eberhard（1996，2009），Fairbairn（1997），Birkhead and Moller（1998），Amundsen（2000），Dunn et al.（2001），Wedell et al.（2002），Badyaev and Hill（2003），Blanckenhorn（2005），Fairbairn et al.（2007），及 Cox and Calsbeek（2009）。

7. 门（phyla）是动物的主要进化分支，也是动物正规系统分类的最高单元。

8. 性别二态性指的是，一个物种里雄性和雌性间任何的一致性差异。在术语列表中参见更广的定义。

9. Peters（1983），Calder（1984），Schmidt-Nielsen（1984），Reiss（1989），Roff（1992），Stearns（1992），及 Brown and West（2000）。

10. 关于其他性状的性别差异与体形性别二态性的关系的讨论与例子，见 Ghiselin（1974），Ralls（1977），Fairbairn（1997），Vollrath（1998），Weckerly（1998），Blanckenhorn（2005），Fairbairn et al.（2007），以及后续章节里的其他例子。

第一章　性别差异的根源

1. 为了确定动物界里的雌雄异体的普遍性，我在每一个动物门，包括其所包含的纲（总共有31个门与81个纲）中，收集关于各种物种的繁殖策略的记录。最近的进化发育生物学的进展，加上分子系统分类法不断改进的手段，相对于过去的几十年里传统的系统分类法已经发生了一些重大调整（例如，比较 Adoutte et al.，2000；Nielsen，2001；Tree of Life2002a，b，c；Philippe et al.，2005）。很多争议仍然存在，并且很难找到这两种分类方法的源头，其中的动物进化树的各个方面都是一致的。我所使用的 31 个动物门来自 ITIS Catalogue of Life：2008Annual Checklist（Bisby et al.，2008）。额外的资源以及我对每一个门的调查结果见于附录 B，并且我将每个门和纲的更详细的信息放在了 Dryad 平台：http：//dx. doi. org/10.5061/dryad. n48cm（Fairbairn，2013）。

2. 我关于性别决定机制的讨论所基于的数据来自 Bull（1980，2008），Austin and Edwards（1981），Gilbert and Williamson（1983），Petraits（1985），Adiyodi and Adiyodi（1993），Hayes（1998），Lombardi（1998），Marin and Baker（1998），Scherer and Schmid（2001），Simonini et al.（2003），Carrier et al.（2004），Eggert（2004），Oliver and Parisi（2004），Haag and Doty（2005），Ming and Moore（2007），Uller et al.（2007），及 Vandeputte et al.（2007）。

3. 关于人类和其他动物性别差异的发育的更多信息，见 Lyon（1994），Marshall Graves（1994），Mealey（2000），及 Bainbridge（2003）。

4. 棘头蠕虫、多毛目环节蠕虫和线形蠕虫。

5. ZZ/ZW 系统相对来说罕见，但在一些鸟类和爬行类中有所发现。

6. 这被称为单倍二倍体（haplodiploidy），因为雄性只有雌性染色体构成的一半（倍体 "ploidy" 指的是染色体的套数）。

7. 一些多毛目环节动物、鱼类、双瓣壳软体动物和多孔动物。

8. 环境或社群暗示的性别决定在许多类群中独立演化出来，包括多种鱼类、两栖类和爬行类，还有甲壳动物、多毛目环节动物、腹足类动物（蜗牛与蛞蝓），可能还有双瓣壳软体动物。温度常常是启动发育通道的信号，但在一些物种里，在关键年龄的其他信号也被用于启动发育通道，包括密度、性别比，甚至是身体大小。绿匙蠕虫的例子来自 Jaccarini et al.（1983）和 Berec et al.（2005）。

9. 对人类、果蝇和鸡的性别特异的基因表达模式，见 Saifi and Chandra（1999），Parisi et al.（2003），Kaiser and Ellegren（2006），及 Talebizadeh et al.（2006）。关于伴性遗传与性别特异的基因表达在性别二态性进化中的作用的综述和讨论，见 Fairbairn and Roff（1996）and Mank（2009）。关于在多样的性别决定系统下，性别特异的遗传级联发育过程的保守性的出色阐述，见 Ferguson-Smith（2007）。

10. 更多表观遗传的信息，见 Russo et al.（1996）。

11. Degnan and Degnan（2006）。

12. 关于精子计数和巨大数量的精子的优势的讨论，见 Morrow（2004），Reunov（2005），Quirk（2006），及 Pitnick et al.（2009）。

13. 仅有的例外是腕足动物（Brachiopoda）、栉水母（Ctenophora）、环口动物（Cycliophora）、外肛动物（Ectoprocta）、内肛动物（Entoprocta）、半索动物（Hemichordata）、帚虫动物（Phoronida）、扁盘动物（Placozoa）、多孔动物（Porifera）和星虫动物（Sipuncula）。

14. 这种模式在哺乳类、鸟类、鱼类和昆虫中的记录尤为丰富（Stockley et al., 1997；Birkhead, 1998；Simmons, 2001；Pizzari and Parker, 2009）。

15. 关于雄性在交媾过程中的竞争以及在雌性生殖道中对成功受精的竞争方式的讨论与更多例子，见 Eberhard and Cordero（1995），Eberhard（1996, 2009），Choe and Crespi（1997），Stockley et al.（1997），Simmons（2001），及 Pizzari and Parker（2009）。

16. 更多雄性交配竞争的例子和讨论见 Ghiselin（1974），Parker（1978），Andersson（1994）、Fairbairn et al.（2007），及 Emlen（2008）。

17. Lombard（1998）。

18. Ghiselin（1974）和 Vollrath（1998）。

19. Quirk（2006）。

20. 我对鸡和蛋的描述来自 Wilson（1991）和 Laughlin（2005）。

21. Stearns（1976, 1992），Roff（1992），及 Messina and Fox（2001）。

22. Calder（1979）。

23. 关于鳕鱼产卵、鱼卵和幼鱼的更多信息，见 Thorsen et al.（1996），Nissling et al.（1998），Hansen et al.（2001），Ouellet et al.（2001），及 Fudge and Rose（2008）。

24. 对一窝卵的比重的估计来自 Roff（1992）。

25. Vahed et al.（2011）。

26. Roff（1992）。

27. Woodroffe and Vincent（1994）。

28. Lombardi（1998）。

29. 关于雌性孵化或守护她们的卵的例子，见 Blüm（1985），Clutton-Brock（1991）及 Lombardi（1998）。

30. 这种社会系统被称为真社会性。在一些物种里发展出更复杂的关系，包括多蚁后的存在，但总是有一个独特的不育的雌性工蚁的阶级，负责照料卵、幼虫和蛹。

31. 一般说来，雄性是更大性别的物种只见于 6 个动物的纲中：哺乳类、鸟类、软甲亚纲（如蟹类、小龙虾和虾类）、介形亚纲（介形虫）、内肛动物（杯状蠕虫）和多板纲（石鳖）。

第三章　象海豹

1. 这些关于彼德拉斯布兰卡斯群栖地的信息来自"象海豹之友（Friends of the Elephant Seal）"维护的网站（FES at http：//www．elephantseal. org）。FES 是一个非营利性组织，为保护与监控象海豹群体而成立。这个网站现在有足够多的版块，是官方的游览平台，能提供游览信息和游览路径。FES 所提供的讲解通常在网站上提供信息与协助。

2. http：//www. iucnredlist. org/apps/redlist/details/13581/0a。

3. 关于南部象海豹的数量与分布的信息来自 McConnell（1992）以及 2012 年 8 月象海豹保护协会（Seal Conservation Society）开始使用的网页：http：//www. pinnipeds. org. htm。

4. 不同象海豹群体间雄性与雌性的大小比例不同。这样的估计同样有赖于所包括在内的雄性：只在眷群内的雄象海豹，所有繁殖的雄象海豹，还是所有性成熟的雄象海豹。由于在眷群中繁殖的雄象海豹倾向于最大，故基于这些动物的对体形性别二态性的估计也是最大的。在交配进行过程中，大小比例也会随之发生变化，并且两性体重都会下降。LeBoeuf and Laws（1994a）对南部象海豹的单个交配对所给出的体重比的范围是 1.5~10，但雄象海豹与雌象海豹的平均体重比的估计值介于 7~8 之间，正如在表 3.1 所给出的。

5. 关于两个物种在数量、生态学、行为和繁殖参数上的详尽比较，见 Hindell et al.（1991）和 Le Boeuf and Laws（1994a）。其他关于象海豹生物学的详细信息的来源有 Le Boeuf and Laws（1994b）编纂的手册，以及 Le Boeuf and Reiter（1988）对北部象海豹雄性与雌性的繁殖成功率的早期研究。许多网站提供了关于特定群栖地群体的一般概述和及时更新的信息。关于北部象海豹的信息可参考 http：//www. iucnredlist. org/apps/ redlist/details/13581/0，http：//www. pinnipeds. org/species/nelephnt. htm，及 http：//www. elephantseal. org。关于南部象海豹群体的描述见于 http：//www. iucnredlist. org/apps/redlist/details/13583/0 和 http：//www . pinnipeds. org/species/selephnt. htm。除此之外，我获取象海豹生物学详细信息的资源还来自许多单独的研究论文，这些在正文和表 3.1 中都有标注。

6. 我对群栖地的雌象海豹繁殖策略和行为的描述来自 Le Boeuf and Reiter（1988），Deutsch et al.（1994），Fedak et al.（1994）、Le Boeuf and Laws（1994a），Sydeman and Nur（1994），Arnblom et al.（1997），Crocker et al.（2001），MacDonald and Crocker（2006），及

Fabiani et al.（2006）。关于小象海豹与母亲的生存信息同样来自这些资源，以及 Le Boeuf et al.（1994）and McMahon et al.（2000）。

7. 分娩地点与自身出生地的距离在 4，000 米之内的雌象海豹超过七成，在几百米之内的超过六成（Le Boeuf and Reiter，1988；Fabiani et al.，2006）。

8. 双胞胎的发生率不足分娩的 0.3%（Arnblom et al.，1997）。

9. 在加州努埃沃的群栖地，MacDonald and Crocker（2006）发现，对第一次当母亲的雌象海豹，其幼崽获得的体重只占其失去的体重的 45%，而对有经验的母亲来说，这一比值会达到 61%。

10. 在加州努埃沃群栖地，断奶成功率随着母亲年龄而不对称地提高，在母亲 3~6 岁的时候提高最快。在大多数群体中，母亲年龄在超过 8 岁时便极少或没有年龄的效应了（Le Boeuf and Laws，1994a）。

11. 一项在马里恩岛进行的对南部象海豹的研究中，Pistorius et al.（2008）发现只有 83% 的首次生育的母亲能在为期两个月的繁殖后海中觅食期中存活，而这一比例在有经验的母亲中达到 91%。

12. Hindell et al.（1991），McConnell et al.（1992），Antonelis et al.（1994）、Le Boeuf（1994），Slip et al.（1994），Stewart and De Long（1994），Le Boeuf et al.（2000），及 Lewis et al.（2006）。

13. 一项针对南部象海豹的研究中，Galimberti et al.（2000a，b，c）观察到，大约四分之三的雄性交配尝试发生于雌象海豹发情期之外。雌象海豹平均每天遭遇两到三次交配尝试，而几乎在 87%~88% 的时间里她们是不会接受的。雄象海豹有时会强迫与怀孕或非发情期的雌象海豹交配，不过这并不常见。

14. 我关于在繁殖群栖地的雄象海豹的描述来自 Clinton（1994），Deutsch et al.（1990），Haley et al.（1994），Le Boeuf and Laws（1994a），Modig（1996），Galimberti et al.（2002a，b，2007），Fabiani et al.（2004），Carlini et al.（2006），及 Sanvito et al.（2008）。

15. 同样见 Haley et al.（1994）。

16. Deutsch et al.（1990），Modig（1996），及 Galimberti et al.（2000c，2002a）。

17. Fabiani et al.（2004）。

18. Sanvinito et al.（2007a，b，2008）。

19. Haley et al.（1994）为体形和年龄在预测北部雄象海豹的优势地位的相对重要性提供了出色的分析，而 Carlini et al.（2006）为南部象海豹提供了类似的分析。对动物更大体形的优势的一般性论证，见 Reiss（1989）。

20. Clinton（1994）。

21. 两岁前的差异过小，以图 3.3 的比例无法分辨出来，但可参见表 3.1。对南部象海豹的生长轨迹，请参见 Field et al.（2007）。

22. Boyd et al.（1994）。

23. Le Boeuf and Mesnick（1991）和 Mesnick and Le Boeuf（1991）。

24. Galimberti et al.（2000a，b，c）。

25. 北部雌象海豹发现有她们的眷群首领以外的雄象海豹接近时，她们倾向发出更激烈、更响亮的抗议，说明她们更愿意和眷群首领交配。这加强了对眷群首领的性选择，而后者是雄性间竞争的获胜者。没有证据表明南部雌象海豹也有这样的偏好。

26. Deutsch et al.（1994），Galimberti et al.（2000c，2007），以及 McDonald and Crocker（2006）。

27. Galimberti et al.（2007）。

28. Alexander et al.（1979），Bonner（1994），及 Lindenfors et al.（2002）。

29. Boyd et al.（1994）测量了南乔治亚（South Georgia）象海豹群体雌性和雄性的生物量和能量消耗后发现，雄象海豹数量占据了群体数量的 63%，每年消耗的能量占整个群体的 59%。

30. 两性在觅食区域和捕食对象方面的分化的演化，能够减少两性间对食物的竞争，而这一功能无疑在现有群体中得以实现。不过，对不同食物类型的偏好，也可能是营养需求的性别差异的次级结果。类似的，不同的迁徙路径、觅食区域和觅食行为，也可以反映两性不同的身体大小和生长速率所造成的生化和生理的限制。这些可能的解释并不是互相排斥，并且所有这三个过程可能同时存在。类似的两性在繁殖期外的栖息地选择的分离，也发生于许多脊椎动物中，涵盖了所有脊椎动物的纲。Ruckstuhl and Neuhaus（2005）所编撰的手册描述了这种常见模式的许多例子，以及许多即时的与进化层面的解释的讨论。

31. Bonner（1994）。

32. 关于有蹄类动物，见 Geist（1971），Hogg（1987），Clutton-Brock et al.（1988），Festa-Bianchet（1991），Hogg and Forbes（1997），

Kruuk et al.（1999），Post et al.（1999），Ruckstuhl and Neuhaus（2005），以及 Pelletier and Festa-Bianchet（2006）。关于灵长类动物，见 Lindenfors and Tullberg（1998）和 Lindenfors（2002）。

33. 通常来说，雌象海豹倾向与占优势地位的雄象海豹交配、抵抗外围雄象海豹的交配企图的方式，来强化对更大体形雄性的选择。为此，雌象海豹主要倾向于在眷群的中央部位分娩与照料幼崽，并偏好于更大的眷群。北部雌象海豹被除眷群首领之外的其他雄象海豹接近时，会发出更强烈的抗议，以此来表达其对于"群主"更强烈的倾向性。

第四章　大鸨

1. 在 18 世纪中叶，英国西北部，以至伊比利亚半岛和摩洛哥的南部，以及远至蒙古和中国北部都可以发现大鸨的踪迹，此外，它们在欧洲的许多地方也十分常见，成百上千地聚集在一起，还被当作农业害鸟。然而，之后它们便从原来的栖息地大幅地消失。现在世界范围内的群体数量估计为 4.5 万只，并且不再被认为是濒危物种，不过大部分小的群体还是非常脆弱的。在英国，最后一个孵化的大鸨鸟蛋出现在 1832 年，而在 19 世纪 40 年代这些大鸨则完全消失。它们在英格兰的索尔兹伯里平原曾被再次引入，并于 2009 年孵化出第一窝幼雏。这次再引入由"大鸨组织"（Great Bustard Group，GBG）管理和资助，那是一个已注册登记并旨在保护在其栖息范围大鸨的国际公益组织。关于 GBG 及其在英国和欧亚大陆的保护工作更多信息，见 http : //greatbustard. org/。关于更多大鸨群体的历史和现存状态的信息，见 Johnsgard（1991，1999），Martín et al.（2001a），Nagy（2007），Alonso，Martín et al.（2009），及 Birdlife International（2009）Species fact sheet : Otis tarda。http : //birdlife. org20/2/2010。

2. 这种类似鹤的与类似松鸡的性状的结合，使得鸨类（Otididae）难以被分类，但最近的遗传分析表明，它们与鹤类最接近（Pitra et al.，2002 ; Mindell et al.，2008）。关于它们的饮食的描述来自 Johnsgard（1991），Alonso et al.（1998），以及 Morgado and Moreira（2000）。

3. Johnsgard（1991，1999）和 Alonso，Magaña et al.（2009）。

4. Székely et al.（2007）给出的体重比（雄性 / 雌性）是 3.14。Johnsgard（1991），Hidalgo and Carranza（1991）， 及 Carranza and Hidalgo（1993）认为，雄性大鸨的体重至少是雌性的 3 倍。然而，Alonso，Magaña et al.（2009）发现，在西班牙群体中平均的体重比只有 2.48，这意味着特别大的雄性大鸨在这些群体中非常罕见。

5. Dunn et al.（2001）和 Székely et al.（2007）。

6. Raihani et al.（2006）和 Székely et al.（2007）。

7. 我关于大鸨的交配行为的描述，包括求偶场的形成、雄性炫耀、雄性对抗和雌性的配偶选择，来源于以下资源：Ena et al.（1987），Johnsgard（1991），Hidalgo de Trucios and Carranza（1991），Carranza and Hidalgo de Trucios（1993），Alonso et al.（1998） 和 Alonso，Magaña et al.（2009），Morgado and Moreira（2000），Morales et al.（2001，2003），及 Raihani et al.（2006）。当某一信息来

自某一个资源时，我会在单独的脚注中标明。对于有给定季节时期的时间，它们是基于西班牙群体的。

8. Carranza and Hidalgo de Trucios（1993）和 Alonso，Magaña et al.（2009）。在这里，"身体条件"意味着相对于特定骨架大小的体重。在自然群体中，身体条件假定为与良好的健康水平，以及以碳水化合物、脂肪与蛋白质的形式储存起来的能源多少成正比。

9. Morales et al.（2003）。

10. Morales et al.（2003）和 Alonso，Magaña et al.（2009）。

11. Caranza and Hidalgo de Trucios（1993），Raihani et al.（2006），及 Alonso，Magaña et al.（2009）。

12. Carranza and Hidalgo de Trucios（1993），Alonso et al.（2004），及 Martin et al.（2007）。

13. 我关于雌性大鸨交配行为的描述来自 Ena et al.（1987）和 Hidalgo de Trucios and Carranza（1991）。

14. 大部分雌性在距离求偶场 5000 米之内筑巢，但也有一些雌性的巢穴距离最近的求偶场有 18000 米之远。我关于雌性巢址选择的描述主要针对西班牙中部和西北部（Morales et al.，2002；Magaña et al.，2010），以及葡萄牙（Morgado and Moreira，2000）的群体。

15. 我关于雌性产卵与亲本抚养的描述主要来自 Ena et al.（1987），Johnsgard（1991），Morgado and Moreira（2000），Morales et al.（2002），Martín et al.（2007），Nagy（2007），及 Magaña et al.（2010）。

16. 根据 Johnsgard（1991），年轻的大鸨在夏天主要以昆虫为食（96% 的饮食为动物性来源）。植物组织，尤其是种子，在秋天开始变得重要，而在冬天则开始成为主要食物。成鸟的饮食在夏天有大约 87% 是动物性来源，在全年来看只占 40%。大多数的动物性食物为昆虫，但也吃别的鸟和小型啮齿类动物。

17. 假如雌鸟不在来年春天筑巢，对幼鸟的额外的喂养可以持续长达 17 个月之久（Alonso et al.，1998）。

18. Alonso et al.（2000）。

19. 很有可能的是，快速生长的幼雏对食物的需求，及其所导致的在平地上母鸟和幼雏的扩散，为群体密度设置了上限（Morales et al.，2002）。

20. Johnsgard（1991）和 Nagy（2007）。

21. Ena et al.（1987）。

22. 雏鸟被认为在 8 月底长好羽毛（变得独立）。最近的持续多年的研究发现，在西班牙的相同地区，雏鸟的存活率与雌鸟的繁殖成功率是相似甚至是更低的（Alonso et al.，2000，2004；Morales et al.，2002；Martín et al.，2007）。

23. Morales et al.（2002）。

24. Alonso，Magaña et al.（2009）。

25. 动物用来驱动基础代谢的能量需求随着体形而增大，因此，一般来说，更大的个体每天需要获得更多的卡路里来维持自身（Calder，1984；Brown and West，2000）。假如觅食的效率也随着体形而提高，那么可以获得弥补食物需求和身体大小的正相关，使得更大的雌鸟能够获得更多食物。我们可以想象得到这样的动物捕食场面：要捕食大的猎物，就必须去追逐，或是用身体去制服它们。或者，更大的动物可以通过领地或统治行为，将更小的同类排除于食物资源之外，使自身获得更多的食物份额。这两种情形在雌性大鸨身上似乎都不成立，至少在她们与幼雏单独觅食期间是不成立的。这种为后代提供能量与自我维持之间的权衡，并不是大鸨所特有的。相反，这种权衡会以各种不同的形式出现于所有雌性动物身上，而这也是雌性最佳身体大小的主要决定因素。

26. Alonso et al.（2004），Martín et al.（2007），Alonso，Magaña et al.（2009），及 Alonso，Palacín et al.（2009）。例如，成年大鸨的年死亡率在雌鸟中是 8%，而在雄鸟中是 13%。

27. Carranza and Hidalgo de Trucios（1993）。

28. 除了之前所讨论的能量上的权衡，回想一下，在雌鸟中繁殖力并不和身体大小成正相关（见第二章和第十一章对这一点的讨论）。

29. Ena et al.（1987），Alonso and Alonso（1992），Alonso et al.（1998）和 Morales et al.（2002）。

30. Morales et al.（2002）和 Martín et al.（2007）。

31. Martín et al.（2007）和 Alonso，Magaña et al.（2009）。

32. Alonso et al.（1998）也发现，假如幼雏在高质量的巢穴范围内长大，并由能力出色的母亲喂养，那么雌雄两性都能长得更大。然而，具有高觅食成功率的雌鸟会成比例地增加对雄性雏鸟的额外喂养，使其获得更多照顾，而雌性雏鸟没有这样的优待。

33. 许多研究表明，雄鸟比雌鸟具有更高的死亡率。范例包括 Martín et al.（2007），Alonso et al.（2004），Alonso，Magaña et al.（2009），及 Alonso，Palacín et al.（2009）。雄鸟在幼雏时期极容易挨

饿，而在成年时，又极容易与电线碰撞而致死。

34. 对幼鸟扩散的这些描述主要来自 Alonso and Alonso（1992），Alonso et al.（1998），Morales et al.（2000），及 Martín et al.（2001a）。

35. 对成鸟迁徙的这些描述来自 Martinez（1988），Johnsgard（1991），Alonso et al.（2000，2001），Morales et al.（2000），Martín et al.（2001b），Alonso，Palacín et al.（2009），及 Palacín et al.（2009）。

36. 这些论证有一些牵强，尤其他们取决于体温调节、基础代谢速率和碳水化合物与脂肪的储存量与体重是如何调节的。Alonso，Palacín et al.（2009）和 Palacín et al.（2009）针对西班牙群体里雄鸟对夏季迁徙的偏好，仔细探讨了这个假说，而 Streich et al.（2006）则针对德国群体里雌性大鸨对冬季迁徙的偏好，为这个假说勾勒出框架。

37. Höglund and Alatalo（1995）提供了关于动物求偶场的一个出色而全面的综述，包含了一个表格以列出求偶行为记录完好的物种。这份表格包括了 97 种鸟、13 种哺乳动物、11 种两栖动物、24 种鱼类和 72 种昆虫。求偶行为也在爬行类中被发现，比较显著的是海洋美洲蜥蜴（Partecke et al.，2002）。Shelly and Whittier（1997）综述了昆虫中的求偶行为，并拓展了 Höglund and Alatalo（1995）的列表，增加了来自 8 个不同目的 130 个物种。关于鸟类求偶行为的出色综述，见 Höglund and Sillén-Tullberg（1994）和 Andersson（1994），关于美洲蜥蜴求偶行为的综述和讨论，见 Clutton-Brock et al.（1993）。Keenleyside（1991）和 Barlow（2000）描述了非洲丽鱼的求偶行为。

38. Clutton-Brock et al.（1993）和 MacKenzie et al.（1995）。

39. 大鸨在炫耀时通常是安静的，而在这一点上他们是不寻常的。

第五章　美鳍亮丽鲷

1. Keenleyside（1991）和 Barlow（2000）。

2.99 种非洲丽鱼的标准体长（从吻状突起的顶部到脊椎底部的长度）与两性大小的比例的数据来自 Erlandsson and Ribbink（1997）。

3. Schultz and Taborsky（2000）和 Ota et al.（2010）。

4. 在坦噶尼喀湖中至少发现 15 个物种是壳内孵化的，并且这种孵化至少独立演化了 4 次，包括在美鳍亮丽鲷中（Sato，1994；Sturmbauer et al.，1994；Barlow，2000；Schultz and Taborsky，2000）。

5. Sato（1994）、Schultz and Taborsky（2000，2005）和 Ota et al.（2010）。

6. Sato（1994）所报道的卵的平均数为 131 个，其范围为 39~280 个。从鱼卵到独立幼鱼的存活率为 71%。Meidl（1999）在产卵后的 10~14 天后计数鱼苗，发现一窝卵的数量有 4~180 个，平均值为 97.2。

7. 关于雌鱼对螺壳大小的偏好性的讨论来自 Schultz and Taborsky（2000，2005）、Taborsky（2001）和 Ota et al.（2010）。

8. Schultz et al.（2006）。

9. Sato（1994）。

10. Schultz et al.（2006）和 Ota et al.（2010）同样说明了，繁殖力与身体长度的立方成正比，因此其增大的速率远大于长度的增加。

11. 数据来自 Sato（1994）。

12. 我关于螺壳大小对雌鱼大小的影响的描述来自 Sato（1994），Schultz and Taborsky（2005），Schultz et al.（2006）， 及 Ota et al.（2010）。

13. 我对雄鱼及雌鱼生活史的描述主要来自 Taborsky（2001），Sato et al.（2004），Schultz et al.（2006，2010），Maan and Taborsky（2008），及 Ota et al.（2010）。他们所针对的是坦噶尼喀湖最南端的赞比亚群体。

14. 我关于雄鱼领地及其螺壳转运行为的描述来自 Sato（1994），Schultz and Taborsky（2000，2005），Barlow（2000），Taborsky（2001），及 Maan and Taborsky（2008）。

15. 我关于求偶与产卵行为的描述来自 Sato（1994），Meidle（1999），Barlow（2000），Schultz and Taborsky（2000）， 及 Schultz et al.（2010）。

16. 我关于雄鱼繁殖行为的描述主要来自 Sato（1994），Barlow（2000），Meidl（1999），Schultz and Taborsky（2005），Maan and Taborsky（2008），Ota et al.（2010）， 及 Schultz et al.（2010）。

17. Maan and Taborsky（2008）发现，篡夺了领地的雄鱼有时无法识别发育早期的鱼苗，因此它们或许在接替阶段存活下来，但到了发育晚期（小鱼），它们几乎总是被发现，并被杀死。

18. 对雄鱼交配行为的能量消耗的分析，见 Schultz et al.（2010）。相对于身体大小来说，大的雄鱼每天失去的体重实际上比小鱼要稍微多一点，但他们的绝食期能持续时间更长，因为他们有更多的原始储备。

19. 螺壳及雄鱼大小的数值来自 Sato（1994）和 Ota et al.（2010）。能抬起螺壳的雄鱼体形大小的阈值来自 Schultz 和 Taborsky（2005）。

20. Ota et al.（2010）。

21. Sato（1994），Meidl（1999），Taborsky（2001） 和 Schultz and Taborsky（2005）。

22. 关于在 7 个美鳍亮丽鲷群体中螺壳的分布对雄鱼与雌性身体大小的影响的出色比较，见 Ota et al.（2010）。Sato（1994），Schultz and Taborsky（2005），及 Maan and Taborsky（2008）对单个研究群体提供了详尽的描述。

23. 侏儒雄鱼的策略不是美鳍亮丽鲷特有的。这在基质繁殖的鱼类里是十分常见的，而采取这种策略的雄鱼经常被称为寄生雄鱼。不过，我更喜欢把"寄生的"这个形容词用于真正寄生在其配偶身上的雄性，正如在第八章里的海鬼鱼那样，因此我避免了在这里使用。

24. 侏儒雄鱼在成熟后还是会继续生长，平均只有 3.4 厘米长，体重不到 1 克，大约只有领地雄鱼体重的 2.5%。

25. 我关于美鳍亮丽鲷另一种繁殖策略的描述来自 Sato（1994），Meidl（1999），Taborsky（2001），Sato et al.（2004）， 及 Schultz et al.（2010）。关于鱼类通常繁殖行为的变化的出色综述，见 Taborsky（2001）和 Mank and Avise（2006），而对丽鱼物种间的比较，见 Gonzalez-Voyer et al.（2008）。Fairbairn et al.（2007）讨论了哺乳类、鸟类、爬行类、两栖类、蜘蛛和昆虫中的变化形式。

26. 关于丽鱼种亲本抚养和性选择的平衡，及其对丽鱼科的性别二态性特征影响的出色分析，见 Gonzalez-Voyer et al.（2008）。

27. 关于哺乳类、鸟类、爬行类和昆虫中体形性别二态性与性选择关系的例子与讨论，见 Fairbairn et al.（2007）中的章节。Erlandsson and Ribbink（1997）和 Gonzalez-Voyer et al.（2008）考虑了丽鱼种的情况，而 Parker（1992）and Roff（1992）讨论了硬骨鱼（辐鳍鱼）的一般情况。

第六章　黄金花园蛛

1. 络新妇属（Nephila）的蜘蛛以雌性体形大，且雌性和雄性体形差异巨大而闻名。其中属 Nephila turneri 的差异最大，这个物种中雌性平均体长有32.8毫米（1.3英寸），而雄性只有3.4毫米（0.13英寸），雌性体形足足是雄性的9.6倍（Kunter and Coddington，2009）。

2. 更详尽的比较研究请参考 Elgar（1991，1998），Head（1995），Coddington et al.（1997），Prenter et al.（1999），Hormiga et al.（2000），以及 Foellmer and Moya- Laraño（2007）。

3. 进化生物学家用"圆网蛛"来称呼蜘蛛进化史上的一个大分支，这一分支囊括了目前已知蜘蛛种类的四分之一。进化早期的圆蛛，纵丝强韧干燥，由螺旋状有弹性的横丝连接，横丝表面覆盖黏性分泌物，用来捕捉食物。这种蛛网在现在的很多圆蛛里仍然可见，但在几个主要的分支中已经无存，或者有较大的改进。因此，圆蛛科的大多数蜘蛛，或者说从进化角度来看属于圆蛛类的蜘蛛现在已经不结圆形的网了。比如，片网蜘蛛和盘网蜘蛛（包括臭名昭著的黑寡妇和赤背蜘蛛）包含了大约一半的圆网蛛，但是却正如它们的名字那样，它们的网是片状或者不规则形状。也许正是因为这个原因，大多数蜘蛛分类学家，包括那些野外操作手册和核对表的作者，都将圆网蛛特指园蛛科这一个科。园蛛科物种繁多，共有160个属，包含上千个物种，大部分所结的网都是圆形。然而，有一些非常有名的结圆形蛛网的蜘蛛是属于另外一个科——络新妇科，比如以雌性体形大（一般超过5厘米长）和极端两性差异著称的金蛛（包括络新妇属蜘蛛）。尽管这些分类有些模糊不清，但是对黄金花园蛛的分类的确是准确的。它被划分到圆网蛛类的园珠科，青年和成年的雌蛛结圆形的网，网上有黏性的捕捉丝。因此不管以什么标准看，它们都是地地道道的圆网蛛。

4. Elgar（1991）和 Hormiga et al.（2000）。

5. 这些平均大小的估计出自 Elgar（1991）和 Hormiga et al.（2000）。还有一些估计黄金花园蛛的雄性和雌性都要大于这个值，比如 Howell and Jenkins（2004）认为雌性体长在19~28毫米，雄性在5~8毫米。

6. Barth（2002）。

7. Eberhard and Huber（2010）对雄蛛触肢的结构和功能，以及它们与雌蛛外雌器之间的互动进行了细致的描述。雄蛛触肢和插入栓的详细信息和图片可以参考 Foellmer（2008）。

8. Hammond（2002）和 Howell and Jenkins（2004）。

9. Lockley and Young（1993）。

10. Foellmer and Fairbairn（2004）。

11. Foelix（1996）。

12. Howell and Ellander（1984）和 McReynolds（2000）。

13. 对雌蛛来说，生殖能力普遍和体形（长度或宽度）有很强的正相关性（Head，1995；Vollrath，1998；Prenter et al.，1999；Foellmer and Moya-Laraño，2007）。在实验室条件下，黄金花园蛛雌性前体的宽度和她第一个卵囊的卵子个数相关系数为 0.53（Matthias Foellmer，数据未发表）。一生总的繁殖能力跟卵囊个数相关度最大，但是与前体宽度也有比较强的相关性（比如，显著性 p>0.001）。

14. Howell and Ellender（1984），Foellmer and Fairbairn（2005a）和 Matthias Foellmer（未发表数据）。

15. Foellmer and Fairbairn（2003）和 Foellmer（2008）。

16. Gaskett（2007）。

17. Foellmer and Fairbairn（2005b）。

18. Gertsch（1979）和 Foelix（1996）。

19. 参考 Harwood（1974），Nyffeler et al.（1987），Foelix（1996），McReynolds（2000），Howell and Jenkins（2004）和 Walter et al.（2008）。了解雌性捕捉猎物的类型，以及如何抓住和制服猎物。

20. Inkpen and Foellmer（2010）。

21. Huber（2005）。

22. Walter and Elgar（2012）总结了金蛛属蛛网上醒目的装饰在物种适应性上的重要意义，我的描述是根据他的结论推断而来的。虽然有证据显示，在有些蜘蛛中，蛛网上的点缀能帮助它们吸引昆虫，但是在黄金花园蛛中并非如此，而且它们身体的颜色也并不是这个作用。

23. 关于雄性与刚刚完成蜕皮的雌性交配（投机主义交配）的这一部分描述参考了 Robinson and Robinson（1980），Foellmer and Fairbairn（2003，2005b）和 Foellmer（2008）。

24. Eberhard and Huber（2010）。

25. 超过 93% 的初次插入会如此（Foellmer，2008）。

26. Foellmer and Fairbairn（2003）。

27. 至少在 6 个独立进化的圆网蛛分支中，雄性在插入第二个触肢时或者插入后马上死亡（Miller，2007）。可以参考 Fromhage et al.（2005），Huber（2005），Millar（2007），Nessler et al.（2009），Wilder et al.（2009）和 Wilder and Rypstra（2010）了解关于这种行为或者雌性吃掉雄性的现象在物种适应性上的意义。

28. Foellmer（2008）认为在黄金花园蛛中，插入栓帽的作用就是作为交配栓，并且还引用了其他一些蜘蛛作为证据，包括横纹金蛛（A. bruennichi）和三带金蛛（A. trifasciata）。

29. 关于与已经成熟的雌性交配的描述参考了 Foellmer and Fairbairn（2004）。

30. Elgar et al.（2000），Schneider et al.（2006）和 Herberstein et al.（2011）。

31. 赤背蜘蛛（Latrodectus hasselti）中有 86%~89% 的雄蛛会在寻找配偶的过程中死亡（Andrade，2003），金丝蛛（Nephila clavipes）中为 90%（Vollrath and Parker，1992），在另一种络新妇蛛

（N. plumipes）中为 76%（Kasumovic et al.，2007）。

32. Moya-Laraño et al.（2008，2009）和 Prenter et al.（2010，2012）。

33. Corcobado et al.（2010）。

34. Foellmer and Fairbairn（2005a）发现在一个黄金花园蛛的群体中，前体较小和第三对足更长的雄性在求偶路上更有优势。在其他一些具有高度两性差异的蜘蛛中，研究雄性体形大小对他在自然环境下游荡的影响时，并没有得出确切的结果。有一部分原因可能是不同的作者在测量体形大小时用了不同的指标（有时候用足的长度代替总长），而且也没有测算足长相对于体长的比例。Meraz et al.（2012）对这篇文章进行了总结。

35. Blanckenhorn（2000）。

36. Foellmer and Fairbairn（2005a）。

37. 这里说的体形优势并不包括腹部大小。腹部大小随脂肪储存量变化，主要跟环境相关，而不是与骨骼大小相关（Foellmer and Fairbairn，2005b）。

38. 在这场最后的争夺战中，恰好在雌性刚蜕完皮时离她最近的雄性最有优势。但是很奇怪，雄性似乎并不会捍卫这个位置，在关键时刻，个头大的雄性并没有比小个头的更有优势（Foellmer and Fairbairn，2005a）。这一点跟金蛛（Nephila sp.）相反，金蛛的雄性会抢夺中心位置，而且大个头的的确会更有优势（Elgar and Farley，1996）。

39. 在研究其他一些圆网蛛的时候人们遇到了类似的困扰。在大部分蜘蛛中，雄性体形对交配中的插入并没有影响，体形大的雄性在这方面不会更有优势。小体形的雄性更能成功避免被雌性吃掉，但在捍卫中心位置的时候大的体形又有优势（Elgar，1991；Elgar and Fahey，1996）。 在 Uhl and Vollrath（1998），Elgar et al.（2000）和 Schneider and Elgar（2001）的研究中，圆网蛛雄性的交配和生殖力跟体形之间没有显著的相关性。Christenson and Goist（1979），Elgar and Nash（1988），Arnqvist and Henricksson（1997）和 Johnson（2001）的研究中，大体形的雄性在交配插入上更有优势。金丝蛛中的 Nephila edulis 则是个例外，其体形大小不同的雄蛛采取的交配策略不一样，而体形小的更容易成功。

40. Vollrath（1998）。

41. Fromhage et al.（2005，2008）。

42. 在蜘蛛中，用"超大的雌性"比较贴切，因为包括黄金花园蛛在内的很多蜘蛛，在演化的历史上，都是雌性体形变大，而不是雄性的体形缩小了（Prenter et al.，1999；Hormiga et al.，2000）。

43. 参考附录 B，以及 datadryad. org（Fairbairn，2013）上的详细信息。

第七章　毯子章鱼

1. Prenter et al.（1999），Hormiga et al.（2000） 和 Foellmer and Moya-Laranño（2007）。

2. Ghiselin（1974），Andersson（1994）和 Vollrath（1998）。

3. 关于毯子章鱼详细的描述和分类可以参考 Thomas（1977），

O'Shea（1999）和 Mangold et al.（2010）。

4. 关于八腕目一般的描述可以参考 Nesis（1987）和 Hanlon and Messenger（1996），对每个物种详细的生活史和生态学方面的研究可以参考 Boyle（1987）。

5. 有部分物种缺少齿舌。

6. 更多关于头足纲行为和智力的描述参考 Hanlon and Messenger（1996）。

7. 阿尔戈英雄（Argonauts）是希腊传说中"阿尔戈号"上的 50 位水手，他们在伊阿宋的要求下带他一起乘船去寻找金羊毛。

8. 船蛸总科包括 4 个科，每个科包括一个属。这些科的属和物种有：毯子章鱼，水孔蛸科（水孔蛸属，4 个物种）；纸鹦鹉螺，船蛸科（船蛸属，4 个物种）；快蛸科（快蛸属，1 个物种）；以及异夫蛸科（Haliphron，1 个物种）。更详细的描述可以参考 Nesis（1987），Young and Vecchione（2008），Mangold et al.（2010a，b），以及 Young（2010）。

9. 关于章鱼的体形描述来自于 Nesis（1987），Rutledge（2000），Norman et al.（2002），O'Shea（2010）和 Young（2010）。这两个小体形的章鱼是微吡蛸和纳内蛸。微吡蛸是体形最小的八腕目。船蛸属瘤船蛸和扁船蛸与之有相同体形大小的雄性。

10. Norman et al.（2002）。

11. 关于毯子章鱼如何利用僧帽水母触手的描述，以及它们的捕食行为参考 Jones（1963），Thomas（1977），Hanlon and Messenger（1996）和 Norman et al.（2002）。

12. Thomas（1977）描述了雌性的异速生长。

13. 雄性和雌性生长发育的插图见 Thomas（1977）和 Hanlon and Messenger（1996）。

14. Thomas（1977），Hanlon and Messenger（1996）和 Andersen et al.（2002）。

15. 关于雌性毯子章鱼的生活史以及生殖行为参考 Boyle（1987），Hanlon and Messenger（1996）和 Laptikhowsky and Salman（2003）。Young（1996）有关于毯子章鱼卵和胚胎的图片及描述。

16. Hanlon and Messenger（1996）和 Rocha et al.（2001）。

17. Andersen et al.（2002）和 O'Dor and Wells（1987）分别讨论了头足类动物的衰老和能量代谢。体形对禁食期生存能力的影响，其本质体现在能量储存和利用的不相当上。体形大的生物，每克组织消耗的能量要小，但是它们因为体形大，需要的总能量多。如果禁食之前储存的能量与体形成正相关，那体形小的动物就没有优势，因为它们消耗得快，所以体形大的动物会活得更久。

18. Hanlon and Messenger（1996）。

19. 在 Blanckenhorn et al.（1995）和 Blanckenhorn（2000，2005）中有关于小体形对那些需要主动寻找配偶的雄性的优势。如果觅食和进食能分散求偶的精力，而且觅食能力并不因体形大而增强，那么小体形的雄性更有优势，因为他们需要的食物更少，因此投入寻找配偶的精力就更多。Roff（1991）也认为，在那些靠风力或者水流运动的变温动物中，小的体形更有优势。他的观点在水孔蛸属的动物身上可以得到印证。

20. 参考 Wells and Wells（1977）。

21. Nesis（1987）。

22. Thomas（1977）。

第八章　巨型海鬼鱼

1. 鮟鱇目指所有的海鬼鱼。深海的鮟鱇鱼特指它下面的一个亚目角鮟鱇亚目，这个亚目包括 11 个科，其中 10 个都被称作"海鬼鱼"，剩下一个科（Himantolophidae）的鱼通常被称为"football fish"。

2. Pietsch（2009）详细地讨论了角鮟鱇亚目海鬼鱼的演化历史和分类，并对各个物种进行了详细的描述，包括地理分布、生态环境和生活史。我的大部分叙述都出于此。对此部分更简要易读的描述可以在网上参考 Pietsch and Kenaley（2007）。

3. Bertelsen（1951）和 Pietsch（2005，2009）。

4. Bertelsen（1951）。

5. Pietsch（2009）。

6. 雌性没有视力，嗅觉器官也非常小，所以她们可能是靠感受猎物靠近时水压的变化或者触摸猎物来捕猎的（Pietsch，2009）。

7. 深海里的鱼面临的一个最大的问题就是两性相遇的概率太低，这也是与平均占有资源量无关的、限制它们生殖率的一个主要因素。Baird and Jumper（1995）对此进行了讨论，并且用一个函数，根据物种分布密度和彼此感受所需要的距离来计算它们能相遇的概率。群体分布密度低常常会导致个体繁殖成功率（即达尔文适应性）低，这也就是常说的"阿利效应"。鱼类学家称此为"逆补偿效应"。

8. Albret Eide Parr（1930）中首次将独立生活的鮟鱇目雄鱼划分到雌性所在的科，在此之前，他们自成一科，拉丁名为 *Aceratiidae*。而丹麦科学家 Erik Bertelsen（1951）首次将他们划分到正确的属和种。

9. 并不是所有的角鮟鱇亚目海鬼鱼的雄性都是寄生的（Pietsch，2009），在 11 个科中，有 4 个科中发现了这种情况，包括角鮟鱇属所在的角鮟鱇科。还有一个科的雄性是兼性寄生于雌性，除此之外，其他科的雄性只会在雌性身上附着一小段时间，并不会寄生。

10. 角鮟鱇雌性和雄性的两性差异是指独立生活的雄性与雌性之间的体形差异。根据 Pietsch（2009）记载，按标准长度测量，两性体形比例平均为 9.1（6.5~16.0，测量样本数为 11），按总长来算的话平均为 10.4（6.4~13.8，测量样本数为 5）。

11. 雌性的扁鲨（monkfish）是浅水区的鮟鱇鱼，通常被商业捕捞，这种鱼要长到 8~11 岁才达到性成熟（http : //www. fishonline. org/fish/monkfish-anglerfish-149，2011 年 9 月 24 日数据）。海鬼鱼的性成熟年纪应该至少也要这么长的时间（Landa et al., 2011），因为它们与扁鲨体形相仿，但是生长环境更寒冷，猎物也更少。

12. Pietsch（2009）数据表明，雌性由幼体变形到稚鱼期标准长度在 1.7~2.1 厘米。而有雄性附着的雌性平均标准体长在 68 厘米，在有雄性附着的雌性中标准体长最小也有 56 厘米。

13. Pietsch and Grobecker（1987）。

14. 所有的鮟鱇目海鬼鱼产的卵都由凝胶状物质包裹，这一性状很可能是由浅水区的无小体形雄性的物种演化而来。这一产卵的方法促进了鮟鱇亚目的海鬼鱼祖先向深海的迁移。

15. 根据 Bertelsen（1951）and Pietsch（2009）记载，所有的鮟鱇亚目皆如此，至少在研究样本最多的北大西洋是这样。

16. Roff（1992）和 Lowerre-Barbieri（2009）。

17. 目前记载的由雄性附着的最小雌性标准体长为 56 厘米（22.0 英寸），附着在她身上的雄性标准体长为 3.5 厘米。这两者分别保持了各自的最小纪录（Pietsch，2009）。雄性和雌性标准体长的相关系数为 0.523，$p < 0.05$（10 个测量样本，其中除去一个雌性有两个雄性附着）。

18. Crozier（1989）发现了一条最年长的海鬼鱼，拉丁名为 Lophius piscatoriuis。Landa et al.（2001）估计，这个物种中最年长的雌性个体可以达到 22 岁，而 L. budegassa 这种海鬼鱼年纪最大的雌性个体可以达到 19 岁。英国海洋协会的网站（http://www.fishonline.org/fish/monkfish-anglerfish-149，2011 年 9 月 24 日）上给出了这两个物种一个共同的最大年龄——24 岁。

第九章　食骨蠕虫

1. 精子被释放到水中，然后进入雌性体内和卵子结合的物种包括大多数的海绵（多孔动物）、蚌、牡蛎以及苔藓虫。精子和卵子都被释放到水中，受精过程发生在水中的动物有大多数的蛤、珊瑚虫、腕足类，以及海百合。

2. 关于这次的发现以及对此鲸鱼尸体后两次的调查可以参考

Goffredi et al.（2004）。最初报道中鲸尸体位于水下 2891 米深，但是在后面的文章中这个数字被改为 2893 米（Vrijenhoek et al.，2009；Lundsten et al.，2010）。

3. Robert Vrijenhoek 博士是 MBARI 的一位资深科学家，Shana Goffredi 博士目前是加利福尼亚州洛杉矶西方学院的助理教授，Greg Rouse 博士是圣地亚哥斯克里普斯海洋研究所海洋无脊椎动进化实验室的负责人并负责深海无脊椎动物的收集。

4. Rouse et al.（2004）。

5. Hilário et al.（2011）。

6. 这两种新的食骨蠕虫在刚开始的时候被认为是同一个物种，在 Goffredi et al.（2004）中被称为"环节动物 A"。

7. Lundsten et al.（2010）。

8. Glover et al.（2004），Fujikura et al.（2006），以及 Vrijenhoek et al.（2009）。

9. Rouse et al.（2011）。

10. 目前所知道的 17 个物种中，只有一个物种顶端是一个浅色的螺旋结构，而不是触须。剩下的物种则是有不规则的红色或粉色触须。

11. 关于食骨蠕虫营养体的详细描述，以及它们与须腕动物门其他蠕虫营养体的比较参考 Katz et al.（2011）。

12. 这些都是海洋螺菌目的细菌，它们可以分解复杂的有机化合物。

13. 更多的关于共生菌的描述以及它们在食骨蠕虫营养摄取中的作用，参考 Goffredi et al.（2005，2007）和 Verna et al.（2010）。

14. Braby et al.（2007），Rouse et al.（2008，2009），Vrijenhoek et al.（2008，2009）和 Lundsten et al.（2010）。

15. 我的大部分描述都基于三种食骨蠕虫，它们的拉丁名是 *Osedax rubiplumus*（食骨蠕虫罗宾普鲁姆斯），*Osedax frankpressi*（食骨蠕虫弗兰克普莱斯）和 *Osedax roseus*（食骨蠕虫"橙领"），因为对于这三种蠕虫的研究比较详细。前两种只在深海里面的尸体上发现过（1820 米和 2893 米），最后一种则在相对较浅的海域（633 米，1018 米和 1820 米）。食骨蠕虫罗宾普鲁姆斯和食骨蠕虫"橙领" *roseus* 会很快占领鲸骸，并且在六个月内达到最大密度，而弗兰克普莱斯占领鲸骸的速度会比较慢，数量增长也没有罗宾普鲁姆斯和 *roseus* 快，要花一年或者一年时间以上才能达到最大密度。在整体比较这三者的生态环境和生活史时也能反映出这一点。

16. Rouse et al.（2009）指出，在实验室温度为 4~6℃时，食骨蠕虫的幼虫在 48 小时内可以自由游动，但是在自然环境下因为水里氧气浓度低，这个过程可能时间要长些。

17. Rouse et al.（2009）。

18. 蒙特利峡谷的鲸尸体之间相距 5000~15000 米，在捕鲸期前尸体可能会多一些。

19. Rouse et al.（2008）。

20. Lundsten et al.（2010）。

21. 关于雌性食骨蠕虫的生活史描述请参考 Rouse et al.（2008，2009）和 Vrijenhoek et al.（2008）。

22. 关于食骨蠕虫的幼虫和雄性的描述以及图片请参考 Rouse

et al.（2004，2008，2009），Vrijenhoek et al.（2008）和 Worsaae and Rouse（2009）。成熟的雄性仍保留幼虫形态，这种现象被称为幼体发育。

23. 根据 Rouse et al.（2008）中雌性体形随时间的变化趋势，雌性的寿命至少可达到 6~9 个月。

24. 因为在自然环境下，深海压力较大，因此有些物种，例如食骨蠕虫 *roseus*、食骨蠕虫 *frankpressi* 和食骨蠕虫 *rubiplumus*，无法在实验室水箱里面产卵。但是，Rouse 和他的同事在相对较浅的 633 米的鲸尸上观察了食骨蠕虫"橙领"产卵并收集了它们的卵。

25. Rouse et al.（2004，2008）and Vrijenhoek et al.（2008）。

26. 在 Rouse et al.（2008）和 Vrijenhoek et al.（2008）收集的样品中，18% 的食骨蠕虫 *rubiplumus* 和 16% 的食骨蠕虫 *roseus* 的雌性有雄性附着，但是雌性输卵管里面并没有卵子。

27. Rouse et al.（2008）图 1 和图 2。在 9 个月大的食骨蠕虫 *roseus* 中，雌性体形（触须－身躯长度）和她所拥有的雄性个数间的皮尔森相关系数 r 为 0.65（测量样本数为 103，p<0.001）。而在"鲸 1820"和"鲸 2893"上的食骨蠕虫 *rubiplumus* 群体，雌性身宽与雄性数目的相关系数为 0.89 和 0.90（p <0.01，Rouse et al.，2004；p <0.001，Vrijenhoek et al.，2008）。在食骨蠕虫 *rubiplumus* 中，雌性输卵管中有卵子的个体要明显比没有的大，有雄性附着的也要明显比没有雄性附着的大（Vrijenhoek et al.，2008）。

28. 更多关于绿匙虫性别决定和繁殖方式的内容参考 Jaccarini et al.（1983）以及 Berec et al.（2005）。Rouse et al.（2004，2008，2009）

和 Vrijenhoek et al.（2008）讨论了这种方式在食骨蠕虫中的体现。

29. Rouse et al.（2008），Vrijenhoek et al.（2008），以及 Metaxas and Kelly（2010）。

第十章　掘穴藤壶

1. 藤壶是节肢类附纲蔓足亚纲的一部分。为了方便说明，我将描述紧附于坚固基质的典型的普通藤壶和鹅颈藤壶。这是藤壶生命的主流模式（Anderson，1994），但蔓足亚纲同样包括一些其他物种，有挖掘进入固体基质的，有共生于其他生物体的，有体内或体外寄生的，或是在浮游生物中自由游动的。

2. Kelly and Sanford（2010）。

3. 对藤壶的一般性描述主要来自 Anderson（1994）。

4. 关于藤壶繁殖策略，特别是对青睐于雌雄同体、雄性两性异体（补充型雄性加上雌雄同体）或具有侏儒雄性的雌雄异体的条件预测的最近分析，见 Yamaguchi et al.（2006）和 Kelly and Sanford（2010）。

5. 达尔文写的关于活体藤壶的两本著作仍不失为杰出的参考文献（Darwin，1851，1854）。他也在《物种起源》（Darwin，1859）中讨论了藤壶的交配系统与性别二态性。我所给出的引文见 Penguin Classics 于 1985 年出版的第一版《物种起源》（1859）的第 421 页，或是 Mentor 于 1986 年出版的第六版《物种起源》（1872）的第 420 页。

6. 围胸目（Thoracica）和尖胸目（Acrothoracica）通常被认为是

分类单元中总目的级别（Anderson，1994；Tree of Life，2009），虽然较老的出版物中认为它们是目（如 Tomlinson，1969a）。普通藤壶所在的目是无柄目（Sessilia），而鹅颈藤壶属于围胸目中的有柄目（Pedunculata）。掘穴藤壶（Trypetesa lampas）属于尖胸总目中的无肛目（Apygophora）。

7. 这个段落中的描述来自 Tomlinson（1969a，b）和 Andersen（1994）。

8. 我关于掘穴藤壶（Trypetesa lampas）的详细描述主要来自 Tomlinson（1969a），White（1969），Gotelli and Spivey（1992），Andersen（1994），及 Williams et al.（2011）。其分布及在腹足动物壳板中的普遍度的统计来自 White（1969），McDermott（2001），及 Reiss et al.（2003）.

9. 峨螺（Whelks）和海螺（conchs）是腹足纲中的海洋软体动物。

10. Gotelli and Spivey（1992）。

11. 大多数甲壳动物，包括藤壶，具有六个无节幼虫发育阶段，而许多在生活周期的无节幼虫阶段进食。T. lampas 无节幼虫的第四个发育阶段相当于其他甲壳动物无节幼虫的第六个发育阶段。

12. 大部分掘穴藤壶孵化幼虫直到介虫阶段，但 T. lampas 的无节幼虫从套膜腔释放出来（Gotelli and Spivey，1992）。

13. White（1970）。

14. Gotelli and Spivey（1992）并没有确定是否所有他们取样的207 个雌性都已经性成熟，但似乎假设如此。

15. Andersen（1994）。

16. 关于较小雄性配偶搜寻的效率更高的假说，及其他关于侏儒雄性为何存在的假说的讨论，见 Ghiselin（1974），Coddington（1997），Vollrath（1998），及 Blanckenhorn（2000，2005）。

17. 也许有人会辩道，只要雄性长得比雌性快，他们也可以更早成熟，而不用变得那么小，因此他们没有必要成为侏儒。性别间生长速率的差异的确是非常普遍的，正如我们已经看到的。然而，更通常的情况是，更大的性别长得更快，而非相反，在具有侏儒雄性的物种里还没有见到一例，其中生长速率本身便可以造成成熟年龄的极端差异。针对雄性更小的昆虫和蜘蛛，Blanckenhorn et al.（2007）评估了它们性别二态性与性别间发育时间和繁殖季节的生长速率的差异之间的关系。他们发现，除了雄性早熟受青睐的物种，性别间的体形差异更多是由性别间的生长速率差异造成，而不是发育时间（即达到成熟的时间），因此，两性在同一时间成熟而具有不同大小。这种模式是，雌性生长更快，在成熟时的体形更大。极端的性别二态性与雄性更慢的生长速率与更早的发育有关，同时也与雌性更快的生长与较晚的成熟有关。

18. 见 Yamaguchi et al.（2007），Urano et al.（2009），及 Kelly and San-ford（2010）。基于模型和生活史理论，他们认为，在集群大小有限，而食物的严重匮乏限制了生长的环境中，雄性会为了繁殖而放弃生长。在极端情况下，雄性完全不生长，不发育消化系统，而将其所有资源用于繁殖。

第十一章　性别差异的多样性

1. 雌雄异体发生于 20 个门中的 67 个纲，以及 6 个较小的动物门中，但这 6 个较小的动物门中并没有划分纲。出于简便，我把这些没有划分纲的动物门当作单个的纲来看，这样总共便有 73 个"纲"。我对每一个门中性别二态性的普遍性和程度给出了一个分值，列在了附录 B，同时也列出了那些二态性的类型。对 73 个纲的性别差异的逐一的详尽描述，存档于 Dryad 中的在线支持信息，见 http : //dx. doi. org/10.5061/dryad . n48cm（Fairbairn，2013）。

2. 这里所给出的百分比和比例，是基于每一个纲中每种类型的二态性的存在与缺失。就具有二态性的物种数量或个体数量而言，这很可能是对普遍性较差的评估，因为每个纲的物种数量不同，在昆虫纲中多达 100 多万个，而在扁盘动物门中少至 1 个。然而，假如对所有已知物种进行评估的话，则物种数量过于庞大了（超过 140 万个）。即便能做到这点，在物种层面进行考察，结论将严重偏向于一些大的纲，比如昆虫纲、蛛形纲（Arachnida，7.4 万个物种）、软甲亚纲（Malacostraca，2.7 万个物种）和辐鳍鱼纲（Actinopterygii，2.4 万个物种）。这是一个难题。我将分类单元"纲"作为我研究的单元，因为这能给出一个可操作的分类数量，同时也能捕捉到不同身体构造和发育程式的动物多样性。对物种水平的普遍性感兴趣的读者，附录 B 给出了每个门具有可观察到的性别二态性的物种的比例的大致排名。

3. 视觉可见的性腺二态性在刺胞动物和栉水母动物所有的纲里

都有发现，但在冠轮动物中只有 3 个门和 6 个纲，在后口动物中只有 2 个门和 3 个纲。

4. 在 30 个纲和 12 个门里，雄性生殖器经过特化而成为交配过程中的插入器官。

5. 具有生殖器二态性而没有生殖器接触的自由产卵物种的例子，包括海胆、海参、海蛇尾和八目鳗。

6. 一般来说，在爬行类（尤其是龟类和蛇类）以及大部分的两栖类和鱼类中，包括硬骨鱼、鲨鱼和鳐，雌性比雄性大。

7. 在节肢动物中，唯一的例外是软甲亚纲，它包含了软体动物，例如小龙虾、蟹类和虾类，其中雄性通常比雌性大。

8. "雌性更大" 对于大部分的棘头虫（*Acanthocephala*）、节肢虫（*Annelida*）、螠虫（*Echiura*）、蛔虫（*Nemata*）、铁线虫（*Nematomorpha*）、纽虫（*Nemertea*）、天鹅绒虫（*Onychophora*）、扁形虫（*Platyhelminthes*）和羽鳃类（*Hemichordata*）成立。

9. 这种趋势在整个动物界都很普遍，可见于棘头类、环口动物、线虫、纽形动物、颚足类甲壳动物、中生动物，以及头足类与腹足类软体动物。关于许多寄生类动物的性别体形二态性的全面综述，见 Poulin（1996，1997）和 Poulin and Morand（2000）。

10. 对豹纹海豹的估计来自 Alexander et al.（1979）。Weckerly（1998）给出的体重比只有 1.13。豹纹海豹似乎错失了最大 "雌性更大" 二态性的哺乳动物的称号。这一称号给了一种小型蝙蝠，即掠果蝠，其雌性只有 12 克，比雄性重 66%。（Ralls，1976，和 http：//animaldiversity. ummz. umich. edu/site/accounts/information/Ametrida_

centurio. html。访问于 2009 年 9 月 1 日）。

11. 在所有鸟类中具有最大的"雄性更大"二态性的是大鸨，这是我们在第四章中所熟知的，其雄性比雌性重 3.14 倍。美洲家鸭排名第二，其雄雌体重比为 2.40。

12. 关于在这部分中相关假说的详尽评估，见 Parker（1992），Roff（1992），Fairbairn（1997），Taborsky（2001），Lin-denfors et al.（2007），及 Székely et al.（2007）。

13. 更大的雄性更易于获得竞争的胜利，因为体形展现了力量和耐力，并且同样由于整体体形大小通常与更大的武器装备（例如延长的犬齿、獠牙、哺乳类的角或鹿角）相联系，还有更大的年龄，更丰富的经验。关于为何大的体形的优势随着体形的增长而持续加大的解释，见 Reiss（1989）。

14. 关于这一点的绝佳例子，见 Ruckstuhl and Neuhaus（2005）。

15. 在鸟类中，当竞争与雌性选择基于空中的炫耀的时候，更小的雄性可能具有优势（Colwell，2000 和 Székely，2004）。

16. 关于这一点的证据的综述，见 Andersen（1994），Fairbairn（1997），Blanckenhorn（2005），及 Fairbairn et al.（2007）。

17. Ralls（1976），Wedell et al.（2002），以 及 Clutton-Brock（2002）。

18. Fairbairn（1988），Arak（1888），Preziosi and Fairbairn（2000），及 Foellmer and Fairbairn（2005a）。

19. 雄性平均来说大于雌性的情况，只发生于哺乳类和鸟类、节肢类的两个纲（软甲亚纲和介形亚纲）、内肛动物门（*Entoprocta*）

及多板目（*Polyplacophora*）。

20. 在这里所描述的情景被提出以解释侏儒雄性现象，侏儒雄性存在于一系列不同的自由生活的分支中，包括深海鱼类、公海的头足类动物（章鱼和鱿鱼）、多种海底栖息蠕虫的类群、圆蛛，以及各种寄生与共生的物种。关于一般性的讨论，见 Vollrath（1998）和 Blanckenhorn（2000）。

21. 虫形动物中的例外是吸虫和扁形虫（扁形动物门），其中雌性比雄性更扁。

22. 昆虫中的例子，见 Emlen and Nijhout（2000）。

23. Brana（1996），King（2009），及 Seifan et al.（2009）。

24. 交配器官的例子包括雄蛛特化的触肢、软甲亚纲的诸如蟹类和小龙虾的甲壳动物的修饰腹肢，以及种虾（属介形亚纲）的第五对修饰足。

25. Roff（1990）。

26. 在整个章节，我使用"体色（*coloration*）"来指代由动物外部覆盖物（皮肤、毛发、羽毛、鳞片，等等）所反射和吸收的光的波长的可肉眼探测到的特征。在这个意义上，黑色（所有颜色被吸收）和白色（所有颜色被反射）都能被认为是颜色。在大多数情况下，这些特征是由体表的色素所决定的，但我们所感知的颜色同样能由体表的物理特征所决定。我们所熟知的例子有，雄性蜂鸟颈部闪耀的红色或紫色羽毛，以及雄性绿头鸭明亮的绿色头部。

27. 关于鸟类性别二色性的出色综述，见 Badyaev and Hill（2003）。

28. 关于蜥蜴中的性别二色性的研究，见 Sinervo and Lively（1996），Wiens et al.（1999），及 Seifan et al.（2009）。关于技术性较少的描述以及照片，见 Pianka and Vitt（2003）。

29. 关于奶蛇拟态的精彩描述，见 Pfennig et al.（2001）。

30. 关于视觉信号的进化和适应意义的综述，见 Endler and Basolo（1998）。

31. 这个假说在鸟类中研究得尤为透彻。关于鸟类二色性的进化、近因、分布和适应意义的出色讨论，见 Owens and Short（1995），Kimball and Ligon（1999），及 Badyaev and Hill（2003）。在一些性别二色性的物种中，羽毛的颜色显现出对身体条件的依赖性，但是鸟喙、垂肉、皮肤斑块是雄性身体条件更明显与可靠的指标（Owens and Short，1995）。Bennett et al.（1994）讨论了鸟类的视觉感知系统是如何与性别二色性相关的，而 Endler and Mielke（2005）通过对人类和鸟类视觉感知能力的详尽比较，为这一主题提供了更富技术性的论证。关于跨分类单元的更一般性的综述，见 Halliday（1980），Zuk（1991），Chronin（1991），Ridley（1993），Andersson（1994），及 Cotton et al.（2004）。

32. 通过选择更健康的配偶，雌性可以避免接触身体条件较差的雄性，而后者可能传播寄生虫和病原虫。这样的分辨对雌性还有一个直接的益处是，她所挑选的配偶携带对生长、生存及性吸引性状都有益的基因。通过与这些雄性交配，雌性可以增加后代同样具有良好遗传禀赋的机会，并因此也能成功地生存、繁殖，并且她们的儿子自身也能被雌性吸引，继而具有较高的繁殖成功率。关于对这两种假说——"好的基因"与"性感儿子"——的证据的综述，见 Cotton et al.（2004）和 Prokop et al.（2012）。

33. 关于与身体条件相关的、一般性的性选择的性状的证据，见 Gray（1996）和 Cotton et al.（2004）。

34. 关于蜻蜓，见 Moore（1990）；关于蝴蝶，见 Rutowski（2003），Wicklund（2003），及 Costanzo and Monteiro（2007）；关于红翅乌鸦，见 Smith（1972）；关于侧边斑点蜥蜴，见 Sinervo and Lively（1996）；关于棘鱼，见 Kraak et al.（1999）。

35. 关于例子，见 Endler and Houde（1995），Wiens et al.（1999），Badyaev and Hill（2003），ffrench-Constant and Kock（2003），Croft et al.（2004），Millar et al.（2006），及 Kunte（2008）。

36. 这种不常见的性别二色性的反转，出现于一些蜘蛛（包括我们的黄金花园蛛）、蟹类、虾类和半索海生动物，以及一些鸟类、蜥蜴、鱼类、昆虫、蜗牛、多板类、纽虫和盒水母的物种。

37. 关于雄性配偶选择的理论和证据的出色综述，见 Bonduriansky（2001）。他给出了一些关于昆虫中基于雌虫色素的雄性偏好性的例子。关于蜥蜴的例子，见 LeBas and Marshall（2000）和 Weiss（2006）；关于鸟类，见 Roulin（1999），Amundsen et al.（1997），及 Amundsen（2000）；关于蟹类，见 Williams（2003）；关于鱼类，见 Berglund and Rosenqvist（2001）和 Houde（2001）。

38. 关于雌性竞争的例子，见 Amundsen（2000），Berglund and Rosenqvist（2001），及 Hegyi et al.（2007），关于在什么条件下这样的竞争比较有可能发生的讨论，见 Berglund et al.（1993）。

39. 关于雌性中明亮色彩的优势，见 West-Eberhard（1983）和 Amundsen（2000）。关于雌性中多次交配的代价与益处的出色讨论，见 Arnqvist and Nilsson（2000）和 Zeh and Zeh（2003）。这两篇文章都讨论了雌性多次交配可以增加雌性适合度的机制。精子限制（无法获得足够的精子以确保完整的繁殖力）对体内受精的大部分雌性来说，不太可能是一个问题，而大部分雌性所获得的精子要超过其需要受精的卵子。因此，大部分物种中的雌性不太可能只是为了获得更多精子而竞争。更有可能是，她们为雄性所能提供的资源而竞争，而这些资源使得她们能产更多的卵；也有可能的是，为了竞争遗传质量更高的精子。精子限制，在营固生活、自由产卵和体外受精的物种里可能相当常见，而这些物种的密度都比较低（Levitan and Petersen，1995；Levitan，1996）；甚至也会发生于体内受精，但群体密度小的物种，正如我们已经见到的，但这些物种不太可能出现对颜色的性选择。

40. Berglund and Rosenqvist（2001）和 Badyaev and Hill（2003）。

41. Bauer（1981）和 Jormalainen et al.（1995）。

42. Detto et al.（2006）和 Kunte（2008）。

43. 关于我们所知的色觉，以及对脊椎和非脊椎动物中为信号传导和伪装而使用颜色的全面综述，见 Kelber et al.（2003）。

44. Land and Nilsson（2004）。

45. 虽然非灵长类的大部分哺乳类具有两种视锥细胞，但鲸和海豹只有一种视锥细胞，只能看见绿光（Peichi et al.，2001）。

46. 非哺乳类的脊椎动物通常具有四种视锥细胞，但蛇、鳄鱼和壁虎只有三种。许多鸟类具有五种视锥细胞，并在它们的视锥细胞中具有油腺（oil droplets），使得它们能够比我们分辨更精细的颜色。蝇虫和蝴蝶至少具有五种视锥细胞，大部分蜻蜓有四种，蜜蜂有三种，而其他昆虫通常具有两种或三种。许多蜘蛛只有两种视锥细胞，但跳蛛通常有四种。大多数甲壳动物有三种视锥细胞，但是因其奇妙色彩而出名的虾蛄，具有12种或更多。大多数章鱼和鱿鱼只有一种光谱敏感型受体，因而只能感知一种颜色，而鉴于它们快速变换颜色和图案的闻名本领，这是有些神奇的。

47. Garm et al.（2007）。

48. Endler（1992，1993）和 Gomez and Théry（2007）。

49. 其中的例外是节肢类的少脚纲（Pauropoda）和综合纲（Symphyla），软体动物的单板类（Monoplacophora），以及多孔动物的钙质海绵纲（Calcarea）。这些小的纲总共只有不到1100个物种。

第十二章 结语

1. 在灵长类中，通过雄性间的竞争以垄断交配，以及雌性对配偶的选择，作用于雄性的性选择的强度与性别二态性显著相关，而性选择也同样通过雌性间的竞争以及雄性的配偶选择，以作用在雌性上（Geary，1998；Lindenfors and Tullberg，1998；Lindenfors，2002；Plavcan，2004；及 Kappeler and van Schaik，2004 的三到六章）。有充足的证据表明，性选择持续作用于人类两性，其选择的对象非常多样，包括身体大小、面部形状和身体外形（Geary，1998；Johnson

and Tassinary，2007；Weston et al.，2007；Courtiol et al.，2010）。

2. 当雄性是更大的一方时，非常常见的情况是，体形性别二态性与身体大小成正相关，因此物种的尺寸越大，雄性和雌性体形的差异越大；而物种尺寸越小时，其两性的差异越小（Fairbairn，1997；Fairbairn et al.，2007）。这种特征在我们所属的分支是相当明显的，即直鼻猴亚目灵长类（Lindenfors and Tullberg，1998；Lindenfors，2002），但就作为灵长类的体形来说，我们的体形性别二态性是比预期要小的。化石证据支持了这样的结论，即我们从早期人科祖先演化以来，身体大小的性别二态性在减小（Ruff，2002；Skinner and Wood，2006）。

3. 关于人类性别和性爱的通俗书籍和文章的作者常常假定，多样的认知、行为和生理性状，被归结为我们社会中男性的和女性的，而这些性状是成为男性或女性不可避免的结果。在这些文献资料里，诸如高活跃性、攻击性和更倾向于放荡和数学思维的性状，往往被归结是男性的，而更高超的口头表达技巧、更被动、羞怯和关怀的行为被归结为女性的，仿佛这些是两性间固定的、二分化的差异。相反，虽然许多这些差异具有遗传基础，但也有充足的证据表明，这些性状受到发育环境的严重影响，而且两性间性状的分布在很大程度上是重叠的。甚至诸如身高和体脂含量的形态学性状，也受到这样的文化影响，比如分配给男孩与女孩的饮食、身体劳动和锻炼。关于性别差异的刻板思维的许多例子，见 Ridley（1993），Baron-Cohen（2003），Brizendine（2006），Gonzales（2005），Quirk（2006），以及 Benjamin（2012）。更多优秀的评论，见 Fausto-Sterling et al.（1997），Valian

（1998），Zuk（2002），Guiso et al.（2008），Fine（2010），Jordan-Young（2010），及 Eliot（2010）。关于两性间遗传性差异的证据，见 Skuse（2006），Weiss et al.（2006），及 Pan et al.（2007）。

4. 在人类群体中，成年男性平均比女性高。身体的平均差异是 11.4 厘米，其范围小至非洲 Mtubi 的 6.8 厘米，大至北美的黑脚族人的 17.3 厘米（Holden and Mace，1999）。正文中所给出的数据是针对美国的成年人的，来自国家公共健康统计和服务中心公报（National Center for Health Statistics Public Health Service Bulletin）No.1000，Series11，No.14，39pp.（1966）。

5. 见注释 3。

附录 B　性别二态性的总结

1. 这个分类来自 ITIS Catalogue of Life：2008Annual Checklist（Bisby et al.，2008）。

2. 对每个门中的每个纲的这种信息的列表，包括性别差异的完整描述和数据资源，存档于 Dryad 目录：http：//dx. doi. org/10.5061/dryad. n48cm（Fairbairn，2013）。

术语

术语	定义
动物	动物界中的一员；一种多细胞、真核、异养生命体，从外部环境获得养分，并在体内消化。
生活于深海区的	生活及觅食于深度在 1000~4000 米之间的水域，阳光照射不到那里。
底栖（生物）的	居住于水底，或与此相关的；生活于或者非常靠近于湖泊、海洋或其他水体的底部。
生物体发光	活的生物体所产生与散发出来的光。
繁殖优先	个体在进行繁殖活动时不进食，并且必须使用繁殖前期觅食所积累的体能的一种繁殖策略。
肉阜	雌性角鮟鱇科海鬼鱼背部的可以存储充满细菌的发光体的一种棍状附属器官。

纤毛 一种微型的线状或毛发状的结构，由微管构成，从真核细胞中伸出。在许多类型的幼虫或小型真核动物中，运动纤毛与水波的浮动相协调，可用作运动细胞器。

分支（进化支） 包含有从一个共同祖先演化出的所有后代的进化分支，形成在系统发生（进化）树上特有的一个分支。

共生的 与另一个生命体紧密联系，生活在其体表或者体内，并从中获益；宿主并不受其影响。假如这对宿主有害，那这样的关系称为"寄生"；假如对宿主有利，则为"互利共生"。

身体条件 假如这是指动物，则通常意味着不仅健康（没有疾病或伤害），还有脂肪、碳水化合物及蛋白质形式的能量储存。通常以体重与特定身长或骨骼大小的预期体重的比值为衡量标准。

交媾 两性个体的身体接触，使得一个雄性的生殖细胞能够接近或进入另一方的身体，以接近其雌性生殖细胞。这通常需要一个特化的用于精子转运的雄性器官（插入器官）以及一个雌性特化的接收器官。

二色性 从身体表面所反射的光的不同波长所造成的体色或图案的性别二态性。

雌雄异体的 （dioecious）	指的是在一个群体或一个物种里，雄性和雌性的生殖器官处于分离的个体 [即性别是分离的；其个体就是雌雄异体的(gonochoric)]。
雌雄异体	在一个群体中生殖角色的分配，导致所有的个体要么是雄性，要么是雌性，并且其生殖器官要么是雄性的，要么是雌性的（见上一条）。
二倍体	指的是细胞的染色体组成。二倍体的细胞具有两套染色体，一套来自父亲，另一套来自母亲。这样，一个二倍体具有成对的每一种染色体。(见单倍体)
昼行的	和一天 24 小时的白天部分有关。通常指的是一个生命体主要在白天活动。
卵筏	由**鲛鳒**目的海洋**鲛鳒**鱼所产生的一种漂浮物体，由受精的卵组成，镶嵌于凝胶状的鞘中。
插入栓	雄性蜘蛛的须肢高度硬化的端部，作为他们的交配插入器官。
表观效应	由物理过程所造成的基因表达的可遗传变化，但没有相应的 DNA 序列的变化。
生殖板	雌性蜘蛛的腹部下方有轻微上翘的硬化板，含有成对的生殖器开口。
海洋光合作用带的	指的是海洋里有光照的或透光的水体，其

	中光合作用可以发生。通常能从水表向下延伸大约 200 米。
诱饵	包括海鬼鱼在内的鮟鱇鱼的鳍棘（illicium）的顶端的肉质诱饵。
发情期	哺乳动物繁殖周期的一部分，其间雌性具有最大的性接受性和可育性；通常也是排卵的时期。
繁殖力	一个雌性所能产生的卵或后代的个数。通常指的是一次繁育（即每一窝）所产生的数量，除非特指终生繁殖力。
雏鸟	形态成熟并能够飞行的幼鸟。
适合度	指的是一个个体能将基因传递到后代基因库中的成功率的抽象概念。
鱼苗	已经吸收了卵黄囊并能够独立觅食的幼鱼。
生殖细胞（配子）	包含有二倍体亲代成体的一半染色体组成的生殖细胞。在动物里，由雄性产生的生殖细胞叫精子，由雌性产生的生殖细胞叫卵子。
性别	性别（gender）是雄性和雌性的书面语的分类。在口语中与 sex 同义。
生殖腺	主要功能为产生生殖细胞的器官。在动物里指卵巢和睾丸。
雌雄异体的（gonochoric）	形容词。指在一个个体中只存在一种生殖器官。一个雌雄异体的（dioecious）群体只能

由雌雄异体的个体组成。

单倍体的　　　指的是一个细胞的染色体组成。单倍体细胞只含有一个染色体类型的一种，而二倍体细胞含有成对的所有染色体类型。

交接腕　　　头足类动物特化的作为交配器官的腕足。

雌雄同体　　能在一生中产生雄性和雌性生殖细胞的个体。

鳍棘　　　　海鬼鱼特化的第一个背棘，用于支撑诱饵。

求偶场　　　为吸引雌性用来竞争性交配的炫耀的雄性聚集地，通常在一个惯常的地点。雌性造访求偶场来挑选配偶并交配，但不会在求偶场的地面筑巢，或是获取资源。

脊柱前弯　　在动物学里，一些哺乳类雌性所展示的一种"可接受性交"姿势，其中脊椎弯曲，使得骨盆端部向前抬升，暴露出生殖器开口以便交配。

互利共生　　两个物种间紧密的生态学关系（共生），并且这两个物种都能从中获利。

自然选择　　可遗传变异和适合度之间的恒定的关联造成代际间生物学性状的改变。

排卵　　　　产卵。

触须　　　　（1）包括许多甲壳动物、昆虫和蜘蛛在内的节肢动物在口器部分生出的感觉附属器官。（2）一些环节动物和软体动物的头端或背部长出的触觉器官。(3)蜘蛛的须肢的远端体节，包括底节。

须肢　　　　　　　　　蜘蛛头部的第二对附属器官，介于尖牙和第一对足之间。每一个须肢的第一对体节，即底节，被特化为可用于咀嚼的口器。远端的体节，合称为触须，在雌蛛中类似于腿节，但在成熟雄蛛中被特化为可用作交配的器官。

（远洋）海面的；漂泳的　指的是海洋上层水面而非海底。大洋表层区指的是水域的上层部分，阳光可以穿透那里，大约可达200米的深度。在比这更深的水域里的生物体常常被描述为在海洋中层的（mesopelagic），或是深海区的（bathypelagic，一般大于800~1000米）

表型　　　　　　　　　生物体的任何物质性特征；任何可测量的或可观察到的生物体性状。与此不同，基因型（genotype）代表生物体的遗传信息。

信息素　　　　　　　　某一个体所产生的化学信号，可用来激发同一物种内其他个体的反应。信息素被用于物种内的通信。

系统发生（phylogeny）　不同类群间的进化关系，可以反映从共同祖先演化过来的假定特征；生物类群间的关系是由它们的演化历史所决定。

门	一个分类学术语，代表从单个共同祖先所演化出来的所有物种所形成的主要分支。现存动物被划分为介于 28 个和 32 个门之间，取决于采用哪种特性来分类。我使用的分类依据源于"生命目录"（Bisby et al., 2008），这种分类依据被广泛地接受，其所划分的独立的门有 31 个。
一夫多妻	一种动物交配模式，其中雄性在单一繁殖季通常与不止一个雌性交配。
早熟性的；早成的	用于描述后代在出生或孵化时的发育上的成熟。早熟性的后代在刚出生或孵化不久就能够独立运动与进食。在鸟类和哺乳动物里，早熟性的后代通常具有张开的并能看到事物的眼睛，并有毛发或羽毛。
初级性别性状	在同一物种中，雄性和雌性之间有差别的一种性状，并且属于生殖系统的一部分（生殖腺加上生殖道）。
前毛轮	环节动物的多毛纲幼虫的第一个有纤毛的环。
资源防御型一夫多妻	雄性采取捍卫充足的资源（比如食物、巢址、产卵地等）以吸引超过一个配偶的策略的一种交配系统。
次级性别性状	雄性和雌性之间有差别的一种性状，但不直接属于生殖系统的一部分。

固着的	固定于一处的，不运动的。
性（性别）	（1）基于其所产生的生殖细胞的类型而定义的一个个体的生物学性别。雄性产生较小的通常更活跃的生殖细胞（精子），而雌性产生更大的养料更丰富的生殖细胞（卵子）。（3）遗传重组或有性生殖的一个同义词。（3）在口语中可用作"性交"的同义词。
性别二态性	一个物种中雄性和雌性间的一致性差异；通常体现在体形、外形、体色等性状上的差异，及生殖器官、性别内斗争的武器、性炫耀的有无；有时其含义更广，包括遗传、生化及生理上的差异。方便起见，一个性状通常来说在雄性和雌性间具有差异便可认为是性别二态性的。
有性生殖	通过被称为减数分裂的方式造成倍体减半（染色体组成从二倍体到单倍体）随后又将两个单倍体细胞核融合为一个新的二倍体细胞核的生殖方式。在动物中，这个过程包括被称为生殖细胞的单倍体细胞的产生，及其结合以形成一个新的二倍体个体。
性选择	自然选择的一种形式，通过差异性的繁殖成功率而起作用，而不是通过存活率或繁殖力。在这里繁殖成功率意味着在使卵子

受精或产生受精的卵上的成功。

体细胞的；身体的　　　　在生物学中，指的是身体上的性状，而不是生殖系统中的性状（生殖细胞、生殖腺，及其有关联的器官、导管和腺体）。对细胞而言，则指的是不同于生殖细胞的体细胞。

精囊　　　　　　　　　成团的精子，通常封装于凝胶状的蛋白质囊状结构中，后者将被置于生化基质上，或雌性身上，或被插入于雌性特化的生殖器开口。

共生的　　　　　　　　两种不同物种的个体间的一种紧密的生态学联系。

分类单元　　　　　　　对多层次的生物学分类系统中所有相关的生物体一个被命名类群的一般性术语。在动物里，典型的分类单元的层次包括门、纲、目、属和种。

担轮幼虫　　　　　　　环节动物多毛纲的幼虫形式，拥有三个用于运动的纤毛环。

营养体　　　　　　　　海洋管状蠕虫（环节动物门，多毛纲，西伯达虫科）的一个特化组织，用于支撑共生的细菌群落，而自身可从中间接地获取养分。

参考资料

Adiyodi, K. G., and R. G. Adiyodi, eds. 1989. Reproductive Biology of Invertebrates. Volume IV, Part A. Fertilization, Development, and Parental Care. John Wiley & Sons, Chichester, UK.

———, eds. 1990. Reproductive Biology of Vertebrates. Volume IV, Part B. Fertilization, Development and Parental Care. John Wiley & Sons, Chichester, UK.

———, eds. 1992. Reproductive Biology of Invertebrates, Volume V. Sexual Differentiation and Behaviour. John Wiley & Sons, New Delhi, India.

———, eds. 1993. Reproductive Biology of Invertebrates. Volume VI, Part A. Asexual Propagation and Reproductive Strategies. John Wiley & Sons, Chichester, UK.

———, eds. 1994. Reproductive Biology of Invertebrates. Volume VI, Part B. Asexual Propagation and Reproductive Strategies. John Wiley & Sons, Chichester, UK.

Adoutte, A., G. Balavoine, N. Lartillot, O. Lespinet, B. Prud'homme, and R. de Rosa. 2000. The new animal phylogeny: Reliability and implications. Proceedings of the National Academy of Sciences of the United States of America 97: 4453–56.

Alexander, R. D., J. L. Hoogland, R. D. Howard, K. M. Noonan, and P. W. Sherman. 1979. Sexual dimorphisms and breeding systems in pinnipeds, ungulates, primates, and humans. Pp. 402–35 in N. A. Chagnon and W. Irons, eds. Evolutionary Biology and Human Social Behavior: An Anthropological Perspective. Duxbury, North Scituate. Massachusetts.

Alonso, J. C., and J. A. Alonso. 1992. Male-biased dispersal in the great bustard. *Ornis Scandinavica* 23: 81–88.

Alonso, J. C., M. Magaña, J. A. Alonso, C. Palacín, C. A. Martín, and B. Martín. 2009. The most extreme sexual size dimorphism among birds: Allometry, selection, and early juvenile development in the great bustard (*Otis tarda*). Auk 126: 657–65.

Alonso, J. C., C. A. Martín, J. A. Alonso, C. Palacín, M. Magaña, and S. J. Lane. 2004. Distribution dynamics of a great bustard metapopulation throughout a decade: Influence of conspecific attraction and recruitment. Biodiversity and Conservation 13: 1659–75.

Alonso, J. C., C. A. Martín, J. A. Alonso, C. Palacín, M. Magaña, D. Lieckfeldt, and C. Pitra. 2009. Genetic diversity of the great bustard in Iberia and Morocco: Risks from current population fragmentation. Conservation Genetics 10: 379–90.

Alonso, J. C., E. Martín, J. A. Alonso, and M. B. Morales. 1998. Proximate and ultimate causes of natal dispersal in the great bustard *Otis tarda*. Behavioral Ecology 9: 245–52.

Alonso, J. C., M. B. Morales, and J. A. Alonso. 2000. Partial migration and lek and nesting area fidelity in female great bustards. The Condor 102: 127–36.

Alonso, J. C., C. palacín, J. A. Alonso, and C. A. Martín. 2009. Post-breeding migration in male great bustards: Low tolerance of the heaviest palearctic bird to summer heat. Behavioral Ecology and Sociobiology 63: 1705–15.

Amundsen, T. 2000. Why are female birds ornamented? Trends in Ecology and Evolution 15: 149–55.

Amundsen, T., E. Forsgren, and L. T. T. Hansen. 1997. On the function of female ornaments: Male bluethroats prefer colourful females. Proceedings of the Biological

Society Washington 264: 1579–86.

Anderson, D. T. 1994. Barnacles—Structure, Function, Development and Evolution. Chapman and Hall, London.

Anderson, R. C., J. B. Wood, and R. A. Byrne. 2002. Octopus senescence: The beginning of the end. Journal of Applied Animal Welfare Science 5: 275–83.

Andersson, M. 1994. Sexual Selection. Princeton University Press, Princeton, New Jersey.

Andrade, M. C. B. 1996. Sexual selection for male sacrifice in the Australian redback spider. Science 271: 70–72.

———. 2003. Risky mate search and male self–sacrifice in redback spiders. Behavioral Ecology 14: 531–88.

Antonelis, G. A., M. S. Lowry, C. H. Fiscus, B. S. Stewart, and R. L. DeLong. 1994. Diet of the northern elephant seal. Pp. 211–23 in B. J. Le Boeuf and R. M. Laws, eds. Elephant Seals: Population Ecology, Behavior, and Physiology. University of California Press, Berkeley, California.

Arak, A. 1988. Sexual dimorphism in body size: A model and a test. Evolution 42: 820–25.

Arnblom, T., M. A. Fedak, and I. L. Boyd. 1997. Factors affecting maternal expenditure in southern elephant seals during lactation. Ecology 78: 471–83.

Arnold, J. M., and L. D. Williams-Arnold. 1977. Cephalopoda: Decapoda. Pp. 243–90 in A. C. Giese and J. S. Pearse, eds. Reproduction of Marine Invertebrates. Volume IV. Molluscs: Gastropods and Cephalopods. Academic Press, New York.

Arnold, S. J. 1985. Quantitative genetic models of sexual selection. Experientia 41: 1296–1309.

Arnold, S. J., and D. Duvall. 1994. Animal mating systems: A synthesis based on selection theory. The American Naturalist 143: 317–48.

Arnqvist, G., and S. Henriksson. 1997. Sexual cannibalism in the fishing spider and a model for the evolution of sexual cannibalism based on genetic constraints. Evolutionary Ecology 11: 255–73.

Arnqvist, G., and T. Nilsson. 2000. The evolution of polyandry: Multiple mating and female fitness in insects. Animal Behaviour 60: 145–64.

Austin, C. R., and R. G. Edwards. 1981. Mechanisms of Sex Differentiation in Animals and Man. Academic Press, New York.

Badyaev, A. V., and G. E. Hill. 2000. The evolution of sexual dimorphism in the house finch. I. Population divergence in morphological covariance structure. Evolution 54: 1784–94

———. 2003. Avian sexual dichromatism in relation to phylogeny and ecology. Annual Review of Ecology, Evolution and Systematics 34: 27–49.

Bainbridge, D. 2003. The X in Sex. How the X-Chromosome Controls our Lives. Harvard University Press, Cambridge, Massachusetts.

Baird, P. A., T. W. Andersen, H. B. Newcombe, and R. B. Lowry. 1988. Genetic disorders in children and young adults: A population study. American Journal of Human Genetics 42: 677–93.

Baird, R. C., and G. Y. Jumper. 1995. Encounter models and deep-sea fishes: Numerical simulations and the mate location problem in *Sternoptyx diaphana* (Pisces, Sternoptychidae). Deep Sea Research Part I: Oceanographic Research Papers 42: 675–96.

Barlow, G. W. 2000. The Cichlid Fishes. Perseus Publishing, Cambridge, Massachusetts.

Baron–Cohen, S. 2004. The Essential Difference: Men, Women and the Extreme Male Brain. Penguin Books, New York.

Barth, F. G. 2002. A Spider's World. Senses and Behavior. Springer-Verlag, Berlin.

Bayly, I. A. E. 1978. Variation in sexual size dimorphism in nonmarine calanoid copepods and its ecological significance. Limnology and Oceanography 23:

1224–28.

Bell, G. 1982. The Masterpiece of Nature. University of California Press, Berkeley and Los Angeles, California.

Bel–Venner, M. C., S. Dray, D. Allainé, F. Menu, and S. Venner. 2008. Unexpected male choosiness for mates in a spider. Proceedings of the Royal Society B.275: 77–82.

Bennett, A. T. D., I. C. Cuthill, and K. J. Norris. 1994. Sexual selection and the mismeasure of color. American Naturalist 144: 848–60.

Benz, G. W., and G. B. Deets. 1986. *Krayeria caseyi* sp. nov. (Kroyeriidae: Siphonostomatoida), a parasitic copepod infesting gills of night sharks (*Carcharhinus signatus* [Poey, 1868]) in the western North Atlantic. Canadian Journal of Zoology 64: 2492–98.

Berec, L., P. J. Schembri, and D. S. Boukal. 2005. Sex determination in *Banellia viridis* (Echiura: Bonelliidae): population dynamics and evolution. Oikos 108: 473–84.

Berglund, A., C. Magnhagen, A. Bisazza, B. Koenig, and F. Huntingford. 1993. Female–female competition over reproduction. Behavioral Ecology 4: 184–87.

Berglund, A., and G. Rosenqvist. 2001. Male pipefish prefer dominant over attractive females. Behavioral Ecology 12: 402–6.

Bertelsen, E., ed. 1951. The Ceratioid Anglerfishes. Ontogeny, Distribution and Biology. Bianco Luno, Copenhagen.

Bininda-Edmonds, O. R. P., and J. L. Gittleman. 2000. Are pinnipeds functionally different from fissiped carnivores? The importance of phylogenetic comparative analyses. Evolution 54: 1011–23.

Bird, A. F., and R. I. Sommerville. 1989. Nematoda and Nematomorpha. Pp. 219–50in K. G. Adiyodi and R. G. Adiyodi, eds. Reproductive Biology of Invertebrates. Volume IV. Part A. Fertilization, Development and Parental Care. John Wiley & Sons, Chichester, UK.

Birkhead, T. R., and A. P. Moiler. 1998. Sperm Competition and Sexual Selection. Academic Press, San Diego, California.

Bisby, F. A., Y. R. Roskov, T. M. Orrell, D. Nicolson, L. E. Paglinawan, N. Bailly, P. M. Kirk, T. Bourgoin, and J. van Hertum. 2008. Species2000& ITIS Catalogue of Life: 2008Annual Checklist. Digital resource at www. catalogue oflife. org/annual–checklist/2008/. Species2000: Reading, UK.

Blackwelder, R. E., and B. A. Shepherd. 1981. The Diversity of Animal Reproduction. CRC Press, Boca Raton, Florida.

Blanckenhorn, W. 2000. The evolution of body size: What keeps organisms small? Quarterly Review of Biology 75: 385–407

——. 2005. Behavioral causes and consequences of sexual size dimorphism. Ethology 111: 977–1016.

Blanckenhorn, W. U., A. F. Dixon, D. J. Fairbairn, M. W. Foellmer, P. Gibert, K. van der Linde, R. Meier, S. Nylin, S. Pitnick, C. Schoff, M. Signorelli, T. Teder, and C. Wiklund. 2007. Proximate causes of Rensch's rule: Does sexual size dimorphism in arthropods result from sex differences in development time? American Naturalist 169: 245–57.

Blanckenhorn, W. U., R. Meier, and T. Teder. 2007. Rensch's rule in insects: Patterns among and within species. Pp. 60–70 in D. J. Fairbairn, W. U. Blanckenhorn, and T. Székely, eds. Sex, Size and Gender Roles. Evolutionary Studies of Sexual Size Dimorphism. Oxford University Press, Oxford, UK.

Blum, D. 1997. Sex on the Brain. The Biological Differences between Men and Women. Viking, Penguin Putman, New York.

Blüm, V. 1985. Vertebrate Reproduction. A Textbook. Springer–Verlag, Berlin.

Boggs, C. L., W. B. Watt, and P. R. Ehrlich. 2003. Butterflies. Ecology and Evolution Taking Flight. University of Chicago Press, Chicago, London.

Boletzky, S. v. 2003. A lower limit to adult size in coleoid cephalopods: Elements of a discussion. Berliner Palaobiologische Abhandlungen 3: 19–28.

Bonduriansky, R. 2001. The evolution of male mate choice in insects: A synthesis of ideas and evidence. Biological Reviews 76: 305–39.

Bonner, N. 1994. Seals and Sea Lions of the World. Facts on File, New York.

Boyd, I. L., T. A. Arnbom, and M. A. Fedak. 1994. Biomass and energy consumption of the South Georgia population of southern elephant seals. Pp. 98–120 in B. J. Le Boeuf and R. M. Laws, eds. Elephant Seals: Population Ecology, Behavior, and Physiology. University of California Press, Berkeley, California.

Boyle, P. R. 1987. Cephalopod Life Cycles. Volume II. Comparative Reviews. Academic Press, London.

Braby, C. E., G. W. Rouse, S. B. Johnson, W. J. Jones, and R. C. Vrijenhoek. 2007. Bathymetric and temporal variation among *Osedax* boneworms and associated megafauna on whale-falls in Monterey Bay, California. Deep-Sea Research Part I—Oceanographic Research Papers 54: 1773–91.

Bradbury, J. W., and M. B. Andersson. 1987. Sexual Selection: Testing the Alternatives. John Wiley & Sons, New York.

Brana, F. 1996. Sexual dimorphism in lacertid lizards: Male head increase vs. female abdomen increase? Oikos 75: 511–23.

Breder, C. M., and D. E. Rosen. 1966. Modes of Reproduction in Fishes. The American Museum of Natural History, Garden City, New York.

Brizendine, L. 2006. The Female Brain. Morgan Road Books, New York.

Brooks, R., and J. A. Endler. 2001. Direct and indirect sexual selection and quantitative genetics of male traits in guppies (*Poecilia reticulata*). Evolution 55: 1002–15.

Brown, J. H., and G. B. West. 2000. Scaling in Biology. Oxford University Press, New York.

Bull, J. J. 1980. Sex determination in reptiles. The Quarterly Review of Biology 55: 3–21

———. 2008. Sex determination: Are two mechanisms better than one? Journal of Bioscience 32: 5–8.

Calder, W. A. I. 1984. Size, Function, and Life History. Harvard University Press, Cambridge, Massachusetts.

Carlini, A. R., S. Poljak, G. A. Daneri, M. E. I. Márquez, and J. Negrete. 2006. The dynamics of male harem dominance in southern elephant seals (*Mirounga leonina*) at the South Shetland Islands. Polar Biology 29: 796–805.

Carranza, J., and S. J. Hidalgo de Trucios. 1993. Condition-dependence and sex traits in the male great bustard. Ethology 94: 187–200.

Carranza, J., S. J. Hidalgo de Trucios, and V. Ena. 1989. Mating system flexibility in the great bustard: A comparative study. Bird Study 36: 192–98.

Carrier, J. C., J. A. Musick, and M. R. Heithans. 2004. Biology of Sharks and Their Relatives. CRC Press, Boca Raton, Florida.

Carroll, R. L. 1987. Vertebrate Paleontology and Evolution. Freeman & Co., New York.

Chae, J., and S. Nishida. 1994. Integumental ultrastructure and color patterns in the iridescent copepods of the family Sapphirinidae (Copepoda: Poecilostomatoida). Marine Biology 119: 205–10.

Chanley, P., and M. H. Chanley. 1970. Larval development of the commensal clam, *Montacuta percompressa* Dall. Proceedings of the Malacological Society London 39: 59–67.

Charnov, E. 1982. The Theory of Sex Allocation. Princeton University Press, Princeton, New Jersey.

Cherel, Y., S. Ducatez, C. Fontain, P. Richard, and C. Guinet. 2008. Stable isotopes reveal the trophic position and mesopelagic fish diet of female southern elephant seals breeding on the Kerguelen Islands. Marine Ecology Progress Series 370: 239–47.

Christenson, T. E., and K. C. Goist. 1979. Costs and benefits of male–male competition in the orb weaving spider, *Nephila clavipes*. Behavioral Ecology and Sociobiology 5: 87–92.

Chronin, H. 1991. The Ant and the Peacock. Cambridge University Press, Cambridge, New York, Melbourne.

Clarke, T. A. 1983. Sex ratios and sexual differences in size among mesopelagic fishes from the Central Pacific Ocean. Marine Biology 73: 203–9.

Claxton, S. 1996. Sexual dimorphism in Australian *Echiniscus* (Tardigrada, Echiniscidae) with descriptions of three new species. Zoological Journal of the Linnean Society 116: 13–33.

Clinton, W. L. 1994. Sexual selection and growth in male northern elephant seals. Pp. 154–68 in B. J. Le Boeuf and R. M. Laws, eds. Elephant Seals: Population Ecology, Behavior, and Physiology. University of California Press, Berkeley, California.

Clutton-Brock, T. H., ed. 1988. Reproductive Success. Studies of Individual Variation in Contrasting Breeding Systems. University of Chicago Press, Chicago

———. 1991. The Evolution of Parental Care. Princeton University Press, Princeton, New Jersey.

———. 2009. Sexual selection in females. Animal Behaviour 77: 2–11.

Clutton-Brock, T. H., S. D. Albon, and F. E. Guinness. 1988. Reproductive success in male and female red deer. Pp. 325–43 in T. H. Clutton-Brock, ed. Reproductive Success. Studies of Individual Variation in Contrasting Breeding Systems. University of Chicago Press, Chicago.

Clutton-Brock, T. H., J. C. Deutsch, and T. J. C. Nefdt. 1993. The evolution of ungulate leks. Animal Behaviour 46: 1121–38.

Cochran, P. A., A. K. Newton, and C. Korte. 2004. Great Gordian knots: Sex ratio and sexual size dimorphism in aggregations of horsehair worms (*Gordius difficilis*). Invertebrate Biology 123: 78–82.

Coddington, J. A., G. Hormiga, and N. Scharff. 1997. Giant female or dwarf male spiders? Nature 385: 687–88.

Coe, W. R.1944. . Sexual Differentiation in Mollusks. II. Gastropods, Amphineurans, Scaphopods, and Cephalopods. Quarterly Review of Biology 19: 85–97.

Colwell, R. K. 2000. Rensch's rule crosses the line: Convergent allometry of sexual size dimorphism in hummingbirds and flower mites. American Naturalist 156: 495–510.

Conn, D. B. 2000. Atlas of Invertebrate Reproduction and Development. Wiley-Liss, New York.

Cooper, V. J., and G. R. Hosey. 2003. Sexual dichromatism and female preference in *Eulemur fulvus* subspecies. International Journal of primatology 24: 1177–88.

Corcobado, G., M. A. Rodríguez-Gironéz, E. De Mas, and J. Moya-Laraño. 2010. Introducing the refined gravity hypothesis of extreme sexual size dimorphism. BMC Evolutionary Biology 10: 236.

Cortez, T., B. G. Castro, and A. Guerra. 1995. Reproduction and condition of female *Octopus mimus* (Mollusca: Cephalopoda). Marine Biology 123: 505–10.

Costanzo, K., and A. Monteiro. 2007. The use of chemical and visual cues in female choice in the butterfly *Bicyclus anynana*. Proceedings of the Royal Society B 274: 845–51.

Cotton, S., K. Fowler, and A. Pomiankowski. 2004. Do sexual ornaments demonstrate heightened condition-dependent expression as predicted by the handicap hypothesis? Proceedings of the Royal Society B 271: 771–83.

Courtiol, A., M. Raymond, B. Godelle, and J. -B. Ferdy. 2010. Mate choice and human stature: Homogamy as a unified framework for understanding mating preferences. Evolution 64: 2189–2203.

Cox, R. M., M. A. Butler, and H. B. John-Alder. 2007. The evolution of sexual size dimorphism in reptiles. Pp. 38–49 in D. J. Fairbairn, W. U. Blanckenhorn, and T.

Székely, eds. Sex, Size and Gender Roles. Evolutionary Studies of Sexual Size Dimorphism. Oxford University Press, Oxford, UK.

Cox, R. M., and R. Calsbeek. 2009. Sexually antagonistic selection, sexual dimorphism, and the resolution of intralocus sexual conflict. American Naturalist 173: 176–87.

Crocker, D. E., J. D. Williams, D. P. Costa, and B. J. Le Boeuf. 2001. Maternal traits and reproductive effort in northern elephant seals. Ecology 82: 3541–55.

Croft, D. P., M. S. Botham, and J. Krause. 2004. Is sexual segregation in the guppy, *Poecilia reticulata*, consistent with the predation risk hypothesis? Environmental Biology of Fishes 71: 127–33.

Crozier, W. J.1920. Sex-correlated coloration in *Chiton tuberculatus*. American Naturalist 54: 84–88.

Crozier, W. W. 1989. Age and growth of anglerfish (*Lophius piscatorius* L.) in the North Irish Sea. Fisheries Research 7: 267–78.

Dallai, R., P. P. Fanciulli, and F. Frati. 1999. Chromosome elimination and sex determination in springtails (Insecta, Collembola). Journal of Experimental Zoology Part B: Molecular and Developmental Evolution 285: 215–25.

Darwin, C.1851. A Monograph of the Sub-class Cirripedia, with Figures of All Species. The Lepadidae; or, Pedunculated Cirripedes.1. The Ray Society, London

——.1854. A Monograph of the Sub-class Cirripedia, with Figures of All the Species. The Balanidae, (or Sessile Cirripedes); the Verrucidae.2. The Ray Society, London

——.1859. The Origin of Species. John Murray, London

——.1871. The Descent of Man and Selection in Relation to Sex, Volumes 1 and 2. John Murray, London.

Degnan, S. M., and B. M. Degnan. 2006. The origin of the pelagobenthic metazoan life cycle: What's sex got to do with it? Integrative and Comparative Biology 46: 683–90.

De Mas, E., C. Ribera, and J. Moya-Laraño. 2009. Resurrecting the differential mortality model of sexual size dimorphism. Journal of Evolutionary Biology 22: 1739–49.

de Meeûs, T., F. Prugnolle, and P. Agnew. 2007. Asexual reproduction: Genetics and evolutionary aspects. Cellular and Molecular Life Sciences64: 1355–72.

Detto, T., P. R. Y. Backwell, J. M. Hemmi, and J. Zeil. 2006. Visually mediated species and neighbour recognition in fiddler crabs (*Uca mjoebergi* and *Uca capricornis*). Proceedings of the Royal Society B 273: 1661–66.

Deutsch, C., B. J. Le Boeuf, and D. P. Costa. 1994. Sex differences in reproductive effort in northern elephant seals. Pp. 169–210in B. J. Le Boeuf and R. M. Laws, eds. Elephant Seals: Population Ecology, Behavior, and Physiology. University of California Press, Berkeley, California.

Deutsch, C. J., M. P. Haley, and B. J. Le Boeuf. 1990. Reproductive effort of male northern elephant seals: Estimates from mass loss. Canadian Journal of Zoology 68: 2580–93.

Días, E. R., and M. Thiel. 2004. Chemical and visual communication during mate searching in rock shrimp. Biological Bulletin 206: 134–43.

Döhren, J., and T. Bartolomaeus. 2006. Ultrastructure of sperm and male reproductive system in *Lineus viridis* (Heteronemertea, Nemertea). Zoomorphology 125: 175–85.

Dunn, P. O., L. A. Whittingham, and T. E. Pitcher. 2001. Mating systems, sperm competition, and the evolution of sexual dimorphism in birds. Evolution 55: 161–75.

Eberhard, W. G. 1996. Female Control: Sexual Selection by Cryptic Female Choice. Princeton University Press, Princeton, New Jersey.

———. 2009. Postcopulatory sexual selection: Darwin's omission and its consequences. Proceedings of the National Academy of Sciences of the United States of America 106: 10025–32.

Eberhard, W. G., and C. Cordero. 1995. Sexual selection by cryptic female choice on male seminal products—a new bridge between sexual selection and reproductive physiology. Trends in Ecology and Evolution 10: 493–96.

Eberhard, W. G., and B. A. Huber. 2010. Spider genitalia. Precise maneuvers with a numb structure in a complex lock. Pp. 249–84 in J. L. Leonard and A. Córdoba-Aquilar, eds. The Evolution of Primary Sexual Characters in Animals. Oxford University Press, New York.

Eggert, C. 2004. Sex determination: the amphibian models. Reproduction Nutrition Development 44: 539–49.

Elder, H. Y. 1979. Studies on the host parasite relationship between the parasitic prosobranch *Thyca crystallina* and the asteroid starfish *Linckia laevigata*. Journal of Zoology London 187: 369–91.

Elgar, M. A. 1991. Sexual cannibalism, size dimorphism, and courtship behavior in orb-weaving spiders (Aranidae). Evolution 45: 444–48.

Elgar, M. A., and B. F. Fahey. 1996. Sexual cannibalism, competition, and size dimorphism in the orb-weaving spider *Nephila plumipes* Latreille (Araneae: Araneoidea). Behavioral Ecology 7: 195–98.

Elgar, M. A., and D. R. Nash. 1988. Sexual cannibalism in the garden spider *Araneus diadematus*. Animal Behaviour 36: 1511–17.

Elgar, M. A., J. M. Schneider, and M. E. Herberstein. 2000. Female control of paternity in the sexually cannibalistic spider *Argiope keyserlingi*. Proceedings of the Royal Society B 267: 2439–43.

Eliot, L. 2010. The truth about boys and girls. Scientific American Mind, May/June 2010, pp.22–29.

Emlen, D. J. 2008. The evolution of animal weapons. Annual Review of Ecology Evolution and Systematics 39: 387–413.

Emlen, D. J., and F. Nijhout. 2000. The development and evolution of exaggerated morphologies in insects. Annual Review of Entomology 45: 661–708.

Emlet, R. B. 2002. Ecology of adult sea urchins. Pp. 111–15 in Y. Yokota, V. Matranga, and Z. Smolenicka, eds. The Sea Urchin: From Basic Biology to Aquaculture. A. A. Balkema, Swets and Zeitlinger, Lisse, The Netherlands.

Ena, V., A. Martinez, and D. H. Thomas. 1987. Breeding success of the Great Bustard *Otis tarda* in Zamora Province, Spain, in 1984. Ibis 129: 364–70.

Enders, F. 1977. Web-site selection by orb-web spiders, particularly *Argiope aurantia* Lucas. Animal Behaviour 25: 694–712.

Endler, J. A. 1992. Signal, signal conditions, and the direction of evolution. The American Naturalist 139: S125–53

——. 1993. The color of light in forests and its implications. Ecological Monographs 63: 1–27.

Endler, J. A., and A. L. Basolo. 1998. Sensory ecology, receiver bias and sexual selection. Trends in Ecology and Evolution 13: 415–20.

Endler, J. A., and A. Houde. 1995. Geographic variation in female preferences for male traits in *Poecilia reticulata*. Evolution 49: 456–68.

Endler, J. A., and P. W. Mielke. 2005. Comparing entire colour patterns as birds see them. Biological Journal of the Linnean Society 86: 405–31.

Epp, R. W., and W. M. J. Lewis. 1979. Sexual dimorphism in *Brachionus plicatilis* (Rotifera): Evolutionary and adaptive significance. Evolution 33: 919–28.

Erlandsson, A., and A. J. Ribbink. 1997. Patterns of sexual size dimorphism in African cichlid fishes. South African Journal of Science 93: 498–508.

Esperk, T., T. Tammaru, S. Nylin, and T. Teder. 2007. Achieving high sexual size dimorphism in insects: Females add instars. Ecological Entomology 32: 243–56.

Fabiani, A., F. Galimberti, S. Sanvito, and A. R. Hoelzel. 2004. Extreme polygyny among southern elephant seals on Sea Lion Island, Falkland Islands. Behavioral Ecology 15: 961–69

——. 2006. Relatedness and site fidelity at the southern elephant seal, *Mirounga leanina*, breeding colony in the Falkland Islands. Animal Behaviour 72: 617–26.

Fairbairn, D. J. 1977a. The spring decline in deermice: Death or dispersal? Canadian Journal of Zoology 55: 84–92

——. 1977b. Why breed early? A study of reproductive tactics in *Peromyscus maniculatus*. Canadian Journal of Zoology 55: 862–71

——. 1978a. Behaviour of dispersing deer mice (*Peromyscus maniculatus*). Behavioral Ecology and Sociobiology 3: 265–82.

Fairbairn, D. J. 1978b. Dispersal of deer mice, *Peromyscus maniculatus*: Proximal causes and effects on fitness. Oecologia 32: 171–93.

——. 1988. Sexual selection for homogamy in the Gerridae: An extension of Ridley's comparative approach. Evolution 42: 1212–22.

——. 1997. Allometry for sexual size dimorphism: Pattern and process in the coevolution of body size in males and females. Annual Review of Ecology and Systematics 28: 659–87.

——. 2013. Data from: Odd Couples. Extraordinary Differences between the Sexes in the Animal Kingdom. Archived in the Dryad repository: http://dx. dio. org/10.5061/ dryad. n48cm.

Fairbairn, D. J., W. U. Blanckenhorn, and T. Székely, eds. 2007. Sex, Size and Gender Roles. Evolutionary Studies of Sexual Size Dimorphism. Oxford University Press, Oxford, UK.

Fairbairn, D. J., and D. A. Roff. 2006. The quantitative genetics of sexual dimorphism: Assessing the importance of sex-linkage. Heredity 97: 319–28.

Fausto-Sterling, A., P. Gowaty, and M. Zuk. 1997. Evolutionary psychology and Darwinian feminism. Feminist Studies 23: 403–17.

Fedak, M. A., T. A. Arnbom, B. J. McConnell, C. Chambers, I. L. Boyd, J. Harwood, and T. S. McCann. 1994. Expenditure, investment, and acquisition of energy in southern elephant seals. Pp. 354–73 in B. J. Le Boeuf and R. M. Laws, eds. Elephant Seals: Population Ecology, Behavior, and Physiology. University of California Press, Berkeley, California.

Felsenstein, J. 1974. The evolutionary advantage of recombination. Genetics 78: 737–56.

Ferguson-Smith, M. 2007. The evolution of sex chromosomes and sex determination in vertebrates and the key role of DMRT1. Sexual Development1: 2–11.

Festa-Blanchet, M. 1991. The social system of bighorn sheep: Grouping patterns, kinship and female dominance rank. Animal Behaviour 42: 71–82.

ffrench–Constant, R., and P. B. Koch. 2003. Mimicry and melanism in swallowtail butterflies: Toward a molecular understanding. Pp. 281–319 in C. L. Boggs, W. B. Watt, and P. R. Ehrlich, eds. Butterflies. Ecology and Evolution Taking Flight. University of Chicago Press, Chicago, London.

Field, I. C., C. J. A. Bradshaw, H. R. Burton, and M. A. Hindell. 2007. Differential resource allocation strategies in juvenile elephant seals in the highly seasonal Southern Ocean. Marine Ecology Progress Series 331: 281–90.

Filiz, H., and E. Taskavak. 2006. Sexual dimorphism in the head, mouth, and body morphology of the small-spotted catshark, *Scyliorhinus canicula* (Linnaeus, 1758) (Chondrichthyes: Scyliohinidae) from Turkey. Acta Adriatica 47: 37–47.

Fine, C. 2010. Delusions of Gender. How Our Minds, Society, and Neurosexism Create Difference. W. W. Norton, New York.

Fiske, P., P. T. Rintamaki, and E. Karvonen. 1998. Mating success in lekking males: A meta-analysis. Behavioral Ecology 9: 328–38.

Foelix, R. F. 1996. Biology of Spiders, 2nd edition. Oxford University Press, New York.

Foellmer, M. W. 2004. Sexual dimorphism and sexual selection in the highly dimorphic orb-weaving spider *Argiope aurantia* (Lucas). PhD Thesis. Concordia University,

Montreal, Quebec, Canada.

———. 2008. Broken genitals function as mating plugs and affect sex ratios in the orb-web spider *Argiope aurantia*. Evolutionary Ecology Research 10: 449–62.

Foellmer, M. W., and D. J. Fairbairn. 2003. Spontaneous male death during copulation in an orb-weaving spider. Proceedings of the Royal Society London B (Supplement) 270: S183–85.

———. 2004. Males under attack: Sexual cannibalism and its consequences for male morphology and behavior in an orb-weaving spider. Evolutionary Ecology Research 6: 163–81.

———. 2005a. Competing dwarf males: Sexual selection in an orb-weaving spider. Journal of Evolutionary Biology 18: 629–41.

———. 2005b. Selection on male size, leg length and condition during mate search in a sexually highly dimorphic orb-weaving spider. Oecologia 142: 653–62.

Foellmer, M. W., and Moya-Laraño, J. 2007. Sexual size dimorphism in spiders: Patterns and processes. Pp. 71–81 in D. J. Fairbairn, W. U. Blanckenhorn, and T. Székely, eds. Sex, Size and Gender Roles. Evolutionary Studies of Sexual Size Dimorphism. Oxford University Press, Oxford, UK.

Fromhage, L., M. A. Elgar, andJ. M. Schneider. 2005. Faithful without care: The evolution of monogyny. Evolution 59: 1400–5.

Fromhage, L., J. M. McNamara, and A. I. Houston. 2008. A model for the evolutionary maintenance of monogyny in spiders. Journal of Theoretical Biology 250: 524–31.

Fudge, S. B., and G. A. Rose. 2008. Life history co-variation in a fishery depleted Atlantic cod stock. Fisheries Research 92: 107–13.

Fujikura, K., Y. Fujiwara, and M. Kawato. 2006. A new species of *Osedax* (Annelida: Siboglinidae) associated with whale carcasses off Kyushu, Japan. Zoological Science 23: 733–40.

Galimberti, F., L. Boitani, and I. Marzetti. 2000a. Female strategies of harassment reduction in southern elephant seals. Ethology, Ecology and Evolution 12: 367–88.

———. 2000b. Harassment during arrival on land and departure to sea in southern elephant seals. Ethology, Ecology and Evolution12: 389–404.

———. 2000c. The frequency and costs of harassment in southern elephant seals. Ethology, Ecology and Evolution 12: 345–65.

Galimberti, F., A. Fabiani, and S. Sanvito. 2002a. Measures of breeding inequality: A case study in southern elephant seals. Canadian Journal of Zoology 80: 1240–49.

———. 2002b. Opportunity for selection in southern elephant seals (*Mirounga leonina*): The effect of spatial scale of analysis. Journal of Zoology 256: 93–97.

Galimberti, F., S. Sanvito, C. Braschi, and L. Boitani. 2007. The cost of success: Reproductive effort in male southern elephant seals (*Mirounga leonina*). Behavioral Ecology and Sociobiology 62: 159–71.

Garey, J. R., S. J. McInnes, and B. Nichols. 2008. Global diversity of tardigrades (Tardigrada) in freshwater. Hydrobiologia 595: 101–6.

Garm, A., M. M. Coates, R. Gad, J. Seymour, and D. E. Nilsson. 2007. The lens eyes of the box jellyfish *Tripedalia cystophora* and *Chiropsalmus* sp. are slow and color-blind. Journal of Comparative Physiology A, Neuroethology, Sensory, Neural and Behavioral Physiology 193: 547–57.

Gaskett, A. C. 2007. Spider sex pheromones: Emission, reception, structures, and functions. Biological Reviews 82: 26–48.

Geary, D. C. 1998. Male, Female. The Evolution of Human Sex Differences. American Psychological Association, Washington, D. C.

Geddes, M. C., and G. A. Cole. 1981. Variation in sexual size differentiation in North American diaptomids (Copepoda: Calanoida): Does variation in the degree of dimorphism have ecological significance? Limnology and Oceanog-raphy 26: 367–74.

Geist, V. 1971. Mountain Sheep. University of Chicago Press, Chicago.

Gertsch, W. J. 1979. American Spiders. Van Nostrand Reinhold, New York.

Ghiselin, M. T. 1974. The Economy of Nature and the Evolution of Sex. University of California Press, Berkeley, California.

Gibbons, W. J., and J. E. Lovich. 1990. Sexual dimorphism in turtles with emphasis on the slider turtle (*Trachemys scripta*). Herpetological Monographs 4: 1–29.

Giese, A. C., and J. S. pearse, eds. 1974. Reproduction of Marine Invertebrates. Volume I. Aocoelomate and Pseudocoelomate Metazoans. Academic Press, New York.

——, eds. 1975a. Reproduction of Marine Invertebrates. Volume II. Entoprocts and Lesser Coelomates. Academic Press, New York.

——, eds. 1975b. Reproduction of Marine Invertebrates, Volume III Annelids and Echiurans. Academic Press, New York.

——, eds. 1977. Reproduction of Marine Invertebrates. Volume IV. Molluscs: Gastropods and Cephalopods. Academic Press, New York.

——, eds. 1979. Reproduction of Marine Invertebrates. Volume V. Molluscs: Pelecypods and Lesser Classes. Academic Press, New York.

Gilbert, J. J. 1989. Rotifera. Pp. 179–99 in K. G. Adiyodi and R. G. Adiyodi, eds. Reproductive Biology of Invertebrates. Volume IV. Part A. Fertilization, Development, and Parental Care. John Wiley & Sons, Chichester, UK.

Gilbert, J. J., and C. E. Williamson. 1983. Sexual dimorphism in zooplankton (Copepods, Cladocera, and Rotifera). Annual Review of Ecology and Systematics 14: 1–33.

Gissler, C. F.1882. *Boptrus manhattensis* from the gill cavity of *Palemonetes vulgaris* Stimpson. Proceedings of the American Association for the Advancement of Science, 30th meeting, pp.243–45.

Glover, A. G., B. Kallstrom, C. R. Smith, and T. G. Dahlgren. 2005. Worldwide whale worms? A new species of *Osedax* from the shallow North Atlantic. Proceedings of the Royal Society B 272: 2587–92.

Goffredi, S. K., S. B. Johnson, and R. C. Vrijenhoek. 2007. Genetic diversity and potential function of microbial symbionts associated with newly discovered species of *Osedax* polychaete worms. Applied and Environmental Microbiology 73: 2314–23.

Goffredi, S. K., V. J. Orphan, G. W. Rouse, L. J ahnke, T. Embaye, K. Turk, R. Lee, and R. C. Vrijenhoek. 2005. Evolutionary innovation: A bone-eating marine symbiosis. Environmental Microbiology 7: 1369–78.

Goffredi, S. K., C. K. Paull, K. Fulton-Bennett, L. A. Hurtado, and R. C. Vrijenhoek. 2004. Unusual benthic fauna associated with a whale fall in Monterey Canyon, California. Deep-Sea Research Part I Oceanographic Research Papers 51: 1295–1306.

Gomez, D., and M. Théry. 2007. Simultaneous crypsis and conspicuousness in color patterns: Comparative analysis ofa neotropical rainforest bird community. American Naturalist 169: 542–61.

Gonor, J. J. 1979. Monoplacophora. Pp. 87–93 in A. C. Giese and J. S. pearse, eds. Reproduction of Marine Invertebrates. Volume V. Molluscs: Pelecypods and Lesser Classes. Academic Press, New York.

Gonzalez-Voyer, A., J. L. Fitzpatrick, and N. Kolm. 2008. Sexual selection determines parental care patterns in cichlid fishes. Evolution 62: 2015–26.

Gotelli, N. J., and H. R. Spivey. 1992. Male parasitism and intrasexual competition in a burrowing barnacle. Oecologia 91: 474–80.

Gray, D. A. 1996. Carotenoids and sexual dichromatism in North American passerine birds. The American Naturalist 148: 453–80.

Greenwood, p. J., and J. Adams. 1987. The Ecology of Sex. Edward Arnold, London.

Guiso, L., M. Ferdinando, P. Sapienza, and L. Zingales. 2008. Culture, gender, and math. Science 320: 1164–65.

Guldberg, H. J., and R. M. Kristensen. 2006. The "hyena female" of tardigrades and descriptions of two new species of Megastygarctides (Arthrotardigrada: Stygarctidae) from Saudi Arabia. Hydrobiologia 558: 81–101.

Gustafsson, A., and P. Lindenfors. 2004. Human size evolution: No evolutionary allometric relationship between male and female stature. Journal of Human Evolution 47: 253–66.

Haag, E. S., and A. V. Doty. 2005. Sex determination across evolution: Connecting the dots. PLoS Biology3(1): e21. doi: 10.1371/journal. pbio.0030021

Hadfield, M. G. 1975. Hemichordata. Pp. 185–240 in A. C. Giese and J. S. Pearse, eds. Reproduction of Marine Invertebrates. Vol. II. Entoprocts and Lesser Coelomates. Academic Press, New York.

———. 1979. Aplacophora. Pp. 1–26 in A. C. Giese and J. S. pearse, eds. Reproduction of Marine Invertebrates. Volume V. Molluscs: Pelecypods and Lesser Classes. Academic Press, New York.

Haley, M. P., C. J. Deutsch, and B. J. Le Boeuf. 1994. Size, dominance and copulatory success in male northern elephant seals, *Mirounga angustirostris*. Animal Behaviour 48: 1249–60.

Halliday, T. 1980. Sexual Strategy. University of Chicago Press, Chicago.

Hamel, J. -F., and J. H. Himmelman. 1992. Sexual dimorphism in the sand dollar *Echinarachnius parma*. Marine Biology 113: 379–83.

Hamilton, W. D. 1990. Mate choice near and far. American Zoologist 30: 341–52.

Hammond, G. 2002. "*Argiope aurantia*" (Online), Animal Diversity Web, http://animaldiversity. ummz. umich. edu/site/accounts/information/Argiope_aurantia. html. Accessed November 10, 2010.

Hanlon, R. T., and J. B. Messenger. 1996. Cephalopod Behaviour. Cambridge University Press, Cambridge, UK.

Harbison, G. R., and R. L. Miller. 1986. Not all ctenophores are hermaphrodites.

Studies on the systematics, distribution, sexuality and development of two species of *Ocyropsis*. Marine Biology 90: 413–24.

Harwood, R. H. 1974. Predatory behavior of *Argiope aurantia* (Lucas). American Midland Naturalist 91: 130–39.

Hayes, T. B. 1998. Sex determination and primary sex differentiation in amphibians: Genetic and developmental mechanisms. Journal of Experimental Zoology, Part A: Comparative Experimental Zoology 281: 373–99.

Head, G. 1995. Selection on fecundity and variation in the degree of sexual size dimorphism among spider species (class Aranae). Evolution 49: 776–81.

Hebert, P. D. N. 1977. A revision of the taxonomy of the genus Daphnia (Crustacea: Daphnidae) in south-eastern Australia. Australian Journal of Zoology 25: 371–98.

Hedrick, A. V., and E. J. Temeles. 1989. The evolution of sexual dimorphism in animals: Hypotheses and tests. Trends in Ecology and Evolution 4: 136–38.

Hegyi, G., B. Rosivali, E. Szöllösi, R. Hargita, M. Eens, and J. Török. 2007. A role for female ornamentation in the facultatively polygynous mating system of collared flycatchers. Behavioral Ecology 18: 1116–1122.

Heinroth, O., and M. Heinroth.1927. Die Vögel Mitteleuropas, Volume3. Lichterfelda, Berlin.

Heller, J. 1993. Hermaphroditism in molluscs. Biological Journal of the Linnean Society 48: 19–42.

Herberstein, M. E., J. M. Schneider, A. M. T. Harmer, A. C. Gaskett, K. Robinson, K. Shaddick, D. Soetkamp, P. D. Wilson, S. Pekar, and M. A. Elgar. 2011. Sperm storage and copulation duration in a sexually cannibalistic spider. Journal of Ethology 29: 9–15.

Hickman, C. P., L. S. Roberts, S. L. Keen, A. Larson, and D. J. Eisenhour. 2007. Animal Diversity, 4th edition. McGraw-Hill, New York.

Hidalgo de Trucios, S. J., and J. Carranza. 1991. Timing, structure and functions of the courtship display in male great bustard. Ornis Scandinavica 22: 360–66.

Hilario, A., M. Capa, T. G. Dahlgren, K. M. Halanych, C. T. S. Little, D. J. Thornhill, C. Verna, and A. G. Glover. 2011. New perspectives on the ecology and evolution of siboglinid tubeworms. PLoS One e16309. doi: 10.1371/ journal. pone.0016309.

Hindell, M. A., D. J. Slip, and H. R. Burtin. 1991. The diving behavior of adult male and female southern elephant seals, *Mirounga leonina* (Pinnipedia, Phocidae). Australian Journal of Zoology 39: 595–619.

Hogg, J. T. 1987. Intrasexual competition and mate choice in Rocky Mountain bighorn sheep. Ethology 75: 119–44.

Hogg, J. T., and S. H. Forbes. 1997. Mating in bighorn sheep: frequent male reproduction via a high-risk "unconventional" tactic. Behavioral Ecology and Sociobiology41: 33–48.

Höglund, J., and R. V. Alatalo. 1995. Leks. Princeton University Press, Princeton, New Jersey.

Höglund, J., and B. Sillén-Tullberg. 1994. Does lekking promote the evolution of male–biased size dimorphism in birds? On the use of comparative approaches. The American Naturalist144: 881–89.

Holden, C., and R. Mace. 1999. Sexual dimorphism in stature and women's work: Phylogenetic cross-cultural analysts. American Journal of Physical Anthropology110: 27–45.

Hopkin, S. 1997. Biology of the Springtails (Insecta: Collembola). Oxford University Press, Oxford.

Hormiga, G., N. Scharff, and J. A. Coddington. 2000. The phylogenetic basis of sexual size dimorphism in orb-weaving spiders (Araneae, Orbiculariae). Systematic Biology49: 435–62.

Houde, A. 2001. Sex roles, ornaments, and evolutionary explanation. Proceedings of the National Academy of Sciences of the United States of America98: 12857–59.

Howell, F. G., and R. D. Ellender. 1984. Observations on growth and diet of Argiope aurantia Lucas (Araneidae) in a successional habitat. Journal of Arachnology12: 29–36.

Howell, W. M., and R. L. Jenkins. 2004. Spiders of the Eastern United States. Pearson Education, Boston.

Huber, B. 2005. Sexual selection research on spiders: Progress and biases. Biological Reviews80: 363–65.

Inkpen, S. A., and M. W. Foellmer. 2010. Sex-specific foraging behaviours and growth rates in juveniles contribute to the development of extreme sexual size dimorphism in a spider. The Open Ecology Journal3: 59–70.

Jaccarini, V., L. Agius, P. J. Schembri, and M. Rizzo. 1983. Sex determination and larval sexual interaction in *Bonellia viridis* Rolando (Echiura: Bonelliidae). Journal of Experimental Marine Biology and Ecology66: 25–40.

James, M. A., A. D. Ansell, and G. B. Curry. 1991. Functional morphology of the gonads of the articulate brachiopod *Terebratulina retusa*. Marine Biology111: 401–10.

Jarne, P., and J. R. Auld. 2006. Animals mix it up too: The distribution of selffertilization among hermaphroditic animals. Evolution60: 1816–24.

Johnsgard, P. 1991. Bustards, Hemipods and Sandgrouse: Birds of Dry Places. Oxford University Press, Oxford, UK.

———. 1999. Earth, Water and Sky. A Naturalist's Stories and Sketches. University of Texas Press, Austin, Texas.

Johnson, J. C. 2001. Sexual cannibalism in fishing spiders (*Dolomedes triton*): An evaluation of two explanations for female aggression towards potential mates. Animal Behaviour61: 905–14.

Johnson, K. L., and L. G. Tassinary. 2007. Compatibility of basic social perceptions determines perceived attractiveness. Proceedings of the National Academy of

Sciences of the United States of America 104: 5246–51.

Jones, E. C. 1963. *Tremoctopus violaceus* uses *Physalia* tentacles as weapons. Science 139: 764–66.

Jordan-Young, R. M. 2010. Brain Storm: The Flaws in the Science of Sex Differences. Harvard University Press, Cambridge, Massachusetts.

Jormalainen, V., S. Merilaita, and J. Tuomi. 1995. Differential predation on sexes affects colour polymorphism of the isopod *Idotea* baltica (Pallas). Biological Journal of the Linnean Society 55: 45–68.

Kaiser, V. B., and H. Ellegran. 2006. Nonrandom distribution of genes with sex-biased expression in the chicken genome. Evolution 60: 1945–51.

Kappeler, P. M., and C. P. van Schaik, eds. 2004. Sexual Selection in Primates: New and Comparative Perspectives. Cambridge University Press, Cambridge.

Kasumovic, M. M., M. J. Bruce, M. E. Herberstein, and M. C. B. Andrade. 2007. Risky mate search and mate preference in the golden orb-web spider (*Nephila plumipes*). Behavioral Ecology 18: 189–95.

Katz, S., W. Klepal, and M. Bright. 2011. The *Osedax* trophosome: Organization and ultrastructure. Biol. Bull.220: 128–39.

Keenleyside, M. H. A. 1991. Cichlid Fishes. Behaviour, Ecology and Evolution. Chapman & Hall, London.

Kelber, A., M. Vorobyyev, and D. Osorio. 2003. Animal color vision—behavioural tests and physiological concepts. Biological Review 78: 81–118.

Kelly, M. W., and E. Sanford. 2010. The evolution of mating systems in barnacles. Journal of Experimental Marine Biology and Ecology 392: 37–45.

Kent, M. L., K. B. Andree, J. L. Bartholomew, M. El-Matbouli, S. S. Desser, R. H. Devlin, S. W. Feist, R. P. Hedrick, R. W. Hoffmann, J. Khattra, S. L. Hallett, R. J. G. Lester, M. Longshaw, O. Palenzeula, M. E. Siddall, and C. Xiao. 2001. Recent advances in our knowledge of the Myxozoa. The Journal of Eukaryotic

Microbiology 48: 395–413.

Kimball, R. T., andJ. D. Ligon. 1999. Evolution of avian plumage dichromatism from a proximate perspective, The American Naturalist 154: 182–93.

King, R. B. 2009. Sexual dimorphism in snake tail length: sexual selection, natural selection, or morphological constraint? Biological Journal of the Linnean Society 38: 133–54.

Kraak, S., T. Bakker, and B. Mundwiler. 1999. Sexual selection in sticklebacks in the field: Correlates of reproductive, mating and paternal success. Behavioral Ecology 10: 696–706.

Kraus, F. 2008. Remarkable case of anuran sexual size dimorphism: *Platymantis rhipiphalcus* is a junior synonym of *Platymantis boulengeri*. Journal of Herpetology 42: 637–44.

Kristensen, R. M. 2002. An introduction to Loricifera, Cycliophora, and micrognathozoa. Integrative and Comparative Biology 42: 641–51.

Kruuk, L. E., T. H. Clutton-Brock, K. E. Rose, and F. E. Guiness. 1999. Early determinants of lifetime reproductive success differ between the sexes in red deer. Proceedings of the Royal Society B 266: 1655–61.

Kunte, K. 2008. Mimetic butterflies support Wallace's model of sexual dimorphism. Proceedings of the Royal Society B 275: 1617–24.

Kuntner, M., and J. A. Coddington. 2009. Discovery of the largest orbweaving spider species: The evolution of gigantism in *Nephila*. PLoS One4(10), e7516, doi: 10.1371/journal. pone.0007516.

Kupfer, A. 2007. Sexual size dimorphism in amphibians: An overview. Pp. 50–59in D. J. Fairbairn, W. U. Blanckenhorn, and T. Székely, eds. Sex, Size and Gender Roles. Oxford University Press, Oxford.

Lamprell, K. L., and J. M. Healy. 2001. Scaphopoda. Pp. 85–128in A. Wells and W. W. K. Houston, eds. Zoological Catalogue of Australia. CSIRO, Melbourne, Australia.

Land, M. F., and D. -E. Nilsson. 2004. Animal Eyes. Oxford University Press, Oxford, UK.

Landa, J., p. Pereda, R. Duarte, and M. Azevedo. 2001. Growth of anglerfish (*Lophius piscatorius* and *L. budegassa*) in Atlantic Iberian waters. Fisheries Research 51: 363–76.

Laptikhovsky, V., and E. A. Salman. 2003. On reproductive strategies of the epipelagic octopods of the superfamily Argonautoidea (Cephalopoda: Octopoda). Marine Biology 142: 321–26.

Laughlin, K. 2005. Management and control of egg size. The Poultry Site, http://www. thepoultrysite. com/articles/460/management-and-control_of –egg–size. Accessed February 24, 2009.

LeBas, N. R., and N. J. Marshall. 2000. The role of colour in signaling and male choice in the agamid lizard Ctenophorus ornatus. Proceedings of the Royal Society B 267: 445–52.

Le Boeuf, B. J. 1994. Variation in the diving pattern of northern elephant seals with age, mass, sex and reproductive condition. Pp. 237–52 in B. J. Le Boeuf and R. M. Laws, eds. Elephant Seals: Population Ecology, Behavior, and Physiology. University of California Press, Berkeley, California.

Le Boeuf, B. J., D. E. Crocker, D. P. Costa, S. B. Blackwell, P. M. Webb, and D. S. Houser. 2000. Foraging ecology of northern elephant seals. Ecological Monographs 70: 353–82.

Le Boeuf, B. J., and R. M. Laws. 1994a. Elephant seals: An introduction to the genus. Pp. 1–26 in B. J. Le Boeuf and R. M. Laws, eds. Elephant Seals: Population Ecology, Behavior, and Physiology. University of California Press, Berkeley, California.

——, eds. 1994b. Elephant Seals: Population Ecology, Behavior, and Physiology. University of California Press, Berkeley, California.

Le Boeuf, B. J., and S. Mesnick. 1991. Sexual behaviour of male northern elephant seals. I. Lethal injuries to adult females. Behaviour 116: 1–26.

Le Boeuf, B. J., P. Morris, and J. Reiter. 1994. Juvenile survivorship of northern elephant seals. Pp. 121–36 in B. J. Le Boeuf and R. M. Laws, eds. Elephant Seals: Population Ecology, Behavior, and Physiology. University of California Press, Berkeley, California.

Le Boeuf, B. J., and J. Reiter. 1988. Lifetime reproductive success in northern elephant seals. Pp. 344–62 in T. H. Clutton-Brock, ed. Reproductive Success. Studies of Variation in Contrasting Breeding Systems. University of Chicago Press, Chicago.

Levitan, D. R. 1996. Effects of gamete traits on fertilization in the sea and the evolution of sexual dimorphism. Nature 382: 153–55.

Levitan, D. R., and C. Petersen. 1995. Sperm limitation in the sea. Trends in Ecology and Evolution 10: 228–31.

Lewis, C., and T. A. F. Long. 2005. Courtship and reproduction in *Carybdea sivickisi* (Cnidaria: Cubozoa). Marine Biology 147: 477–83.

Lewis, R., T. C. O'ConneH, M. Lewis, C. Campagna, and A. R. Hoelzell. 2006. Sex-specific foraging strategies and resource partitioning in the southern elephant seal (*Mirounga leonina*). Proceedings of the Royal Society B 273: 2901–7.

Li, J., Z. Zhang, F. Liu, Q. Liu, W. Gan, J. Chen, M. L. M. Lim, and D. Li. 2008. UVB-based mate-choice cues used by females in the jumping spider *Phintella vittata*. Current Biology 18: 1–5.

Lima, M., and E. Páez. 1995. Growth and reproductive patterns in the South American fur seal. Journal of Mammalogy 76: 1249–55.

Lindenfors, P. 2002. Sexually antagonistic selection on primate size. Journal of Evolutionary Biology 15: 595–607.

Lindenfors, P., J. L. Gittleman, and K. Jones. 2007. Sexual size dimorphism in mammals. Pp. 16–26 in D. J. Fairbairn, W. U. Blanckenhorn, and T. Székely, eds.

Sex, Size and Gender Roles. Evolutionary Studies of Sexual Size Dimorphism. Oxford University Press, Oxford, UK.

Lindenfors, P., and B. S. Tullberg. 1998. Phylogenetic analyses of primate size evolution: The consequences of sexual selection. Biological Journal of the Linnean Society 64: 413–47.

Lindenfors, P., B. Tullberg, and M. Biuw. 2002. Phylogenetic analysis of sexual selection and sexual size dimorphism in pinnipeds. Behavioral Ecology and Sociobiology 52: 188–93.

Lislevand, T., J. Figuerola, and T. Székely. 2007. Avian body sizes in relation to fecundity, mating system, display behavior, and resource sharing. Ecology 88: 1605.

Lockley, T. C., and O. P. Young. 1993. Survivability of overwintering *Argiope aurantia* (Araneidae) egg cases, with an annotated list of associated arthropods. Journal of Arachnology 21: 50–54.

Lombardi, J. 1998. Comparative Vertebrate Reproduction. Kluwer Academic Publishers, Norwell, Massachusetts.

Long, J. A., K. Trinajstic, G. Young, and T. Senden. 2008. Live birth in the Devonian period. Nature 453: 650–52.

Lowerre-Barbieri, S. 2009. Reproduction in relation to conservation and exploitation of marine fishes. Pp. 371–94 in B. G. M. Jamieson, ed. Reproductive Biology and Phylogeny of Fishes (Agnathans and Bony Fishes). Part B. Science Publishers, Enfield, New Hampshire.

Loyan, A., M. S. Jalme, and G. Sorci. 2005. Interand intra-sexual selection for multiple traits in the peacock (*Pavo cristatus*). Ethology 111: 810–20.

Lu, C. C. 2001. Cephalopoda. Pp. 129–308 in A. Wells and W. W. K. Houston, eds. Zoological Catalogue of Australia. Volume 17.2. Mollusca: Aplacophora, Polyplacorphora, Scaphopoda, Cephalopoda. CSIRO, Melbourne, Australia.

Lundsten, L., C. K. Paull, K. L. Schlining, M. McGann, and W. Ussler. 2010.

Biological characterization of a whale-fall near Vancouver Island, British Columbia, Canada. Deep-Sea Research Part I—Oceanographic Research Papers 57: 918–22.

Lyon, M. F. 1994. Evolution of mammalian sex-chromosomes. Pp. 381–96in A. V. Short and E. Balaban, eds. The Differences between the Sexes. Cambridge University Press, Cambridge, UK.

Maan, M. E., and M. Taborsky. 2008. Sexual conflict over breeding substrate causes female expulsion and offspring loss in a cichlid fish. Behavioral Ecology 19: 302–8.

Mackenzie, A., J. D. Reynolds, V. J. Brown, and W. J. Sutherland. 1995. Variation in male mating success on leks. The American Naturalist 145: 633–52.

Magaña, M., J. C. Alonso, C. A. Martin, L. M. Bautista, and B. Martín. 2010. Nest-site selection by great bustards *Otis tarda* suggests a trade-off between concealment and visibility. IBIS 152: 77–89.

Maggenti, A. R. 1981. Nematodes: Development as plant parasites. Annual Reviews of Microbiology 35: 135–54.

Mangold, K. M., M. Vecchione, and R. E. Young. 2010a. Tremoctopodidae Tyron 1897. *Tremoctapus* Chiaie 1830. Blanket octopus. Version 15 August 2010. http:// tolweb. org/Tremoctopus/20202/2010.08.15in The Tree of Life Web Project, http:// Tolweb. org/. Accessed August 25, 2011.

——. 2010b. Ocythoidae Gray1849. *Ocythoe tuberculata* Rafinesque 1814. Version15August2010(under construction), http://toweb. org/Ocythoe tuberculata/20205/2010.08.15in The Tree of Life Web Project, http://Tolweb. org/. Accessed August 25, 2010.

Mank, J. E., and J. C. Avise. 2006. Comparative phylogenetic analysis of male alternative reproductive tactics in ray-finned fishes. Evolution 60: 1311–16.

Marchand, B., and G. Vassilliades. 1982. *Mediorhynchus mattei* sp. N. (Acanthocephala, Giganthorhynchidae) from *Tockus erthrorhynchus* (Aves), the red-beaked hornbill in West Africa. Journal of Parasitology 68: 1142–45.

Marin, I., and B. S. Baker. 1998. The evolutionary dynamics of sex determination. Science 281: 1990–94.

Marshall Graves, J. A. 1994. Mammalian sex–determining genes. Pp. 397–418in R. V. Short and E. Balaban, eds. The Differences between the Sexes. Cambridge University Press, Cambridge.

Martín, C. A., J. C. Alonso, J. Alonso, C. Pitra, and D. Lieckfeldt. 2001a. Great bustard population structure in central Spain: Concordant results from genetic analysis and dispersal study. Proceedings of the Royal Society B 269: 119–25.

Martín, C. A., J. C. Alonso, J. A. Alonso, C. Palacín, M. Magaña, and B. Martín. 2007. Sex-biased juvenile survival in a bird with extreme size dimorphism, the great bustard *Otis tarda*. Journal of Avian Biology 38: 335–46.

Martín, C. A., J. C. Alonso, M. B. Morales, and S. J. Lane. 2001b. Seasonal movements of male great bustards in central Spain. Journal of Field Ornithology 72: 504–8.

Martinez, C. 1988. Size and sex composition of great bustard (*Otis tarda*) flocks in Villafafila, northwest Spain. Ardeoloa 35: 125–33.

McConnell, B. J., C. Chambers, and M. A. Fedak. 1992. Foraging ecology of southern elephant seals in relation to the bathymetry and productivity of the Southern Ocean. Antarctic Science 4: 393–98.

McDermott, J. J. 2001. Symbionts of the hermit crab *Pagurus longicarpus* Say, 1817(Decapoda: Anomura): New observations from New Jersey waters and a review of all known relationships. Proceedings of the Biological Society of Washington 114: 624–39.

McDermott, J. J., and R. Gibson. 1993. *Carcinonemertes pinnotheridophila* sp. nov. (Nemertea, Enopla, Carcinonemertidae) from the branchial chambers of *Pinnixa chaetopterana* (Crustacea, Decapoda, Pinnotheridae): Description, incidence and biological relationships with the host. Hydrobiologia 299: 57–80.

McDonald, B. I., and D. E. Crocker. 2006. Physiology and behavior influence lactation efficiency in northern elephant seals (*Mirounga angustirostris*). Physiological and Biochemical Zoology 79: 484–96.

McFadien–Carter, M. 1979. Scaphopoda. Pp. 95–111 in A. C. Giese and J. S. Pearse, eds. Reproduction of Marine Invertebrates, Volume V. Molluscs: Pelecypods and Lesser Classes. Academic Press, New York.

McMahon, C. R., H. R. Burton, and M. N. Bester. 2000. Weaning mass and the future survival of juvenile southern elephant seals, *Mirounga leonina*, at Macquarie Island. Antarctic Science 12: 149–53.

McReynolds, C. N. 2000. The impact of habitat features on web features and prey capture of Argiope aurantia (Araneae, Araneidae). Journal of Arachnology 28: 169–79.

Mealey, L. 2000. Sex Differences: Developmental and Evolutionary Strategies. Academic Press, San Diego, California.

Meidl, P. 1999. Microsatellite analysis of alternative mating tactics in *Lamprologus callipterus*. Diplomarbeit, am Konrad Lorenz-Institut für Vergleichende Verhaltensforschung, University of Vienna, Vienna, Austria.

Meraz, L. C., Y. Henaut, and M. A. Elgar. 2012. Effects of male size and female dispersion on male mate-locating success in *Nephila clavipes*. Journal of Ethology 30: 93–100.

Mesa, A., P. García–Novo, and D. dos Santos. 2002. X_1X_2O (male)–$X_1X_1X_2X_2$ (female) chromosomal sex determining mechanism in the cricket *Cicloptyloides americanus* (Orthoptera, Grylloidea, Mogoplistidae). Journal of Orthoptera Research 11: 87–90.

Mesnick, S. L., and B. J. Le Boeuf. 1991. Sexual behavior of male northern elephant seals: II. Female response to potentially injurious encounters. Behaviour 117: 262–80.

Messina, F., and C. W. Fox. 2001. Offspring size and number. Pp. 113–27in C. W. Fox, D. A. Roff, and D. J. Fairbairn, eds. Evolutionary Ecology. Concepts and Case

Studies. Oxford University Press, New York.

Metaxas, A., and N. E. Kelly. 2010. Do larval supply and recruitment vary among chemosynthetic environments of the deep sea? PLoS One5 (7): e11646. doi: 10.1371/journal. pone.0011646.

Millar, N. P., D. N. Reznick, M. T. Kinnison, and A. P. Hendry. 2006. Disentangling the selective factors that act on male colour in wild guppies. Oikos 113: 1–12.

Miller, J. A. 2007. Repeated evolution of male self-sacrifice behavior in spiders correlated with genital mutilation. Evolution 61: 1601–13.

Mindell, D. P., J. W. Brown, and J. Harshman. 2008. Tree of Life Project: Neoaves. Version 27 June 2008 (under construction), http://tolweb. org/ Neoaves/26305/2008.06.27in the Tree of Life Project, http://tolweb. org/. Accessed March 24, 2010.

Minelli, A., D. Foddai, A. Pereira, and J. G. E. Lewis. 2000. The evolution of segmentation of centipede trunk and appendages. Journal of Zoological Systematics and Evolutionary Research 38: 103–17.

Ming, R., and P. H. Moore. 2007. Genomics of sex chromosomes. Current Opinion in Plant Biology 10: 123–30.

Modig, A. O. 1996. Effects of body size and harem size on male reproductive behaviour in the southern elephant seal. Animal Behaviour 51: 1295–1306.

Moore, A. J. 1990. The evolution of sexual dimorphism by sexual selection: The separate effects of intrasexual selection and intersexual selection. Evolution 44: 315–31.

Morales, M. B., J. C. Alonso, and J. Alonso. 2002. Annual productivity and individual female reproductive success in a great bustard *Otis tarda* population. Ibis 144: 293–300.

Morales, M. B., J. C. Alonso, J. A. Alonso, and E. Martin. 2000. Migration patterns in male great bustards (*Otis tarda*). Auk 117: 493–98.

Morales, M. B., J. C. Alonso, C. Martin, E. Martin, and J. Monso. 2003. Male sexual display and attractiveness in the great bustard *Otis tarda*: The role of body condition. Journal of Ethology 21: 51–56.

Morales, M. B., F. Jiguet, and B. Arroyo. 2001. Exploded leks: What bustards can teach us. Ardeola 48: 85–98.

Morgado, R., and F. Moreira. 2000. Seasonal population dynamics, nest site selection, sex-ratio and clutch size of the Great Bustard *Otis tarda* in two adjacent lekking areas. Ardeola 47: 237–46.

Morrow, E. H. 2004. How the sperm lost its tail: The evolution of aflagellate sperm. Biological Reviews 79: 795–814.

Moya-Laraño, J., D. Vinkovic, C. M. Allard, and M. W. Foellmer. 2009. Optimal climbing speed explains the evolution of extreme sexual size dimorphism in spiders. Journal of Evolutionary Biology 22: 954–63.

Moya-Laraño, J., D. Vinkovic, E. De Mas, G. Corcobado, and E. Moreni. 2008. Morphological Evolution of Spiders Predicted by Pendulum Mechanics. PLoS One3(3): e1841, doi: 10.1371/journal. pone.0001841.

Nagy, S. 2007. International Single Species Action Plan for the Western Palearctic Population of Great Bustard *Otis tarda tarda*, http://ec. europa. eu/ environment/ nature/co nse rvation/wildbirds / action_plans / docs / otis _tarda. pdf. Accessed October 2012.

Neilsen, C. 2001. Animal Evolution: Interrelationships of the Living Phyla.2nd edition. Oxford University Press, Oxford, UK.

Nesis, K. N. 1987. Cephalopods of the World. Squids, Cuttlefishes, Octopuses and Allies. TFH Publications, Neptune City, New Jersey.

Nessler, S. H., G. Uhl, and J. M. Schneider. 2009. Scent of a woman—the effect of female presence on sexual cannibalism in an orb–weaving spider (Araneae: Araneidae). Ethology 115: 633–40.

Neuhaus, B., and R. P. Higgins. 2002. Ultrastructure, biology and phylogenetic relationships of the Kinorhyncha. Integrative and Comparative Biology 42: 619–32.

Norman, M. D., D. Paul, J. Finn, and T. Tregenza. 2002. First encounter with a live male blanket octopus: The world's most sexually size-dimorphic large animal. New Zealand Journal of Marine and Freshwater Research 36: 733–36.

Nyffeler, M., D. Dean, and W. Sterling. 1987. Feeding ecology of the orbweaving spider *Argiope aurantia* (Araneae, Araneidae) in a cotton agroecosystem. Entomophaga 32: 367–76.

Obst, M., and P. Funch. 2003. Dwarf male of *Symbion pandora* (Cycliophora). Journal of Morphology 255: 261–78.

O'Dor, R. K., and M. J. Wells. 1987. Energy and nutrient flow. Pp. 109–33in P. R. Boyle, ed. Cephalopod Life Cycles. Volume II. Comparative Reviews. Academic Press, London.

Ohtsuka, S., and R. Huys. 2001. Sexual dimorphism in calanoid copepods: Morphology and function. Hydrobiologia453/454: 441–66.

Oliver, B., and M. Parisi. 2004. Battle of the Xs. BioEssays 26: 543–48.

Oliver, J. C., K. A. Robertson, and A. Monteiro. 2009. Accommodating natural and sexual selection in butterfly wing pattern evolution. Proceedings Biological Science 276: 2369–75.

O'Loughlin, P. M. 2001. The occurrence and role of genital papilla in holothurian reproduction. Pp. 363–75 in M. Barker, ed. Echinoderms 2000. Proceedings of the10th International Conference, Dundedin, January 31–February 4, 2000. Swets & Zeitlinger, Lisse, The Netherlands.

O'Shea, S. 1999. The marine fauna of New Zealand: Octopoda (Mollusca: Cephalopoda). NIWA Biodiversity Memoir 112: 1–280.

O'Shea, S. 2010. The giant octopus *Haliphron atlanticus* (Mollusca: Octopoda) in New Zealand waters. New Zealand Journal of Zoology 31: 9–13.

Ostrovsky, A. N., and J. S. Porter. 2011. Pattern of occurrence of supraneural coelomopores and intertentacular organs in Gymnolaemata (Bryozoa) and its evolutionary implications. Zoomorphology 130: 1–15.

Ota, K., M. Kohda, and T. Sato. 2010. Unusual allometry for sexual size dimorphism in a cichlid where males are extremely larger than females. Journal of Bioscience 35: 257–65.

Ouellet, P., Y. Lambert, and I. Bérubé. 2001. Cod egg characteristics and viability in relation to low temperature and maternal nutritional condition. ICES Journal of Marine Science 58: 672–86.

Owens, I. P. F., and R. V. Short. 1995. Hormonal basis of sexual dimorphism in birds: Implications for new theories of sexual selection. Trends in Ecology and Evolution 10: 44–47.

Palacín, C., J. C. Alonso, J. A. Monso, C. A. Martín, M. Magaña, and B. Martín. 2009. Differential migration by sex in the great bustard: Possible consequences of an extreme sexual size dimorphism. Ethology 115: 617–26.

Pan, L., C. Ober, and M. Abney. 2007. Heritability estimation of sex-specific effects on human quantitative traits. Genetic Epidemiology 31: 338–47.

Parker, G. A. 1992. The evolution of sexual size dimorphism in fish. Journal of Fish Biology 41 (Supplement B): 1–20.

Parker, G. A., R. R. Baker, and V. G. F. Smith. 1972. The origin and evolution of gamete dimorphism and the male–female phenomenon. Journal of Theoretical Biology 36: 181–98.

Parr, A. E. 1930. On the probable identity, life history and anatomy of the freeliving and attached males of the ceratioid fishes. Copeia 1930: 129–35.

Partecke, J., A. yon Haeseller, and M. Wikelski. 2002. Territory establishment in lekking marine iguanas, *Amblyrhynchus cristatus*: Support for the hotshot mechanism. Behavioral Ecology and Sociobiology 51: 579–87.

Pearse, J. S. 1979. Polyplacophora. Pp. 27–85in A. C. Giese andJ. S. Pearse, eds. Reproduction of Marine Invertebrates. Volume V. Molluscs: Pelecypods and Lesser Classes. Academic Press, New York.

Pearse, V. B., and O. Voigt. 2007. Field biology of placozoans (*Trichoplax*): Distribution, diversity, biotic interactions. Journal of Integrative and Comparative Biology 47: 677–92.

Pearson, D., R. Shine, and A. Williams. 2002. Geographic variation in sexual size dimorphism within a single snake species (*Morelia spilota*, Pythonidae). Oecologia 131: 418–26.

Pechenik, J. A. 2005. Biology of the Invertebrates, 5th edition. McGraw-Hill, New York.

Pecl, G. T., and N. A. Moltschaniwskyj. 2006. Life history of a short-lived squid (*Sepioteuthis australis*): Resource allocation as a function of size, growth, maturation, and hatching season. ICES Journal of Marine Science 63: 995–1004.

Peichi, L., G. Behrmann, and R. H. H. Kronègers. 2001. For whales and seals the ocean is not blue: A visual pigment loss in marine mammals. European Journal of Neuroscience 13: 1520–28.

Pelletier, F., and M. Festa-Bianchet. 2006. Sexual selection and social rank in bighorn rams. Animal Behaviour 71: 641–55.

Peters, R. H. 1983. The Ecological Implications of Body Size. Cambridge University Press, Cambridge, UK.

Petraits, P. S. 1985. Digametic sex determination in the marine polychaete, *Capitella capitata* (species type I). Heredity 55: 151–56.

Pfennig, D. W., W. R. Harcombe, and K. S. Pfennig. 2001. Frequencydependent Batesian mimicry. Nature 410: 323.

Philippe, H., N. Lartillot, and H. Brinkmann. 2005. Multigene analyses of bilaterian animals corroborate the monophyly of Ecdysozoa, Lophotrochozoa, and

Protostomia. Molecular Biology and Evolution 22: 1246–53.

Pianka, E. R., and L. J. Vitt. 2003. Lizards. Windows to the Evolution of Diversity. University of California Press, Berkeley and Los Angeles, California.

Pietsch, T. W. 2005. Dimorphism, parasitism, and sex revisited: Modes of reproduction among deep-sea ceratioid anglerfishes (Teleostei: Lophiiformes). Ichthyological Research 52: 207–36

———. 2009. Oceanic Anglerfishes. Extraordinary Diversity in the Deep Sea. University of California Press, Berkeley and Los Angeles, California.

Pietsch, T. W., and D. B. Grobecker. 1987. Frogfishes of the World: Systematics, Zoogeography and Behavioral Ecology. Stanford University Press, Stanford, California.

Pietsch, T. W., and C. P. Kenaley. 2007. Ceratioidei. Seadevils, Devilfishes, Deep-sea Anglerfishes. Version02, October2007(under construction), http://tolweb. org/ Ceratioidei/22000/2007.10.02in The Tree of Life Web Project, http://tolweb. org/. Accessed September 5, 2011.

Pistorius, P. A., M. N. Bester, GJ. G. Hofmeyr, S. P. Kirkman, and F. E. Taylor. 2008. Seasonal survival and the relative cost of first reproduction in adult female southern elephant seals. Journal of Mammalogy 89: 567–74.

Pitnick, S., D. J. Hosken, and T. R. Birkhead. 2009. Sperm morphological diversity. Pp. 69–149in T. R. Birkhead, D. J. Hosken, and S. Pitnick, eds. Sperm Biology: An Evolutionary Perspective. Elsevier, Burlington, Massachusetts and San Diego, California.

Pitra, C. D., S. Frahnert, and J. Fickel. 2002. Phylogenetic relationships and ancestral areas of the bustards (Gruiformes: Otididae), inferred from mitochondrial DNA and nuclear intron sequences. Molecular Phylogenetic and Evolution 23: 63–74.

Pizzari, T., and G. A. Parker. 2009. Sperm competition and sperm phenotype. Pp. 207–45in T. R. Birkhead, D. J. Hosken, and S. Pitnick, eds. Sperm Biology: An

Evolutionary Perspective. Elsevier, Burlington, Massachusetts and San Diego, California.

Plavcan, J. M. 2004. Sexual selection, measures of sexual selection and sexual dimorphism in primates. Pp. 230–52in P. M. Kappeler and C. P. van Schaik, eds. Sexual Selection in Primates: New and Comparative Perspectives. Cambridge University Press, Cambridge, UK.

Post, E., R. Langvatin, M. C. Forchhammer, and N. C. Stenseth. 1999. Environmental variation shapes sexual dimorphism in red deer. Proceedings of the National Academy of Sciences of the United States of America 96: 4467–71.

Poulin, R. 1996. Sexual size dimorphism and transition to parasitism in copepods. Evolution 50: 2520–23.

——. 1997. Covariation of sexual size dimorphism and adult sex ratio in parasitic nematodes. Biological Journal of the Linnean Society 62: 567–80.

Poulin, R., and S. Moran&2000. Testes size, body size and male–male competition in acanthocephalan parasites. Journal of Zoology London 250: 551–58.

Prenter, J., R. W. Elwood, and W. I. Montgomery. 1999. Sexual size dimorphism and reproductive investment by female spiders: a comparative analysis. Evolution 53: 1987–94.

prenter, J., B. G. Fanson, and P. W. Taylor. 2012. Whole-organism performance and repeatability of locomotion on inclines in spiders. Animal Behaviour 83: 1195–1201.

Prenter, J., D. Pérez-Staples, and P. W. Taylor. 2010. The effects of morphology and substrate diameter on climbing and locomotor performance in male spiders. Functional Ecology 24: 400–8.

Preziosi, R. F., and D. J. Fairbairn. 2000. Lifetime selection on adult body size and components of body size in a waterstrider: Opposing selection and maintenance of sexual size dimorphism. Evolution 54: 558–66.

Prokop, Z. M., L. Michalczyk, S. M. Drobniak, M. Herdegen, and J. Radwan. 2012. Meta-analysis suggests choosy females get sexy sons more than "good genes." Evolution 66: 1–9.

Quirk, J. 2006. Sperm Are from Men. Eggs Are from Women. Running Press, Philadelphia, Pennsylvania.

Raihani, G., T. Székely, M. A. Serrano–Meneses, C. Pitra, and P. Goriup. 2006. The influence of sexual selection and male agility on sexual size dimorphism in bustards (Otididae). Animal Behaviour 71: 833–38.

Rails, K. 1976. Mammals in which females are larger than males. The Quarterly Review of Biology 51: 245–76

———. 1977. Sexual dimorphism in mammals: Avian models unanswered questions. American Naturalist 111: 917–38.

Regan, C. T.1925. Dwarfed males parasitic on the females in oceanic angler–fishes (Pediculati, Ceratioidea). Proceedings of the Royal Society B 97: 386–400.

Reiss, M. J. 1989. The Allometry of Growth and Reproduction. Cambridge University Press, Cambridge.

Reunov, A. A. 2005. Problem of terminology in characteristics of spermatozoa ofmetazoa. Russian Journal of Developmental Biology 36: 335–51.

Ricci, C., G. Melone, and C. Sotgia. 1993. Old and new data on Seisonidea (Rotifera). Hydrobiologia 255/256: 495–511.

Ridley, M. 1993. The Red Queen. Sex and the Evolution of Human Nature. Penguin Books, New York.

Robinson, M. H., and B. R. Robinson, eds. 1980. Pacific Insects Monograph36. Department of Entomology, Bishop Museum, Honolulu, Hawaii.

Rocha, F., A. Guerra, and A. F. Gonzalez. 2001. A review of reproductive strategies in cephalopods. Biological Review 76: 291–304.

Roe, P. 1993. Aspects of the biology of *Pantinonemertes californiensis*, a high intertidal nemertean. Hydrobiologia 266: 29–44.

Roff, D., A. 1990. The evolution of flightlessness in insects. Ecological Monographs 60: 389–421

——. 1991. Life history consequences ofbioenergetic and biomechanical constraints on migration. American Zoologist 31: 205–215

——. 1992. The Evolution of Life Histories. Chapman and Hall, New York.

Roulin, A. 1999. Nonrandom pairing by male barn owls (*Tyto alba*) with respect to a female plumage trait. Behavioral Ecology 10: 688–95.

Rouse, G. W., S. K. Goffredi, S. B. Johnson, and R. C. Vrijenhoek. 2011. Not whale-fall specialists, *Osedax* worms also consume fish bones. Biology Letters 7: 736–39.

Rouse, G. W., S. K. Goffredi, and R. C. Vrijenhoek. 2004. *Osedax*: Bone-eating marine worms with dwarf males. Science 305: 668–71.

Rouse, G. W., N. G. Wilson, S. K. Goffredi, S. B. Johnson, T. Smart, C. Widmer, C. M. Young, and R. C. Vrijenhoek. 2009. Spawning and development in *Osedax* boneworms (Siboglinidae, Annelida). Marine Biology 156: 395–405.

Rouse, G. W., K. Worsaae, S. B. Johnson, W. J. Jones, and R. C. Vrijenhoek. 2008. Acquisition of dwarf male "harems" by recently settled females of *Osedax roseus* n. sp. (Siboglinidae, Annelida). Biological Bulletin 214: 67–82.

Ruff, C. 2002. Variation in human body size and shape. Annual Review of Anthropology 31: 211–32.

Russo, V. E. A., R. A. Martienssen, and A. D. Riggs, eds. 1996. Epigenetic Mechanisms of Gene Regulation. Cold Spring Harbor Laboratory Press, Plainview, New York.

Rutowski, R. L. 2003. Visual ecology of adult butterflies. Pp. 9–25 in C. L. Boggs, W. B. Watt, and P. R. Ehrlich, eds. Butterflies: Ecology and Evolution Take Flight. University of Chicago Press, Chicago, London.

Sanvito, S., F. Galimberti, and E. H. Miller. 2007a. Having a big nose: Structure, ontogeny, and function of the elephant seal proboscis. Canadian Journal of Zoology

85: 207–20.

——. 2007b. Vocal signaling of male southern elephant seals is honest but imprecise. Animal Behaviour 73: 287–99.

——. 2008. Development of aggressive vocalizations in male southern elephant seals (*Mirounga leonina*): Maturation or learning? Behaviour 14: 137–70.

Sastry, A. N. 1979. Pelecypoda (excluding Ostreidae). Pp. 113–292 in A. C. Giese and J. S. pearse, eds. Reproduction of Marine Invertebrates, Volume V. Molluscs: Pelecypods and Lesser Classes. Academic Press, New York.

Sato, T. 1994. Active accumulation of spawning substrate: A determinant of extreme polygyny in a shell-brooding cichlid fish. Animal Behaviour 48: 669–78.

Sato, T., M. Hirose, M. Taborsky, and S. Kimura. 2004. Size-dependent male alternative reproductive tactics in the shell-brooding fish *Lamprologus callipterus* in Lake Tanganyika. Ethology 110: 49–62. Scherer, G., and M. Schmid, eds. 2001. Genes and Mechanisms of Vertebrate Sex Determination. Birkhäuser Verlag, Basel, Switzerland. Schmidt-Nielsen, K. 1984. Scaling: Why Is Animal Size So Important? Cambridge University Press, Cambridge, UK.

Schmidt-Rhaesa, A. 2002. Two dimensions of biodiversity research exemplified by Nematomorpha and Gastrotricha. Integrative and Comparative Biology 42: 633–40.

Schneider, J. M., and M. A. Elgar. 2001. Sexual cannibalism and sperm competition in the golden orb-web spider *Nephila plumipes* (Araneoidea): Female and male perspectives. Behavioral Ecology 12: 547–52.

Schneider, J. M., S. Gilberg, L. Fromhage, and G. Uhl. 2006. Sexual conflict over copulation duration in a cannibalistic spider. Animal Behaviour 71: 781–88.

Schneider, J. M., M. E. Herberstein, F. C. de Crespigny, S. Ramamurthy, and M. A. Elgar. 2000. Sperm competition and small size advantage for males of the golden orb-web spider Nephila edulis. Journal of Evolutionary Biology 13: 939–46.

Schütz, D., G. Pachler, E. Ripmeester, O. Goffinet, and M. Taborsky. 2010.

Reproductive investment of giants and dwarfs: Specialized tactics in a cichlid fish with alternative male morphs. Functional Ecology 24: 131–49.

Schütz, D., G. A. Parker, M. Taborsky, and T. Sato. 2006. An optimality approach to male and female body sizes in an extremely size-dimorphic cichlid fish. Evolutionary Ecology Research 8: 1393–1408.

Schlitz, D., and M. Taborsky. 2000. Giant males or dwarf females: What determines the extreme sexual size dimorphisrn in Lamprologus callipterus? Journal ofFish Biology 57: 1254–65

———. 2005. The influence of sexual selection and ecological constraints on an extreme sexual dimorphism in a cichlid. Animal Behaviour 70: 539–49.

Schwabe, E. 2008. A summary of reports of abyssal and hadal Monoplacophora and Polyplacophora (Mollusca). Zootaxa 1866: 2005–22.

Seifan, M., A. Gilad, K. Klass, and Y. L. Werner. 2009. Ontogenetically stable dimorphism in a lacertid lizard (*Acanthodactylus boskianus*) with tests of methodology and comments on life history. Biological Journal of the Linnean Society 97: 275–88.

Setchell, J. M., and A. F' Dixson. 2001. Changes in the secondary sexual adornments of male mandrills (*Mandrillus sphinx*) are associated with gain and loss of alpha status. Hormones and Behavior 39: 177–84.

Sharma, G. D., and L. J. Metz. 1976. Biology of the Collembola Xenylla grisea Axelson and *Lepidocyrtus cyaneus* f. *cinereus* Folsom. Ecological Entomology 1: 209–12.

Shelly, T. E., and T. S. Whittier. 1997. Lek behavior of insects. Pp. 273–93 in J. C. Choe and B. J. Crespi, eds. The Evolution of Mating Systems in Insects and Arachnids. Cambridge University Press, Cambridge.

Shine, R. 1979. Sexual selection and sexual dimorphism in the Amphibia. Copeia 2: 297–306.

Simmons, L. W. 2001. Sperm Competition and Its Evolutionary Consequences in the Insects. Princeton University Press, Princeton, New Jersey.

Simonini, R., F. Molinari, M. Pagliaia, I. Anasaloni, and D. Prevedelli. 2003. Karyotype and sex determination in *Dinophilus gyrociliatus* (Polychaeta: Dinophilidae). Marine B'iology 142: 441–45.

Sims, D. W. 2005. Differences in habitat selection and reproductive strategies of male and female sharks. Pp. 127–47 in K. E. Ruckstuhl and P. Neuhaus, eds. Sexual Segregation in Vertebrates. Ecology of the Two Sexes. Cambridge University Press, Cambridge, UK.

Sinervo, B., and C. Lively. 1996. The rock-paper-scissors game and the evolution of alternative male strategies. Nature 380: 240–43.

Sivinski, J. 1978. Intrasexual aggression in the stick insects, *Diapheromera veliei* and D. covilleae, and sexual dimorphism in the Phasmatodea. Psyche 85: 395–406.

Skinner, M. M., and B. Wood. 2006. The evolution of modern human life history: A paleontological perspective. Pp. 331–64 in K. Hawkes and R. R. Paine, eds. The Evolution of Human Life History. School of American Research Press, Santa Fe, New Mexico.

Skuse, D. 2006. Sexual dimorphism in cognition and behaviour: The role of X linked genes. European Journal ofEndochrinology 155: S99–106.

Slip, D. J., M. A. Hindell, and H. R. Burton. 1994. Diving behavior of southern elephant seals from Macquarie Island. Pp. 253–70 in B. J. Le Boeufand R. M. Laws, eds. Elephant Seals: Population Ecology, Behavior, and Physiology. University of California Press, Berkeley, California.

Smith, D. G. 1972. The role of the epaulets in the red-winged blackbird (*Agelaius phoeniceus*) social system. Behaviour 41: 251–68.

Stewart, B. S., and R. L. DeLong. 1994. Postbreeding foraging migrations of northern elephant seals. Pp. 290–309 in B. J. Le Boeuf and R. M. Laws, eds. Elephant Seals:

Population Ecology, Behavior, and Physiology. University of California Press, Berkeley, California.

Stockley, P., M. J. Gage, G. A. Parker, and A. P. Møller. 1997. Sperm competition in fishes: The evolution of testis size and ejaculate characteristics. The American Naturalist 149: 933–54.

Stöhr, S. 2001. *Amphipholis linpneusti* n. sp., a sexually dimorphic amphiurid brittle star (Echinodermata: Ophiuroidea), epizoic on a spanagoid sea urchin. Pp. 317–22in M. Barker, ed. Echinoderms2000. A. A. Balkema, Swets and Zeitlinger, Lisse, The Netherlands.

Stricker, S. A., T. L. Smythe, L. Miller, and J. L. Norenburg. 2000. Comparative biology ofoogenesis in nemertean worms. Acta Zoologica 82: 213–30.

Striech, W. J., H. Litzbarski, B. Ludwig, and S. Ludwig. 2006. What triggers facultative winter migration of great bustard (*Otis tarda*) in Central Europe? European Journal of Wildlife Research 52: 48–53.

Sturmbauer, C., E. Verheyen, and A. Meyer. 1994. Mitochondrial phylogeny of the Lamprologini, the major substrate spawning lineage of cichlid fishes from Lake Tanganyika in eastern Africa. Molecular Biology and Evolution 11: 691–703.

Sydeman, W. J., and N. Nur. 1994. Life history strategies of female northern elephant seals. Pp. 137–53in B. J. Le Boeuf and R. M. Laws, eds. Elephant Seals: Population Ecology, Behavior, and Physiology. University of California Press, Berkeley, California.

Székely, T., R. P. Freckleton, and J. D. Reynolds. 2004. Sexual selection explains Rensch's rule of size dimorphism in shorebirds. Proceedings of the National Academy of Sciences of the United States of America 101: 12224–27.

Székely, T., T. Lislevand, and J. Figuerola. 2007. Sexual size dimorphism in birds. Pp. 27–37 in D. J. Fairbairn, W. U. Blanckenhorn, and T. Székely, eds. Sex, Size and Gender Roles. Evolutionary Studies of Sexual Size Dimorphism. Oxford University

Press, Oxford.

Taborsky, M. 2001. The evolution of bourgeois, parasitic and cooperative reproductive behaviors in fishes. Journal of Heredity 92: 100–10.

Talebizadeh, Z., S. D. Simon, and M. G. Butler. 2006. X chromosome gene expression in human tissues: Male and female comparisons. Genomics 88: 675–81.

Temereva, E. N., and V. V. Malakhov. 2001. The morphology of the phoronid Phoronopsis harmeri. Russian Journal of Marine Biology 27: 21–30.

Thomas, R. F. 1977. Systematics, distribution, and biology of cephalopods of the genus Tremoctapus (Octopoda: Tremoctopodidae). Bulletin of Marine Science 27: 353–92.

Thorsen, A., O. S. Kjesbu, H. J. Fyhn, and P. Solemdal. 1996. Physiological mechanisms of buoyancy in eggs from brackish water cod. Journal of Fish Biology 48: 457–77.

Tolbert, W. W. 1975. Predator avoidance behaviors and web defensive structures in the orb weavers Argiope aurantia and Argiope trifasciata (Araneae, Araneidae). Psyche 82: 29–52.

Tominaga, H., S. Nakamura, and M. Komatsu. 2004. Reproduction and development of the conspicuously dimorphic brittle star *Ophiodaphne formata* (Ophiuroidea). Biological Bulletin 206: 25–34.

Tomlinson, J. T. 1969a. The burrowing barnacles (Cirripedia: Order Acrothoracica). Bulletin—the United States National Museum 296: 169.

——. 1969b. Shell–burrowing barnacles. American Zoologist 9: 837–40.

Tree of Life Web Project. 2002a. Animals. Metazoa. Version 01 January 2002 (temporary). http://tolweb. org/Animals/2374/2002.01.01in The Tree of Life Web Project, http://tolweb. org/. Accessed October 28, 2012.

——. 2002b. Bilateria. Triploblasts, bilaterally symmetrical animals with three germ layers. Version01January2002(temporary). http://tolweb. org/ Bilateria/2459/2002.01.01in The Tree of Life Web Project, http://tolweb. org/.

Accessed October 28, 2012.

———. 2002c. Deuterostomia. Version01January2002(temporary). http://tolweb. org/ Deuterostomia/2466/2002.01. O1in The Tree of Life Web Project, http://tolweb. org/. Accessed October 28, 2012.

———. 2009. Cirripedia. Version10December2009(temporary). http://tolweb. org/ Cirripedia/8127/2009.12.10in The Tree of Life Web Project, http://tolweb. org/. Accessed September 30, 2011.

Uhl, G., and F. Vollrath. 1998. Little evidence for size-selective sexual cannibalism in two species of *Nephila* (Araneae). *Zoology* 101: 101–6.

Uller, T., I. Pen, E. Wapstra, L. W. Beukeboom., and J. Komdeur. 2007. The evolution of sex ratios and sex-determining systems. Trends in Ecology and Evolution 22: 292–97.

Urano, S., S. Yamaguchi, S. Yamato, S. Takahashi, and Y. Yusa. 2009. Evolution of dwarf males and a variety of sexual modes in barnacles: An ESS approach. Evolutionary Ecology Research 11: 713–29.

Vahed, K., D. J. Parker, and j. D. j. Gilbert. 2011. Larger testes are associated with a higher level of polyandry, but a smaller ejaculate volume, across bushcricket species (Tettigoniidae). Biology Letters 7: 261–64

Vail, L. 1987. Reproduction in five species of crinoids at Lizard Island, Great Barrier Reef. Marine Biology 95: 431–46.

Valian, V. 1999. Why So Slow? The Advancement of Women. MIT Press, Cambridge, Massachusetts.

Vandeputte, M., M. Dupont-Nivet, H. Chavanne, and B. Chatain. 2007. A polygenic hypothesis for sex determination in the European sea bass *Dicentrarchus labrax*. Genetics 176: 1049–57.

Verna, C., A. Ramette, H. Wiklund, T. G. Dahlgren, A. G. Glover, F. Gaill, and N. Dubilier. 2010. High symbiont diversity in the bone-eating worm *Osedax mucofloris* from shallow whale–falls in the North Atlantic. Environmental Microbiology 12: 2355–70.

Vollrath, F. 1998. Dwarf males. Trends in Ecology and Evolution 13: 159–63.

Vollrath, F., and G. A. Parker. 1992. Sexual dimorphism and distorted sex ratios in spiders. Nature 360: 156–59.

Vrijenhoek, R. C., S. B. Johnson, and G. W. Rouse. 2008. Bone-eating Osedax females and their "harems" of dwarf males are recruited from a common larval pool. Molecular Ecology 17: 4535–44.

———. 2009. A remarkable diversity of bone-eating worms (Osedax; Siboglinidae; Annelida). BMC Biology 7: 74. doi: 10.1186/1741–7007–7–74

Walter, A., and M. A. Elgar. 2012. The evolution of novel animal signals: Silk decorations as a model system. Biological Reviews 87: 686–700.

Walter, A., M. A. Elgar, P. Bliss, and R. F. A. Moritz. 2008. Wrap attack activates web-decorating behavior in *Argiope* spiders. Behavioral Ecology 19: 799–804.

Webber, N. H. 1977. Gastropoda: Prosobranchia. Pp. 1–97 in A. C. Giese and J. S. Pearse, eds. Reproduction of Marine Invertebrates. Volume IV. Molluscs: Gastropods and Cephalopods. Academic Press, New York.

Weckerly, F. W. 1998. Sexual size dimorphism: Influence of mass and mating systems in the most dimorphic mammals. Journal of Mammalogy 79: 33–52.

Wedell, N., M. J. G. Gage, and G. A. Parker. 2002. Sperm competition, male prudence and sperm-limited females. Trends in Ecology and Evolution 17: 313–20.

Weiss, L. A., L. Pan, M. Abney, and C. Ober. 2006. The sex-specific genetic architecture of quantitative traits in humans. Nature Genetics 38: 218–22.

Weiss, S. L. 2006. Female-specific color is a signal of quality in the striped pla teau lizard (*Sceloporus virgatus*). Behavioral Ecology 17: 726–32.

Wells, M. J., andJ. Wells. 1977. Cephalopoda: Octopoda. Pp. 291–348 in A. C. Giese and J. S. Pearse, eds. Reproduction of Marine Invertebrates. Volume IV. Molluscs:

Gastropods and Cephalopods. Academic Press, New York. West-Eberhard, M. J. 1983. Sexual selection, social competition, and speciation. Quarterly Review of Biology 55: 155–83.

Weston, E. M., A. E. Friday, and L. Pietro. 2007. Biometric evidence that sexual selection has shaped the hominin face. PLoS One2: e710. doi: 10: 1371/journal pone. 0000710.

White, F. 1969. Distribution of *Trypetesa lampas* (Cirripedia, Acrothoracica) in various gastropod shells. Marine Biology 4: 333–39.

———. 1970. The chromosomes of *Trypetesa lampas* (Cirripedia, Acrothorac ica). Marine Biology 5: 29–34.

Wiens, J. J., T. W. Reeder, and A. N. Montes de Oca. 1999. Molecular phylogenetics and evolution of sexual dichromatism among populations of the yarrow's spiny lizard (*Sceloporus jarrovii*). Evolution 53: 1884–97.

WiHund, C. 2003. Sexual selection and the evolution of butterfly mating systems. Pp. 67–90in C. L. Boggs, B. W. Watt, and P. R. Ehrlich, eds. Butterflies: Ecology and Evolution Taking Flight. University of Chicago Press, Chicago, London.

Wilder, S. M., and A. L. Rypstra. 2008. Sexual size dimorphism predicts the frequency of sexual cannibalism within and among species of spiders. The American Naturalist 172: 431–40.

Wilder, S. M., A. L. Rypstra, and M. A. Elgar. 2009. The importance of ecological and phylogenetic conditions for the occurrence and frequency of sexual cannibalism. Annual Review of Ecology and Systematics 40: 21–39.

Williams, J., A. Gallardo, and A. Murphy. 2011. Crustacean parasites associated with hermit crabs from the western Mediterranean Sea, with first documentation of egg predation by the burrowing barnacle *Trypetesa lampas* (Cirripedia: Acrothoracica: Trypetesidae). Integrative Zoology 6: 13–27.

Williams, K. L. 2003. The relationship between cheliped color and body size in female

Callinectes sapidus and its role in reproductive behavior. Masters Thesis, Zoology, Texas A & M University, Texas A & M University Libraries Digital Publication, College Station, Texas.

Wilson, H. R. 1991. Interrelationships of egg size, chick size, posthatching growth and hatchability. World's Poultry Science Journa l47: 5–20.

Wood, J. B., and R. K. O'Dor. 2000. Do larger cephalopods live longer? Effects of temperature and phylogeny on interspecific comparisons of age and size at maturity. Marine Biology 136: 91–99.

Woodroffe, R., and A. Vincent. 1994. Mother's little helpers: Patterns of male care in mammals. Trends in Ecology and Evolution 9: 294–97.

Worsaae, K., and G. W. Rouse. 2009. The simplicity of males: Dwarf males of four species of *Osedax* (Siboglinidae; Annelida) investigated by confocal laser scanning microscopy. Journal of morphology 271: 127–42.

Yamaguchi, S., Y. Ozaki, Y. Yusa, and S. Takahashi. 2007. Do tiny males grow up? Sperm competition and optimal resource allocation schedule of dwarf males of barnacles. Journal of Theoretical Biology 245: 319–28.

Young, R. E. 1996. *Tremoctopus eggs*, embryos and hatchlings, http://tolweb . org/ accessory/Tremoctopus_Eggs, _etc. ?acc_id=2416in The Tree of Life Web Project, http://tolweb. org/. Accessed August 27, 2011

——. 2010. Alloposidae Verrill1881. *Haliphron atlanticus* Steenstrup 1861. Version15in August2010(under construction), http://toweb. org/Haliphron_ atlanticus/20200/2010.08.15in The Tree of Life Web Project, http://tolweb. org/. Accessed August 15, 2010.

Young, R. E., and M. Vecchione. 2008. Argonautoidea Naef.1912. Version21, October2008. http://tolweb. org/Argonautoidea/20192/2008.10.21in The Tree of Life Web Project, http://tolweb. org/. Accessed August 25, 2011.

Zeh, J., and D. W. Zeh. 2003. Toward a new sexual selection paradigm: Polyandry, conflict and incompatibility. Ethology 109: 929–50.

Zuk, M. 1991. Sexual ornaments as animal signals. Trends in Ecology and Evolution 6: 228–31

———. 2002. Sexual Selections. What We Can and Can't Learn about Sex from Animals. University of California Press, Berkeley, California.

图书在版编目（CIP）数据

不匹配的一对：动物王国的性别文化 /（美）达芙
妮·费尔贝恩著；徐洛浩，李芳译 .—上海：上海文
化出版社，2019.4
ISBN 978-7-5535-1541-0

Ⅰ.①不… Ⅱ.①达…②徐…③李… Ⅲ.①动物 –
普及读物 Ⅳ.① Q95-49

中国版本图书馆 CIP 数据核字（2019）第 060799 号

出 版 人：姜逸青
策 划 人：贺鹏飞
责任编辑：何智明
特约编辑：杨红丹
装帧设计：灵动视线

书　　名：不匹配的一对——动物王国的性别文化
作　　者：（美）达芙妮·费尔贝恩
译　　者：徐洛浩　李芳
出　　版：上海世纪出版集团　上海文化出版社
地　　址：上海市绍兴路 7 号　200020
发　　行：上海文艺出版社发行中心
　　　　　上海福建中路 193 号　200001　www.ewen.co
印　　刷：三河市中晟雅豪印务有限公司
开　　本：960×640　1/16
印　　张：22
印　　次：2019 年 6 月第一版　2019 年 6 月第一次印刷
国际书号：ISBN 978-7-5535-1541-0/Q.004
定　　价：42.80 元
告 读 者：如发现本书有质量问题请与印刷厂质量科联系　T: 010-85376178